Konstruktionsbücher
Herausgeber Professor Dr.-Ing. K. Kollmann, Karlsruhe
Band 7

Gummifedern
Berechnung und Gestaltung

Von

E. F. Göbel

3. neubearbeitete und erweiterte Auflage

Springer-Verlag Berlin Heidelberg GmbH 1969

Dr.-Ing. E. F. GÖBEL
Oberbaurat an der Staatlichen Ingenieurschule
für Maschinenwesen in Frankfurt am Main

ISBN 978-3-540-04584-7   ISBN 978-3-662-26796-7 (eBook)
DOI 10.1007/978-3-662-26796-7

Mit 147 Abbildungen

Alle Rechte vorbehalten
Kein Teil dieses Buches darf ohne schriftliche Genehmigung des Springer-Verlages
übersetzt oder in irgendeiner Form vervielfältigt werden
Copyright © by Springer-Verlag Berlin Heidelberg 1948, 1955 und 1969
Ursprünglich erschienen bei Springer-Verlag, Berlin/Heidelberg 1969

Library of Congress Catalog Card Number 69-19292

Die Wiedergabe von Gebrauchsnamen, Handelsnamen, Warenbezeichnungen usw. in diesem
Buche berechtigt auch ohne besondere Kennzeichnung nicht zu der Annahme, daß solche
Namen im Sinne der Warenzeichen- und Markenschutz-Gesetzgebung als frei zu betrachten
wären und daher von jedermann benutzt werden dürften
Titel Nr. 6147

Vorwort zur dritten Auflage

Die Gummifedern haben sich zu allgemein anerkannten und weithin angewendeten Konstruktionselementen entwickelt. Sie sind in vielfältiger Weise gestaltungsfähig und außerdem sind sie rationell herstellbar. Das große Spektrum der Eigenschaften und Qualitäten der heutigen gummielastischen Werkstoffe (Elastomere) erleichtert es dem Konstrukteur, federungstechnische und schwingungstechnische Probleme erfolgreich zu lösen. Er verwendet sie vorwiegend zur Schwingungsisolierung von Maschinen, Motoren, Geräten und Anlagen und als Energiespeicherfedern in schwingungstechnischen Arbeitsmaschinen. Darüber hinaus spielen sie eine Rolle bei der Lärmbekämpfung, bei der Lagerung von großen Brücken und bei bestimmten fertigungstechnischen Arbeitsverfahren.

Die große Bedeutung, die die Gummifedern in der Praxis gewonnen haben, geht auch aus der Patentlage hervor. Unter den 315 Patent- und Auslegeschriften der Klasse 47a Gruppe 17 (Federn als Maschinenelemente), die vom Deutschen Patentamt in München seit dem Jahre 1949 herausgegeben worden sind, befassen sich 129 mit Gummifedern. Das ist mehr als ein Drittel.

Es war notwendig, das Buch der charakterisierten Entwicklung entsprechend zu überarbeiten. Dabei wurde versucht, aus der großen Fülle der Einzelerscheinungen das Allgemeingültige herauszuarbeiten, und zwar nicht nur im Bereich der mathematischen und konstruktiven Grundlagen, sondern auch bei den Anwendungsbeispielen. Das Kapitel über die Herstellung von Gummifedern wurde in angemessener Weise erweitert, weil erfahrungsgemäß der Konstrukteur zweckmäßiger gestalten kann, wenn er weiß, wie die verschiedenen Arten von Gummifedern hergestellt werden und welche Besonderheiten dabei zu beachten sind. Das gilt für den Gummifederkonstrukteur ebenso wie für den Vorrichtungskonstrukteur, der die Formgebungswerkzeuge verfahrensgerecht gestalten soll.

Bei der Überarbeitung war es möglich, diejenigen Anregungen zu berücksichtigen, die sich aus Zuschriften, Rezensionen und Firmenunterlagen aus dem In- und Ausland ergeben haben. Ich möchte an dieser Stelle für alle diese Anregungen danken, ebenso auch für die mannigfachen Hinweise, die sich aus berufsfreundschaftlichen Gesprächen mit den Fachingenieuren der einschlägigen Industrie ergeben haben. Mein besonderer Dank gilt Herrn Dipl.-Ing. A. TITZE vom Wirtschaftsverband der deutschen Kautschukindustrie für seine freundliche Vermittlung der Fachgespräche, Herrn Direktor Dipl.-Ing. R. JÖRN für seine fachmännische Beratung, Herrn Dr.-Ing. ANDERS für die Durchsicht des Abschnitts über die Herstellung von Gummifedern, Herrn Dipl.-Math. G. KLEIN für die Durchsicht der mathematischen Grundlagen, Herrn Prof. Dr.-Ing. K. KOLLMANN für seine herausgeberische Betreuung und dem Springer-Verlag für die ausgezeichnete Ausstattung des Buches.

Frankfurt/M., im Juli 1969

E. F. Göbel

Inhaltsverzeichnis

1. Allgemeine Grundlagen 1
   1.1 Der Begriff Gummifeder 1
   1.2 Gummifederarten 1
   1.3 Gummifederwerkstoffe 2
   1.4 Herstellung von Gummifedern 4
       1.4.1 Rohstoffe 4
       1.4.2 Vorgang der Vulkanisation 5
       1.4.3 Ungebundene Gummifedern 5
       1.4.4 Gebundene Gummifedern 6
       1.4.5 Gestaltung der Formgebungswerkzeuge 7
       1.4.6 Gefügte Gummifedern 8
       1.4.7 Gummifedern aus Schaumstoffen 8
   1.5 Werkstoffkennwerte, Prüfung und Normung 9
       1.5.1 Elastizität 9
       1.5.2 Fließen und Setzen 10
       1.5.3 Härte 11
       1.5.4 Dämpfung 12
       1.5.5 Schalldämmfähigkeit 14
       1.5.6 Spezifische Arbeitsaufnahme 15
       1.5.7 Erholungsfähigkeit 15
       1.5.8 Festigkeit 15
              1.5.8.1 Statische Festigkeit 15
              1.5.8.2 Dauerfestigkeit 16
              1.5.8.3 Zulässige Spannungen 17
              1.5.8.4 Spannungsuntersuchungen 17
       1.5.9 Schubmodul 18
       1.5.10 Elastizitätsmodul 18
       1.5.11 Dynamische Federkonstante 21
       1.5.12 Einfluß der Temperatur 21
       1.5.13 Alterung 22

2. Berechnungsgrundlagen 23
   2.1 Einführung 23
       2.1.1 Federkennlinien 23
       2.1.2 Beanspruchungsarten 24
       2.1.3 Arbeitsvermögen 24
       2.1.4 Gültigkeitsbereiche der Federgleichungen 24
   2.2 Statische Beanspruchung 25
       2.2.1 Schubbeanspruchung 25
              2.2.1.1 Scheibengummifedern bei Parallelschub . . . 25
              2.2.1.2 Hülsengummifedern bei Parallelschub 26
              2.2.1.3 Hülsengummifedern bei Drehschub 28
              2.2.1.4 Scheibengummifedern bei Verdrehschub . . . 31

		2.2.2	Druckbeanspruchung	34
			2.2.2.1 Scheibengummifedern	34
			2.2.2.2 Scheibengummifedern mit Zwischenlagen	35
			2.2.2.3 Zylindrische Hohlgummifedern	37
		2.2.3	Druck-Schub-Beanspruchung	38
		2.2.4	Zugbeanspruchung	41
		2.2.5	Sonderfälle	42
			2.2.5.1 Hülsengummifedern bei Radialbeanspruchung	42
			2.2.5.2 Hülsengummifedern bei winkliger Beanspruchung	44
	2.3	Dynamische Beanspruchung		46
		2.3.1	Grundlagen der Schwingungsmechanik	48
			2.3.1.1 Schwingungssystem und Freiheitsgrad	48
			2.3.1.2 Berechnung der Eigenfrequenz	48
			2.3.1.3 Eigenfrequenz und statische Einfederung	50
			2.3.1.4 Federkennlinie für konstante Eigenfrequenz	50
			2.3.1.5 Schwingungsgleichung bei erzwungener, gedämpfter Schwingung	52
			2.3.1.6 Amplitudenverhältnisse	54
			2.3.1.7 Kraftverhältnisse	54
			2.3.1.8 Wirkung der Dämpfung	55
			2.3.1.9 Resonanzkurven bei nichtlinearer Federkennlinie	56
		2.3.2	Die Technik der Schwingungsisolierung	57
			2.3.2.1 Aktive und passive Schwingungsisolierung	57
			2.3.2.2 Bestimmung des Isolierwirkungsgrades	57
			2.3.2.3 Schwingungsisolierung eines Meßgeräts (passive Schwingungsisolierung)	59
			2.3.2.4 Anwendung von Nomogrammen	60
		2.3.3	Schwingungstechnische Arbeitsmaschinen	62
		2.3.4	Berechnung der Temperatur in dynamisch beanspruchten Gummifedern	64
	2.4	Gummikupplungen		65
		2.4.1	Eigenschaften der Gummikupplungen	65
		2.4.2	Kenngrößen bei statischer Beanspruchung	66
		2.4.3	Kenngrößen bei dynamischer Beanspruchung	67
		2.4.4	Abhängigkeiten der statischen und dynamischen Drehsteifigkeit	68
		2.4.5	Verhalten der Gummikupplung im Zweimassensystem	69
		2.4.6	Berechnung der Kupplungsgröße	71
		2.4.7	Auswahl der Kupplungsart	72
3.	Konstruktionsgrundlagen			73
	3.1	Konstruktionsformen		73
		3.1.1	Die Rundgummifeder	73
		3.1.2	Die Flachgummifeder	74
		3.1.3	Die Keilgummifeder	74
		3.1.4	Die keilförmige Kastengummifeder	75
		3.1.5	Die ringförmige Scheibengummifeder	75
		3.1.6	Die zylindrische Hülsengummifeder	76
		3.1.7	Die konische Ringgummifeder	78
		3.1.8	Die zylindrische Hohlgummifeder	79
		3.1.9	Die eingeschnürte Hohlgummifeder	79
		3.1.10	Die Walzengummifeder	80
		3.1.11	Gummifedern mit Rippen und Warzen	81
		3.1.12	Die kugelige Gummifeder	82
		3.1.13	Die Ringgummifeder	82
		3.1.14	Die Segmentgummifeder	83
		3.1.15	Die Kegelgummifeder	84
		3.1.16	Die zylindrische Stabgummifeder	84
	3.2	Verformung und Formgebung		85
	3.3	Konstruktionsrichtlinien		86

Inhaltsverzeichnis

4. **Anwendungsbeispiele** 90

   4.1 Allgemeiner Maschinenbau 90
       4.1.1 Kompressoren 90
       4.1.2 Schwingsiebmaschinen, Förderrinnen 92
       4.1.3 Spulmaschinen 93
       4.1.4 Schiffsmaschinen 93
       4.1.5 Landmaschinen 93
       4.1.6 Pumpen 94
       4.1.7 Ventilatoren 94
       4.1.8 Prüfmaschinen 95
       4.1.9 Gummifedern in Stromabnehmern 95

   4.2 Werkzeugmaschinenbau 96
       4.2.1 Feinbearbeitungsmaschinen 96
       4.2.2 Hobelmaschinen 97
       4.2.3 Pressen, Stanzen, Scheren und Hämmer 97
       4.2.4 Drehmaschinen 98
       4.2.5 Gummielastische Druckspeicher in Werkzeugmaschinen 98

   4.3 Fahrzeuge 99
       4.3.1 Straßenfahrzeuge 100
           4.3.1.1 Fahrzeugmotor 100
           4.3.1.2 Personenkraftwagen 101
           4.3.1.3 Lastkraftwagen 103
           4.3.1.4 Fahrzeugsitze 103
       4.3.2 Schienenfahrzeuge 104
           4.3.2.1 Gummibereifte Schienenräder 104
           4.3.2.2 Gummigefederte Schienenräder 105
           4.3.2.3 Gummigefederte Fahrgestelle 107
           4.3.2.4 Auf Gummi gelagerte Schienen 109

   4.4 Gummikupplungen 110
       4.4.1 Boge-Kupplungen 111
       4.4.2 Continental-Kupplungen 112
       4.4.3 Desch-Kupplungen 113
       4.4.4 Flender-Kupplungen 114
       4.4.5 Goetze-Giubo-Ortlinghaus-Kupplungen 114
       4.4.6 Jörn-Kupplungen 115
       4.4.7 Kauermann-Kupplungen 116
       4.4.8 Lohmann-und-Stolterfoht-Kupplungen 117
       4.4.9 Neidhart-Kupplungen 118
       4.4.10 Stromag-Kupplungen 118
       4.4.11 Vulkan-Kupplungen 121
       4.4.12 Wilke-Kupplungen 121
       4.4.13 Wülfel-Kupplungen 122

   4.5 Feinwerktechnik 123
       4.5.1 Drehstromzähler 124
       4.5.2 Elektronische Zählgeräte 124
       4.5.3 Relaiskästen 125
       4.5.4 Bordinstrumente in Flugzeugen 125
       4.5.5 Bordinstrumente in Kraftfahrzeugen 126
       4.5.6 Analysenwaagen 126
       4.5.7 Nähmaschinen 126

   4.6 Fertigungstechnik 128
       4.6.1 Gummifedern in Spannwerkzeugen 128
       4.6.2 Schneiden und Umformen von Blechen mit Hilfe von Gummikissen . . . 129
       4.6.3 Bauteilefertigung mit Hilfe eines Gummisacks 131
       4.6.4 Gummifedern als Auswerferfedern 131

4.7 Bauwesen 132
    4.7.1 Gummifedern als Brückenlager 132
    4.7.2 Gummiprofile zur Brückenabdeckung 133
    4.7.3 Schallgedämmte Wasserrohrleitungen 133
    4.7.4 Fender-Gummifedern 134
    4.7.5 Gummifedern in Vibro-Verdichtern 135
4.8 Lärmbekämpfung 135

Schrifttum 138

Anhang 142

Quellennachweis 144

Sachverzeichnis 145

1. Allgemeine Grundlagen

1.1 Der Begriff Gummifeder

Gummifedern sind Bauteile aus hochelastischen, makromolekularen Werkstoffen. Bei mechanischer Belastung verformen sie sich bis zu mehreren hundert Prozent und bei Entlastung gehen sie von selbst wieder ganz oder fast ganz in ihre ursprüngliche Form zurück. Die hohe Elastizität ist primär eine Stoffeigenschaft. Sie kann neben der Gummiqualität durch Beanspruchungsart und Federform in weiten Grenzen variiert werden. Die Eigenart der Gummifedern wird deutlich beim Vergleich mit Metallfedern. Metallfedern sind nicht hochelastisch aus dem Stoff heraus, sondern nur auf Grund ihrer Konstruktionsform, wie dies beispielsweise die zylindrischen Schraubenfedern oder die spiralförmigen Uhrfedern deutlich zeigen. Gummifedern sind also stoff- und formelastisch, Metallfedern dagegen nur formelastisch.

Der Begriff Gummifeder umfaßt alle aus Naturkautschuk oder Synthesekautschukarten hergestellten Federn. Zu den Gummifedern zählen die rein aus Gummi bestehenden Federn, die an Metalle gebundenen Gummifedern und diejenigen Federn, bei denen die Elastizität des Gummis in Verbindung mit Luft, Gasen, Flüssigkeiten oder Textilgeweben ausgenützt wird.

1.2 Gummifederarten

a) Gummifedern, die keine festhaftenden Anschlußteile besitzen, werden *ungebundene Gummifedern* genannt. Zu ihnen zählen die Gummipuffer, die Hohlgummifedern und die Gummikissen. (Beispiel Abb. 1a).

b) Gummifedern, die mit Metallbauteilen festhaftend verbunden sind, heißen *gebundene Gummifedern*. Durch die Gummi-Metall-Verbindung lassen sich besonders einfache Bauteile herstellen, auch hinsichtlich der Befestigung. Gebundene Gummifedern werden von den einschlägigen Firmen einbaufertig geliefert. Im Jahre 1932 brachte die Firma Getefo in Berlin als erste deutsche Firma die gebundene Gummifeder auf den Markt. Zur festhaftenden Verbindung des Gummis mit Metall wandte sie ein patentiertes Verfahren an, das mit Gummischweißung bezeichnet wurde. Die so hergestellten gebundenen Gummifedern nannte sie „Flexofix". Sie werden heute mit „Gimetall" bezeichnet. Später folgten die Continental-Gummiwerke in Hannover mit „Schwingmetall" und die Phönix-Gummiwerke in Hamburg-Harburg mit „Metallgummi". Inzwischen ist eine Reihe von anderen Bezeichnungen für Gummi-Metall-Verbindungen erschienen. Sie alle werden hier unter dem Begriff gebundene Gummifedern behandelt. (Beispiel Abb. 1b).

c) *Gefügte Gummifedern* sind ebenfalls Gummi-Metall-Verbindungen. Bei ihnen erfolgt die Bindung jedoch nicht chemisch oder mit Hilfe von Haftmitteln, sondern durch mechanischen Preßdruck. (Beispiel Abb. 1c).

d) *Schaumgummifedern* sind ungebundene Gummifedern, die vorwiegend als elastische Sitzpolster, als Matratzen oder als Matten zur Trittschalldämmung verwendet werden. (Beispiel Abb. 1d).

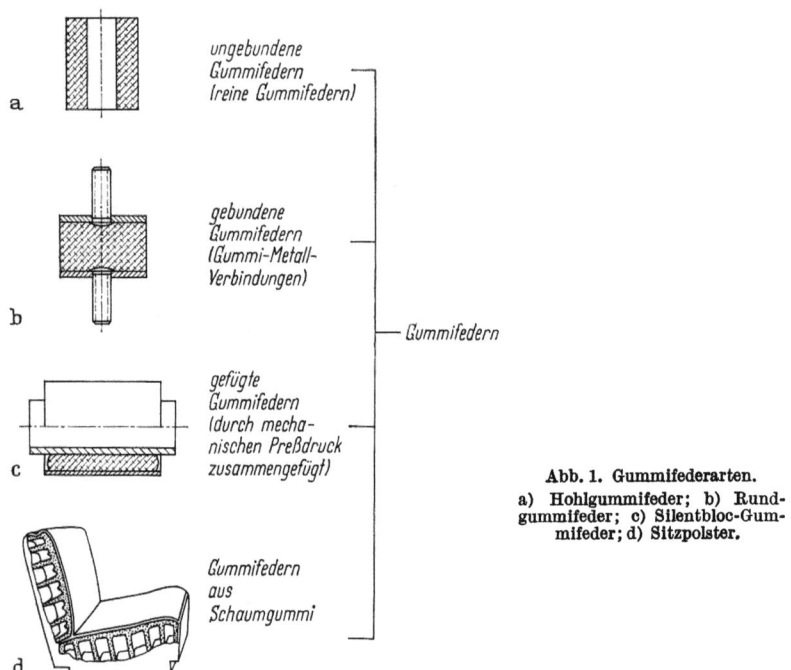

Abb. 1. Gummifederarten.
a) Hohlgummifeder; b) Rundgummifeder; c) Silentbloc-Gummifeder; d) Sitzpolster.

e) Mit Bezug auf die Beanspruchungsart werden die Gummifedern eingeteilt in Zugfedern, Druckfedern, Schubfedern, Druck-Schub-Federn und Wälzfedern. Bei den Schubfedern wird noch unterteilt in Parallelschub, Drehschub und Verdrehschub (Torsion). Der Drehschub ist nur bei Hülsengummifedern möglich.

1.3 Gummifederwerkstoffe

Zu den Gummifederwerkstoffen gehören der Naturkautschuk und alle Synthesekautschukarten nach Tab. 1. Die in Frage kommenden Gummiqualitäten umfassen den Härtebereich zwischen 30 und 98 Shore-Einheiten. Es ist der Bereich des technischen Weichgummis. Der Buchstabe R bei den Kurzzeichen in Tab. 1 ist der Anfangsbuchstabe des angelsächsischen Wortes Rubber = Gummi. Er weist auf international bedeutsame Gummifederwerkstoffe hin.

Die besten elastischen Eigenschaften besitzt der Naturgummi. Die anderen Gummifederwerkstoffe sind weniger elastisch und neigen mehr zum sog. Setzen. Buna S, auch als Reifengummi bekannt, ist elektrisch isolierend. Perbunan N ist besonders quellbeständig und elektrisch leitfähig. Perbunan C zeichnet sich durch Flammwidrigkeit und durch gute Alterungs- und Abriebfestigkeit aus. Butylkautschuk ist gasundurchlässig. Silopren ist hochhitzebeständig, kälteflexibel, elektrisch isolierend und physiologisch inert. Vulkollan ist kerbunempfindlich und verschleißfest.

1.3 Gummifederwerkstoffe

Tabelle 1. *Gummifederwerkstoffe*

Chemische Bezeichnung	Internationale Kurzzeichen	Allgemeine Bezeichnung (Markennamen, Beispiele)	Dichte DIN 53550 [g/cm³]	Zugfestigkeit DIN 53504 [kp/cm²]	Bruchdehnung DIN 53504 [%]	Shore-Härte A DIN 53505 [sh]	Temperatureinsatzbereich [°C]	Verhalten beim Einfluß von mineral. Fetten u. Ölen
Polyisopren	NK	Naturkautschuk	0,95	50—280	≦1000	30—98	−50 bis +140	unbeständig
Styrol-Butadien-Mischpolymerisat	SBR	Styrolkautschuk (Buna S)	0,92	50—240	≦700	40—95	−50 bis +140	unbeständig
Acrylnitril-Butadien-Mischpolymerisat	NBR	Nitrilkautschuk (Perbunan N)	0,98	50—270	≦800	40—95	−50 bis +140	beständig
Chlor-Butadien-Polymerisat	CR	Polychloroprene (Perbunan C, Neoprene, Sowprene)	1,23	50—270	≦800	40—95	−50 bis +140	bedingt beständig
Mischpolymerisat von Isobutylen und Isopren	IIR	Butylkautschuk	0,93	40—170	≦900	40—90	−50 bis +150	unbeständig
Polysiloxan	Si	Siliconkautschuk (Siloprene, Silastic)	1,19	20—100	≦500	40—90	−100 bis +220	bedingt beständig
Polyurethan	—	Polyurethan (Vulkollan)	1,26	200—320	≦600	65—95	−30 bis +80	beständig

Unter den neuentwickelten Gummifederwerkstoffen hat sich vor allem das cis-Polyisopren, der sog. synthetische Naturkautschuk bewährt. Im Sprachgebrauch des Deutschen Normenausschusses wird unterschieden zwischen den Begriffen Kautschuk und Gummi. Mit Kautschuk wird der Rohstoff bezeichnet, und zwar sowohl mit Bezug auf den Naturkautschuk als auch auf sämtliche Synthesekautschukarten. Mit Gummi werden die vulkanisierten (vernetzten) Produkte, d. h. die Fertigprodukte bezeichnet. Die Gummifederwerkstoffe werden auch gummielastische Werkstoffe oder Elastomere genannt.

1.4 Herstellung von Gummifedern

1.4.1 Rohstoffe

Die Rohstoffe, aus denen Gummifedern hergestellt werden, sind die verschiedenen Arten des Kautschuks. Es ist zu unterscheiden zwischen Naturkautschuk und Synthesekautschuk. Eine besondere Gruppe bilden mit Bezug auf die Herstellung die Schaumstoffe. Es gibt Schaumstoffe aus Naturkautschuk und solche aus Synthesekautschuk. Grundsätzlich wichtig ist es, zu beachten, daß alle mit Kautschuk bezeichneten Stoffe Rohstoffe sind. Die Verarbeitung der Kautschuke zu Gummifedern ist Aufgabe der Gummifabriken.

Der Ausgangsstoff für die Gewinnung des *Naturkautschuks* ist der Latex. Er ist ein milchähnlicher Saft, der von Kautschukbäumen abgezapft wird. Der weitaus bedeutendste Kautschukbaum ist die Hevea brasiliensis. Er wird in Sumatra, Java, Malaysia, Indochina und Ceylon im Plantagenbetrieb angebaut. Ein Teil des abgezapften Latex wird im flüssigen Zustand in die Gummifabriken versandt, wo er u. a. zur Fertigung von Gummifedern aus Latexschaum verwendet wird (s. Abschn. 1.4.7). Der andere Teil wird vor dem Versand in den Trockenzustand übergeführt. Das geschieht dadurch, daß man ihn durch Zusatz von Ameisensäure zum Gerinnen bringt und zu dünnen Fellen auswalzt. Die Crepe-Sorten werden nach dem Gerinnen und Abtrennen auf Walzwerken stark gewaschen, wobei die fäulnisanfälligen Begleitstoffe entfernt werden, so daß ein Trocknen mit Luft ausreicht, um sicherzustellen, daß sie auf den langen Transportwegen nicht in Fäulnis übergehen. Smoked sheets sind wenig gewaschen, enthalten daher noch fast alle Begleitstoffe aus der Kautschukmilch, u. a. auch geschätzte Schutzkolloide. Sie sind daher fäulnisanfällig und werden durch das Räuchern in besonderen Kammern konserviert und somit ebenfalls transportfähig. Der von den Plantagen kommende Kautschuk ist weißlich, gelblich oder bräunlich, durchscheinend, in der Wärme weich (plastisch) und klebrig und in der Kälte spröde und hart. Seine hervorragend guten Eigenschaften erhält er erst durch Weiterverarbeitung in der Gummifabrik.

Synthesekautschuk, der auch Kunstkautschuk genannt wird, wird in chemischen Fabriken synthetisch, d. h. künstlich hergestellt. Es sind mehrere Verfahren in Gebrauch. Der Synthesekautschuk fällt als weiße, krümelige Masse an. Er ist plastisch und wird, genau wie Naturkautschuk, in der Gummifabrik zu Gummi weiterverarbeitet.

In den USA und in Europa werden heute Butylkautschuk und Neoprenkautschuk, in der UdSSR Sowprenkautschuk produziert.

Charakteristisch für alle nach DIN 7726 genormten *Schaumstoffe* ist, daß sie im Innern viele Hohlräume (Zellen oder Poren) besitzen, die mit Luft oder Gas gefüllt sind. Die Zellen können offen oder geschlossen sein. Für die Herstellung von Gummifedern werden nur solche Schaumstoffe verwendet, die in den elastischen Zustand übergeführt werden können und dabei geschlossene Zellen bilden.

Rohstoff für die Erzeugung des natürlichen Schaumgummis ist der flüssige Latex. Rohstoffe für die Gewinnung von elastischen Kunstschaumstoffen sind verschiedene Kunststoffe. Styropor ist der Rohstoff für den wichtigen Polystyrolschaum, und vernetzte Polyurethane sind die Rohstoffe für den Polyätherschaum Moltopren I und für den Polyesterschaum Moltopren S. Die Rohstoffe werden in Form von kleinen Perlen oder als Granulat in den chemischen Fabriken erzeugt und zur Weiterverarbeitung an die Gummifabriken geliefert.

Wenn die Zellen offen, d. h. durch feine Kanäle miteinander verbunden sind, handelt es sich um einen saugfähigen, schwammartigen Stoff, den Schwammgummi. Er ist als Federwerkstoff ungeeignet.

1.4.2 Vorgang der Vulkanisation

Die Fertigung von Gummifedern umfaßt grundsätzlich zwei Vorgänge: Die Formgebung und die Vulkanisation. Beide Vorgänge spielen sich gleichzeitig ab.

Unter Vulkanisation wird die Reaktion des Kautschuk-Kohlenwasserstoffs mit Schwefel verstanden. Es entsteht das räumlich über Schwefelbrücken fixierte Vulkanisat. Daneben gibt es die schwefelfreie Vernetzung, z. B. über Peroxyde, die ausgezeichnet alterungsbeständige, vor allem wärmebeständige, über Sauerstoffbrücken vernetzte Erzeugnisse gibt.

Weichgummivulkanisate enthalten heute bei Anwendung geeigneter Vulkazite (Beschleuniger) einen Zusatz von Elementarschwefel von 0 bis etwa 5%. Es gibt daneben auch die sog. schwefelfreie Vulkanisation, bei der kein Elementarschwefel verwendet, sondern der für die Vernetzung erforderliche Schwefel von schwefelhaltigen Beschleunigern (Ultrabeschleunigern) oder anderen metallorganischen Verbindungen mit Elementen der gleichen Gruppe des Periodensystems der Elemente (z. B. des Selens oder des Tellurs) ersetzt wird. Die in diesem Buch behandelten Gummifedern bestehen ausschließlich aus technischem Weichgummi. Der zu anderen Zwecken hergestellte Hartgummi besitzt je nach Sorte einen Schwefelgehalt zwischen 10 und 32%.

Unter Vulkanisation versteht man also allgemein die Bildung eines elastischen, formbeständigen Gummikörpers durch Schwefel bei Anwendung von Wärme, bei Gegenwart von Ultrabeschleunigern auch bei Raumtemperatur.

1.4.3 Ungebundene Gummifedern

In der Gummifabrik wird der in Form von Ballen angelieferte natürliche oder synthetische Kautschuk zunächst auf dem Mischwalzwerk oder im Innenmischer (Kneter) weich gemacht bzw. plastiziert und gleichzeitig mit einer Reihe von Stoffen gemischt. Es handelt sich hauptsächlich um den schon erwähnten Schwefel, um Füllstoffe, Alterungsschutzmittel, Weichmacher und Vulkanisationsbeschleuniger. Ihre Zusammensetzung bestimmt die technologischen Eigenschaften des Gummis. Das auf dem Mischwalzwerk entstandene Produkt heißt Kautschukmischung. In der Praxis findet man auch die Bezeichnung Gummimischung.

Die Kautschukmischung wird anschließend auf Walzwerken (Kalandern) zu Platten ausgewalzt. Aus ihnen werden die sog. Rohlinge (Zuschnitte) ausgestanzt oder ausgeschnitten. Mitunter wird die Kautschukmischung auch so weiterverarbeitet, daß sie auf Spritzmaschinen (Extrudern) in warmem Zustand zu Profilsträngen ausgepreßt wird. Die Rohlinge werden in diesem Falle von den Profilsträngen abgeschnitten. Wichtig ist, daß die Rohlinge etwa die Form der fertigen Gummifeder besitzen.

1. Allgemeine Grundlagen

Der Rohling wird danach in einen Hohlraum des Formwerkzeugs, in das sog. Nest (Kaliber, Bohrung) gelegt (Abb. 2a). Es gibt Formwerkzeuge, die eine größere Anzahl von Nestern besitzen. Sind alle Nester mit Rohlingen gefüllt, dann wird das Formwerkzeug in die mit Dampf oder elektrisch beheizte Vulkanisierpresse

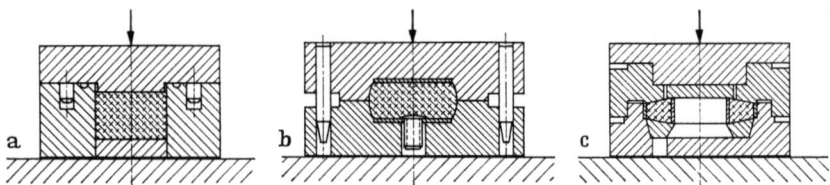

Abb. 2. Herstellung von Gummifedern.
a) Formpressen einer ungebundenen massiven Gummifeder; b) Formpressen einer gebundenen Scheibengummifeder; c) Spritzpressen einer gebundenen Hülsengummifeder.

(Druckpresse) gelegt. Hier werden die Rohlinge durch die Einwirkung eines entsprechenden Drucks und der Temperatur von etwa 150 °C weich (Kompressionsverfahren). Sie beginnen zu fließen und füllen dadurch alle Hohlräume des Formwerkzeugs aus. Gleichzeitig findet die Vulkanisation statt.

Neben dem Kompressionsverfahren zur Herstellung von ungebundenen Gummifedern (Vulkanisaten) gewinnen die Spritzverfahren (Spritzpressen oder Transfer-Moulding bzw. Spritzguß oder Injection-Moulding) zunehmend an Bedeutung.

1.4.4 Gebundene Gummifedern

Der Fertigungsvorgang für gebundene Gummifedern ist grundsätzlich der gleiche wie der für ungebundene Gummifedern. Es werden lediglich die an den Gummi zu bindenden Metallteile zusätzlich in die Formnester gelegt (Abb. 2b).

Damit eine festhaftende Bindung des Gummis an das Metall erzielt werden kann, müssen die Bindungsflächen der Metallteile vor dem Bindungsvorgang gut gereinigt werden. Das geschieht vorzugsweise durch Strahlen mit Sand oder Metallkies. Man kann sie auch durch Schleifen reinigen. Anschließend werden sie chemisch gereinigt. Zum Entfernen von Fett, Öl oder Staub wird Trichloräthylen (Tri) benutzt, auch unter Verwendung von Ultraschall. Kleine oder dünnwandige Metallteile, die das Strahlen nicht vertragen würden, werden durch Tauchen in Säurebäder gereinigt. Hierfür kommen Salpetersäure, Schwefelsäure und Chromschwefelsäure von bestimmter chemischer Zusammensetzung in Frage.

Die früher gebräuchlichste Art der Gummi-Metall-Bindung ist die *Messingbindung*. Sie besteht darin, daß vor der Vulkanisation die metallische Bindefläche galvanisch mit einer dünnen Messingschicht überzogen wird. Während der Vulkanisation findet dann eine chemische Reaktion des Schwefels einerseits mit dem Kautschuk und andererseits mit dem Kupfer des Messings statt. Es handelt sich also um eine chemische Bindung, die die Haftkraft zwischen Gummi und Metall bewirkt. Die Haftfestigkeit beträgt je nach Gummisorte 40 bis 150 kp/cm². Die Messingbindung ist bis 150 °C wärmebeständig. Für eine gute Messingbindung ist Voraussetzung, daß die Messingschicht eine definierte Zusammensetzung und eine bestimmte Kristallform besitzt.

Die Messingbindung wird in Europa heute praktisch nicht mehr angewendet. Die Anwendung dieses Verfahrens geht auch in England und in den Staaten zurück.

Bewährt hat sich auch die *Isocyanatbindung*. Hierbei wird die Bindefläche des Metalls vor der Vulkanisation durch Strahlen mit Quarzsand aufgerauht, mechanisch und chemisch gereinigt und mit einer Isocyanatlösung dünn überzogen. Das Überziehen kann mit dem Pinsel oder durch Tauchen geschehen. Der Auftrag der Isocyanatlösung durch Spritzpistole wird wegen der extremen Wasserempfindlichkeit des Isocyanats (aus der Luft) nur äußerst selten und unter ganz bestimmten Vorsichtsmaßnahmen angewendet. Voraussetzung für eine Gummi-Isocyanat-Bindung ist, daß die Isocyanatlösung sowohl vor als auch nach dem Auftragen auf die Metallfläche auch von Spuren von Feuchtigkeit freigehalten wird. Nach dem Verdunsten des leicht flüchtigen Lösungsmittels und nach dem Entfernen der letzten Spuren von Feuchtigkeit durch Erwärmen können die Metallbauteile zusammen mit den Kautschukrohlingen zwecks Formung und Vulkanisation in das Formwerkzeug gelegt werden. Das Isocyanat ist in Deutschland unter dem Namen Desmodur R bekannt. Die Haftfestigkeitswerte liegen zwischen 50 und 100 kp/cm².

Zur Gummi-Metall-Bindung sind ferner besondere Stoffe entwickelt worden, die als *Haftmittel* bezeichnet werden. Repräsentativ für diese Haftmittel sei das Chemosil genannt. Es ist ein universelles Haftmittel für alle Arten der Gummi-Metall-Bindung und geeignet für alle Formgebungsverfahren bei der Herstellung von Gummifedern. Man kann es durch Streichen, Tauchen, Spritzen mit Luft- und Hochdruckpistolen sowie mit elektrostatischen Geräten auftragen, meistens in der Arbeitsweise „zwei Typen in zwei Schichten". Nach dem Trocknen der Schichten werden die aneinander zu bindenden Teile in Formwerkzeugen in der Druckpresse gleichzeitig geformt, vulkanisiert und gebunden. Die Chemosil-Bindung ist u. a. sehr beständig gegen Unterrostung. Man erhält Haftfestigkeiten bis zu 130 kp/cm².

Die außerordentlich rasche Entwicklung und Anwendung der gebundenen Gummifedern hat es mit sich gebracht, daß die einschlägigen Gummifabriken ein umfangreiches Vorratslager für Metallbauteile in vielen Formen und Abmessungen unterhalten müssen. Die gängigsten und geeignetsten Werkstoffe sind Stahl, Aluminium und Aluminiumlegierungen. Nicht geeignet sind Kupfer, Reinzink und Reinmagnesium.

1.4.5 Gestaltung der Formgebungswerkzeuge

Die Erfahrung hat gezeigt, daß man Gummifedern nur dann einwandfrei und wirtschaftlich herstellen kann, wenn die Formwerkzeuge verfahrensgerecht gestaltet werden. Formwerkzeuge für die Fertigung von Gummifedern werden in der Praxis mit Preßformen, Spritzformen oder Vulkanisierformen bezeichnet. Sie bilden den Inhalt des praktisch sehr wichtigen Formenbaus.

Formwerkzeuge bestehen im allgemeinen aus metallischen Werkstoffen wie Stahl, Gußeisen, Aluminium und Aluminiumlegierungen. Kupfer und Messing dürfen nicht verwendet werden, weil der in der Kautschukmischung vorhandene Schwefel bei der Vulkanisation zu chemischen Reaktionen mit dem Kupfer oder Messing führen würde. Formwerkzeuge, die nur eine begrenzte Lebensdauer zu haben brauchen, können aus keramischen Werkstoffen, Gießharzen mit Zusätzen oder Gips mit Wasserglas hergestellt werden. Für die Verwendung von Formwerkzeugen mit begrenzter Lebensdauer ist das Arbeiten mit niedrigen Preßdrücken Voraussetzung.

Die Formwerkzeuge müssen so gestaltet werden, daß sie große Kräfte ohne Verformung aufnehmen können. Weiter müssen die Rohlinge schnell eingelegt und die fertigen Gummifedern leicht entnommen werden können. Außer zweiteiligen Formwerkzeugen sind mehrteilige mit losen Kernen und geteilten Einsätzen in Gebrauch. Senkrechte Formflächen werden leicht konisch ausgeführt. Große Hinterschneidungen sollen vermieden werden. Stege, die in das Formnest hineinragen, dürfen nicht zu dünn gehalten werden, weil sie sonst beim Formungsvorgang sich verbiegen oder zerstört werden. Die einzelnen Formplatten oder Formeinsätze werden durch Führungsstifte zentriert. Um das Formnest herum wird eine Austriebs- oder Abquetschrille (Nut) geführt. Sie soll den überschüssigen Gummi beim Zusammenfahren der Formwerkzeuge aufnehmen. Der Abstand zwischen Formnest und Austriebsnut beträgt 1 bis 2 mm. Dadurch kann man beim Putzen nach dem Vulkanisieren den Austrieb durch Abreißen sauber von der Gummifeder trennen.

Nach dem Vulkanisieren wird das Formwerkzeug mit Aufbrechhebeln oder Aufbrecheisen geöffnet. Bei der Gestaltung des Formwerkzeugs müssen deshalb entsprechende Aussparungen zum Ansetzen dieser Hilfsmittel vorgesehen werden. Da die Abmessungen der Gummifeder nach dem Vulkanisieren während des Erkaltens kleiner werden, also schrumpfen oder schwinden, muß bei der Gestaltung des Formwerkzeugs das entsprechende Schrumpfmaß oder Schwundmaß berücksichtigt werden. Zum Entfernen der Gummifeder aus dem Formwerkzeug werden erforderlichenfalls Ausdrück- oder Auswerferplatten angebracht. Zur Vermeidung von Lufteinschlüssen oder Fließfehlern an den Gummifedern müssen die Formwerkzeuge mit entsprechenden Entlüftungsschlitzen versehen werden.

Gummifedern werden meistens nach dem *Kompressionsverfahren* hergestellt (Abb. 2a u. b). Die Anzahl der Formnester beträgt hierbei 1 bis 12, häufig auch mehr. Beim *Spritzpressen* (Abb. 2c) können bis zu 96 Nester gleichzeitig beschickt werden. Das ist möglich, weil beim Spritzpressen keine vorbereiteten Rohlinge in die Nester eingelegt werden, sondern ein Mischungsstück in einen Hohlraum des Spritzwerkzeugs gebracht wird, von dem aus durch Stempeldruck über Anguß und Angußverteiler die einzelnen Nester der geschlossenen Form mit Mischung versorgt werden. Bei exakter Gestaltung der Spritzpreßform erhält man praktisch austriebsfreie Gummifedern. Das *Spritzgießen* von Gummifedern ist ein zur Zeit noch junges Verfahren. Es ist der Fertigungstechnik der Kunststoffe entnommen worden und erlaubt eine weitgehende Automatisierung mit Formungszeiten, die maximal bis zu $1/10$ der Zeit beim Spritz- oder Formpressen betragen.

1.4.6 Gefügte Gummifedern

Gefügte Gummifedern sind ebenfalls Gummi-Metall-Verbindungen. Bei ihnen erfolgt die Bindung nicht chemisch oder mit Hilfe von Haftmitteln, sondern durch mechanisch erzeugten Anziehdruck mittels Schrauben. Ein Beispiel dafür ist das gummigefederte Eisenbahnschienenrad in Abb. 107b. Dort wird der Gummi mit den Metallbauteilen durch den Preßdruck der Schrauben zusammengefügt. Ein weiteres Beispiel ist die Silentbloc-Gummifeder in Abb. 69, wo der Gummi zwischen zwei konzentrisch liegenden Metallhülsen eingepreßt ist. Durch das Einpressen erhält der Gummi eine starke Vorspannung, die ausreicht, um alle Teile fest miteinander zu verbinden.

1.4.7 Gummifedern aus Schaumstoffen

Für die Herstellung von Schaumstoffen gibt es zwei Herstellungsverfahren aus natürlichem oder synthetischem Latex. Beiden Verfahren ist gemeinsam, daß dem Latex Luft oder Gase so zugeführt werden, daß Schaum entsteht. Dieser Schaum wird dann geliert, in Gießformen gegossen, vulkanisiert und getrocknet.

Beim *Schaumschlagverfahren* (Dunlop-Verfahren) wird die mit Seife oder Gelatine versetzte, vulkanisationsfähige Latexmischung zu einem Schaum mit 7 bis 14fachem Volumen geschlagen. Hierzu werden Maschinen mit Schlagbesen benutzt, deren Schlaggeschwindigkeit stufenlos eingestellt werden kann. Durch Gelieren mit

Natriumsilicofluorid bleibt der Schaum längere Zeit gußfähig. Der Schaum wird in die Gießform gegossen und bei etwa 100 °C vulkanisiert. Die fest gewordene Schaumgummifeder wird der Gießform entnommen, in Wasser von anhaftenden Chemikalien gereinigt und getrocknet.

Beim *Treibverfahren* setzt man der vulkanisationsfähigen Latexmischung Wasserstoffperoxyd zu, das im Latex durch Zusatz von Treibmitteln (z. B. Hefe) zersetzt wird. Durch den entstehenden Sauerstoff wird der Latex auf das 8- bis 14fache seines Volumens aufgetrieben, so daß ein mit sehr kleinen und gleichmäßigen Zellen durchsetzter Schaum entsteht. Er wird bei − 10 bis − 15 °C eingefroren. Durch den erstarrten Schaum leitet man Kohlendioxyd. Nach dem Auftauen ist der Schaum geronnen. Er wird nun in der üblichen Weise vulkanisiert, gewaschen und getrocknet.

Die Herstellung von Kunstschaumstoffen ist grundsätzlich eine andere als die Herstellung von Schaum aus natürlichem oder synthetischem Latex. Polystyrolschaum oder Styropor enthalten ein Treibmittel, das beim Erwärmen der Masse auf über 80 °C sich ausdehnt und eine Zellstruktur erzeugt. Beim Polyäther- bzw. Polyesterschaum bildet sich die Schaumstruktur durch eine chemische Reaktion, bei der Kohlendioxyd abgespalten wird; die Masse treibt und verfestigt sich gleichzeitig.

1.5 Werkstoffkennwerte, Prüfung und Normung

Es gibt eine Reihe von allgemeinen und speziellen Werkstoffkennwerten, die dem Konstrukteur zur Verfügung stehen, wenn er sich ein zutreffendes Bild über die Eigenschaften und das Verhalten von Gummifedern machen will. Zur Prüfung dieser Kennwerte sind brauchbare Verfahren, Geräte und Maschinen entwickelt und viele Prüfverfahren sind genormt worden. Eine Zusammenstellung von einschlägigen Normblättern und Richtlinien ist im Anhang enthalten.

1.5.1 Elastizität

Die hervorragendste Eigenschaft des Werkstoffs Gummi ist seine große Elastizität. Unter der Elastizität eines Stoffes versteht man sein Vermögen, sich bei Belastung zu verformen und bei Entlastung sich ganz oder fast ganz zurückzuverformen. Je schneller und vollständiger die Rückverformung vor sich geht, desto höher ist die Elastizität. Erfolgt die Rückverformung nur teilweise, so bedeutet dies, daß sich der Werkstoff auch plastisch, also bleibend verformt hat.

Zur Charakterisierung der Elastizität einer Gummifeder benutzt man die Beziehung zwischen der Belastung und der Verformung. Trägt man die Belastung in Abhängigkeit von der Verformung in einem Schaubild auf, so erhält man die Federkennlinie. Sie wird auch Federcharakteristik oder Federkennung oder Kraft-Weg-Kurve genannt. Federkennlinien können heute mit großer Genauigkeit mit Hilfe von Prüfmaschinen ermittelt und aufgezeichnet werden.

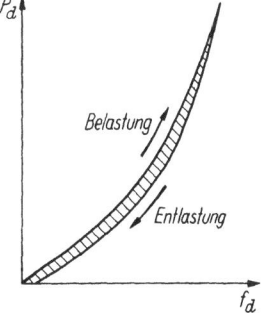

Abb. 3. Federkennlinie einer gebundenen, druckbeanspruchten Scheibengummifeder bei Be- und Entlastung.

Wird eine Gummifeder statisch auf Zug belastet und wieder entlastet, so zieht sie sich bis nahezu auf den ursprünglichen Wert zusammen. Wie Abb. 3 zeigt, liegt die Entlastungskurve jedoch unterhalb der Belastungskurve. Anhand von Abb. 3 lassen sich folgende Erkenntnisse formulieren:

a) Federkennlinien sind im Anfangsbereich linear oder angenähert linear. Es ergibt sich daraus die Möglichkeit, Federgleichungen zur Berechnung der Federkennlinien von Gummifedern zu entwickeln, weil das Hookesche Gesetz zugrunde gelegt werden kann. Das gilt für alle Beanspruchungsarten, jedoch jeweils für verschiedene Verformungsbereiche (s. Tab. 5 in Abschn. 2).

b) Gummifedern sind — im Gegensatz zu Metallfedern — auch im nichtlinearen Bereich elastisch. Die Berechnung nichtlinearer Federkennlinien ist oft schwierig. In solchen Fällen ist die versuchsmäßige Ermittlung vorzuziehen.

c) Bei zügiger Be- und Entlastung entsteht eine bleibende Verformung. Sie ist begründet im strukturellen Aufbau der Gummimoleküle. Danach bestehen die Verformungsvorgänge bei Gummifedern aus Knäuelungen und Entknäuelungen von Kettenmolekülen mit entsprechenden Entropieänderungen. Man bezeichnet solche Verformungen deshalb auch als entropieelastische Verformungen. Dabei wird die Entropie als Maß für den Unordnungsgrad der Materie verstanden. Es handelt sich, anschaulich gesprochen, um molekulare Platzwechselvorgänge. Moleküle, die nach der Entlastung ihre alte Position nicht mehr einnehmen, verursachen die bleibende Verformung. Verbunden damit sind Reibungsvorgänge, und diese wiederum führen zur Bildung von Wärme.

d) Die Fläche zwischen der Be- und Entlastungskurve entspricht der Verlustarbeit als Unterschied zwischen der aufgenommenen und zurückgewonnenen Arbeit. Man nennt die Verlustarbeit auch Hystereseverlust. Die aus dem Hystereseverlust entstehende Wärme wird entweder nach außen abgestrahlt oder sie erhöht die Temperatur des Gummis. Bei wechselnder Beanspruchung kann diese Temperatur im Gummi infolge seiner schlechten Wärmeleitfähigkeit recht beträchtlich werden.

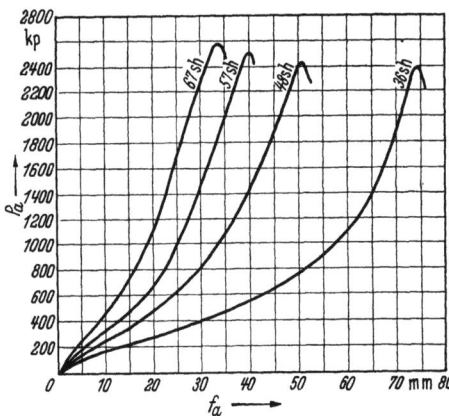

Abb. 4. Vollständige Federkennlinien von gebundenen, schubbeanspruchten Hülsengummifedern gleicher Größe bei verschiedenen Härtegraden.

Sie ist mit ein Grund dafür, daß die für Gummifedern zulässigen Belastungen im allgemeinen weit unter der Grenze der möglichen mechanischen Beanspruchungen bleiben müssen. Der Hystereseverlust entspricht der Dämpfung. Sie ist besonders wichtig bei dynamischer Beanspruchung (s. Abschn. 1.5.4).

In Abb. 4 sind einige versuchsmäßig ermittelte Federkennlinien von gebundenen Hülsengummifedern dargestellt. Sie zeigen den Kennlinienverlauf bis zum Bruch und außerdem den Einfluß der Gummihärte.

1.5.2 Fließen und Setzen

Die Verformung des Gummis wird durch die Belastungsdauer beeinflußt. Belastet man eine Gummifeder statisch bis zu einem bestimmten Betrag, wie dies beispielsweise praktisch beim Aufsetzen einer abzufedernden Maschine vorkommt, so tritt gemäß Abb. 5 zunächst die eigentliche elastische Verformung und daran anschließend ein längere Zeit anhaltendes *Fließen oder Kriechen* auf. Der Fließvorgang verläuft nach einem Exponentialgesetz. Er ist nach einiger Zeit praktisch beendet. Entlastet man die Feder dann, so gehen die elastische Verformung und die Fließverformung zurück bis auf einen Formänderungsrest. Er stellt einen Maßstab für die Elastizität der Gummimischung dar. Hochelastische Qualitäten weisen einen kleinen Formänderungsrest und nur ein geringes Fließen auf. Der Formänderungs-

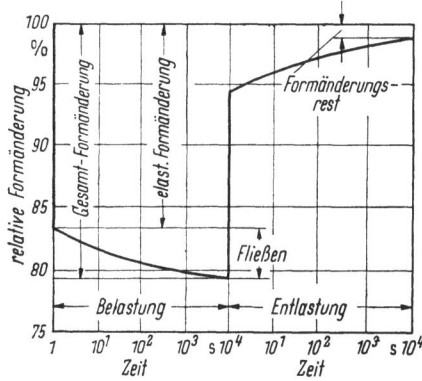

Abb. 5. Fließdiagramm von Weichgummi.

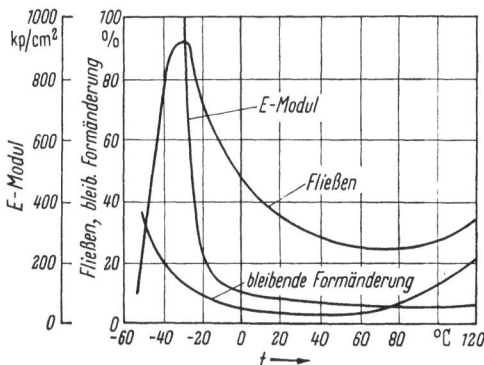

Abb. 6. Fließen, bleibende Formänderung und E-Modul in Abhängigkeit von der Temperatur eines Zylinders 20 × 20 mm unter einer Belastung von 10 kp/cm².

rest nach längerer Be- und Entlastung liegt bei elastisch guten Qualitäten zwischen 2 und 5%, die Fließwerte liegen zwischen 5 und 10% der gesamten elastischen Verformung.

Fließen und Formänderungsrest sind der elastischen Gesamtverformung unter statischer Last proportional. Sie werden deshalb in Prozent der elastischen Verformung angegeben. Damit sind beide Werte von der Höhe der Belastung unabhängig. Sie sind jedoch abhängig von der Temperatur, wie Abb. 6 zeigt. Es handelt sich hier um Buna-Mischungen. Naturgummiqualitäten verhalten sich günstiger.

Wenn der statischen Belastung eine dynamische Wechsellast überlagert ist, tritt eine weitere unerwünschte Verformung als Folge dieser Wechsellast auf. Sie wird mit *Setzen* bezeichnet. Das Setzen ist abhängig von der Lastwechselzahl und von der Höhe der Wechsellast. Auch sie erreicht bald einen Endwert. Für Fahrzeugfedern kann das Setzen in derselben Größe wie das Fließen bei statischer Vollbelastung des Fahrzeugs angenommen werden. Die Federkonstanten werden durch das Fließen und Setzen nicht beeinflußt. Es ergibt sich lediglich eine Parallelverschiebung der Federkennlinien um den Setzweg. Es ist zweckmäßig, bei der Konstruktion einer Gummifeder eine bleibende Verformung durch Fließen und Setzen von 8 bis 10% des elastischen Federwegs zu berücksichtigen.

1.5.3 Härte

Zur Kennzeichnung von Gummiqualitäten wird in der Praxis u. a. die Shore-Härte A nach DIN 53505 (Durometerhärte A) benutzt. Die früher in Deutschland genormte Bestimmung der Weichheit (DVM-Weichheitszahl) ist nicht mehr üblich. Die Norm DIN 53505 stimmt im wesentlichen überein mit der amerikanischen Gütevorschrift ASTM D 676-49 T (ASTM = American Society for Testing Materials). Die Gummihärte wird in Shore-Härte-Einheiten, kurz sh, ausgedrückt.

Zur Prüfung der Shore-Härte gibt es entsprechende Geräte. Man drückt eine abgeflachte Nadel in die Gummioberfläche ein. Über eine Feder wird der Widerstand gemessen, den der Gummi dem Nadeleindruck entgegensetzt. Die Härte wird in Shore-Härte-Einheiten abgelesen.

1.5.4 Dämpfung

Die Verlustarbeit, die sich im Verlauf einer Be- und Entlastung ergibt, wird Dämpfung genannt. Sie ist für den Fall der schwingenden Beanspruchung in Abb. 7 dargestellt. Es handelt sich um eine wechselnde Drucklast P_w, die einer Druckvorlast P_v überlagert ist. Der Flächeninhalt der Schleife $A_1 - A_2$ ist ein Maß für die Dämpfung. Sie ist gleich dem Energieverlust pro Schwingung, wird absolute Dämpfung genannt und meist in kp cm angegeben.

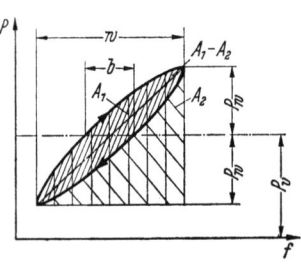

Abb. 7. Dämpfung einer Gummifeder bei dynamischer Beanspruchung.

Das Verhältnis des Flächeninhalts $A_1 - A_2$ der Schleife zum Inhalt der unter der Aufwärtslinie liegenden Fläche A_1 ist die prozentuale Dämpfung. A_1 ist die gesamte Formänderungsarbeit, die auch Arbeitsvermögen oder Arbeitsaufnahme genannt wird. Die prozentuale Dämpfung ergibt sich zu

$$d = \frac{A_1 - A_2}{A_1} 100 \quad [\%].$$

Sie wird gern benutzt, weil sie anschaulich ist. Eine prozentuale Dämpfung von z. B. $d = 30\%$ heißt, daß 30% der gesamten, in die Gummifeder eingeleiteten Energie von Gummi absorbiert, d. h. gedämpft wird. Bei Naturgummi wächst die prozentuale Dämpfung mit zunehmender Gummihärte von 6 auf 30%. Bei synthetischem Gummi, z. B. bei Buna, liegen die Werte für weiche Sorten höher, stimmen aber bei größeren Härtegraden mit denen von Naturgummi fast überein. Die Dämpfung von Gummi ist bedeutend größer als die von Stahl. Für schwingungstechnische Berechnungen hat sich die prozentuale Dämpfung nicht so sehr eingeführt.

Analog dem Vorgehen in der Wechselstromtechnik benutzt man zweckmäßig den mechanischen Verlustwinkel δ als Maß für die Dämpfung. Er ergibt sich aus Abb. 7 zu

$$\sin \delta = \frac{b}{w}.$$

Zu der Dämpfungskonstanten ϱ, die in den üblichen Schwingungsgleichungen gebraucht wird, steht der mechanische Verlustwinkel in folgender Beziehung:

$$\varrho = \frac{m \, \omega_e^2 \tan \delta}{\omega} \quad \left[\frac{\text{kps}}{\text{cm}}\right].$$

Die ebenfalls gebräuchliche Lehrsche Dämpfung D hängt durch die folgende Gleichung mit dem mechanischen Verlustwinkel zusammen:

$$D = \frac{\omega_e \tan \delta}{2\omega}.$$

Darin bedeuten: m schwingende Masse in kps²/cm,
ω Erregerfrequenz in 1/s,
ω_e Eigenkreisfrequenz des Schwingungssystems in 1/s.

Die Dämpfung ist kein konstanter Wert. Sie ist abhängig von der Gummiqualität, von der Temperatur, von Verformungsgeschwindigkeit, von der Verformungsbeschleunigung, von der Formgebung und von der Spannungsart. Allgemein gültige Dämpfungswerte, etwa in Abhängigkeit von der Shore-Härte, lassen sich nicht angeben. Die Größe der Dämpfung muß im Einzelfall vom Gummifederhersteller erfragt oder mit Hilfe von geeigneten Apparaturen auf dynamischem Wege ermittelt werden. Als Richtlinie ist in Tab. 2 der Bereich der bei Gummi-

Tabelle 2. *Dämpfungswerte von Gummifedern*

Dämpfungsmaß	Dimension	Kleinstwert	Größtwert
Prozentuale Dämpfung d	%	6	30
Mechanischer Verlustwinkel δ	Winkelgrad	3	7
Dämpfung D nach LEHR	dimensionsfrei	0,025	0,065

federn vorkommenden Dämpfungswerte angeführt. Abb. 8a zeigt den Einfluß der Dämpfung auf die Resonanzkurve einer Stahlfeder im Vergleich zu einer schwingungstechnisch gleichwertigen Gummifeder. Abb. 8b macht die Wirkung der Gummi-

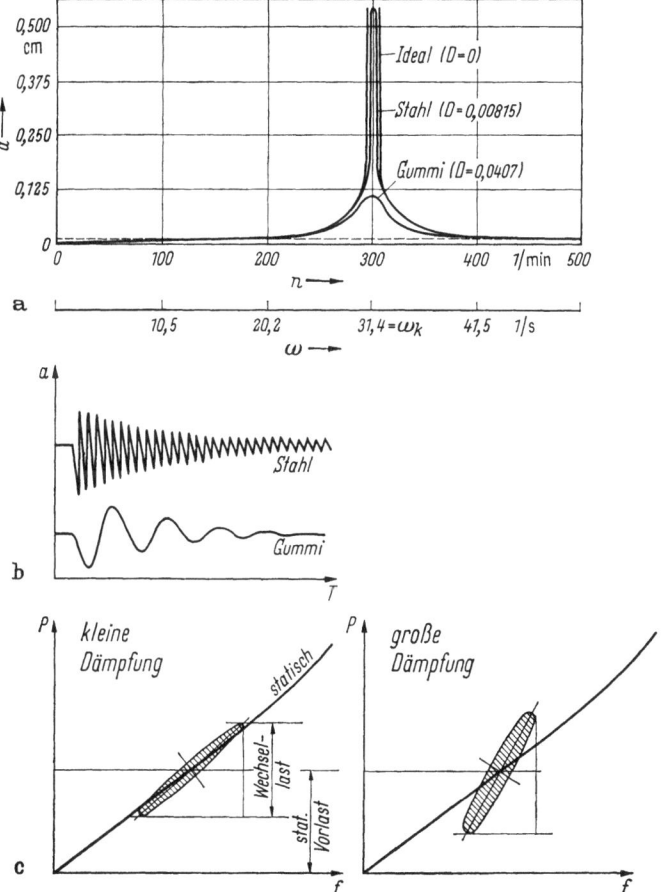

Abb. 8. Verhalten von Federn bei dynamischer Beanspruchung.
a) Resonanzkurven einer Gummi- und einer Stahlfeder (nach THUM und OESER); b) Ausschwingkurven einer Gummi- und einer Stahlfederkupplung; c) Statische und dynamische Federkennlinien bei verschiedenen Dämpfungswerten.

dämpfung bei Stoßbeanspruchung deutlich. Abb. 8c zeigt, daß die Dämpfungsschleife um so steiler wird, je größer die Dämpfung ist. Das bedeutet, daß mit größer werdender Dämpfung die Federkonstante ebenfalls größer wird.

Die Bestimmung der Dämpfung und des dynamischen E-Moduls erfolgt nach DIN 53513. Eine Probe wird unter Vorlast schwingend beansprucht, und die Dämpfung und der dynamische *E*-Modul werden aus dem Inhalt der Hysteresisschleife und ihrer Lage bestimmt. Benutzt wird die Dämpfungsprüfmaschine nach ROELIG.

Zur Bestimmung der Dämpfung bei Stoßbelastung ist die Yerzley-Methode besonders gut geeignet; es werden Ausschwingkurven aufgezeichnet. Das Verhalten von Gummifedern beim Auftreffen von Massenkräften wird auf Barry-Schock-Maschinen geprüft.

1.5.5 Schalldämmfähigkeit

Als Schall werden in der Akustik diejenigen mechanischen Schwingungen bezeichnet, die im Hörbereich des menschlichen Ohres liegen. Das ist der Bereich etwa zwischen 16 Hz und 16 kHz. Diese Schwingungen breiten sich in festen, flüssigen und gasförmigen Körpern aus. Lärm ist nach DIN 1320 störender Schall.

In der modernen Schalltechnik versteht man unter *Schalldämmung* die Behinderung der Schallausbreitung durch reflektierende Hindernisse. Unter *Schalldämpfung* versteht man die Absorption des Schalls, also seine Umwandlung in Wärme. Im ersten Fall handelt es sich um Reflexion, im zweiten Fall um Absorption.

Gummifedern bewirken vorwiegend eine Dämmung des Körperschalls. Die Bedeutung der Schalldämmung durch Gummifedern liegt darin, daß z. B. der in einer Maschine erzeugte Körperschall nicht weitergeleitet wird, so daß von anderen Körpern ausgehende Luftschallabstrahlungen verhindert werden. Die Qualität der Schalldämmung wird in der Praxis meistens mit Hilfe von DIN-Lautstärkemessern beurteilt, indem die Lautstärke des Luftschalls vor und nach der Isolierung gemessen wird. Die Lautstärkewerte werden in Abhängigkeit von den einzelnen Frequenzen aufgetragen, aus denen der Schall besteht (Abb. 134c).

Die Vorgänge bei der Dämmung des Körperschalls sind recht kompliziert. Es liegen bis heute noch keine ausreichenden Unterlagen vor, die es dem Konstrukteur ermöglichen könnten, z. B. den Grad der Schalldämmung einer vorgegebenen Gummifeder zu berechnen. Die auf diesem Gebiet anfallenden Probleme müssen zur Zeit noch rein empirisch behandelt werden. Dabei hat sich gezeigt, daß jede schwingungsmechanisch richtig durchgeführte Gummifederung auch eine erhebliche Schalldämmung mit sich bringt, s. Beispiel in Abschn. 4.5.7. Einen Überblick über den Bereich der praktisch auftretenden Lautstärken gibt Tab. 3. Über die Bedeutung

Tabelle 3. *Größenordnung der Lautstärke*

phon	Lautstärke
10	Sehr leises Flüstern
20	Leises Blätterrauschen
30	Uhrticken
50	Normale Unterhaltungssprache
60	Lärm eines Staubsaugers
70	Fernsprechklingel, Tischapparat in 1 m Abstand
80	Sehr verkehrsreiche Straße
90	Werkraum mit Drehbänken und Automaten
100	Lärm in einer Baumwoll- und Seidenweberei
110	Preßluftniethämmer in der Kesselschmiede
120	Verstemmen von Schweißnähten mit Preßlufthämmern bei etwa 2 m Abstand
130	Schmerzschwelle überschritten, Lautstärke am Kopf des Arbeiters beim Verstemmen mit Preßlufthämmern

der Schalldämmung im Rahmen der Lärmbekämpfung s. Abschn. 4.8. Die Schalldämmfähigkeit liegt darin begründet, daß sich der Schall im Gummi nur sehr langsam ausbreitet (Schallgeschwindigkeit im Gummi etwa $1/70$ von Stahl).

1.5.6 Spezifische Arbeitsaufnahme

Unter spezifischer Arbeitsaufnahme versteht man die von 1 kp Federwerkstoff elastisch aufgenommene Federarbeit A_2 in Abb. 7. Sie wird errechnet zu

$$A_{sp} = \frac{A_2}{G_f} \quad \left[\frac{\text{kp m}}{\text{kp}}\right],$$

wobei G_f das Gewicht des Federwerkstoffs bedeutet.

Tabelle 4. *Spezifische Arbeitsaufnahme A_{sp} von Gummifedern im Vergleich zu Stahlfedern.* Nach JÖRN

Werkstoff	Beanspruchungsart	Spez. Arbeitsaufnahme [kpm/kp]
Gummi	Druck	15—25*
	Parallelschub	30
	Schub und Druck kombiniert	40—50
	Drehschub	70—100
Stahl	Blattfeder	5
	Drehstab	25**

* Bei höheren Formfaktoren.
** Bei $\tau = 8000$ kp/cm².

Tab. 4 zeigt, daß die spezifische Arbeitsaufnahme von Gummifedern größer ist als die von Stahlfedern. Das bedeutet für die Praxis, daß die Verwendung von Gummifedern eine erhebliche Gewichtsersparnis mit sich bringt. Die spezifische Arbeitsaufnahme ist bei reiner Schubbeanspruchung höher als bei Druck- oder Zugbeanspruchung. Am besten verhalten sich Gummifedern, die gleichzeitig auf Schub und auf Druck beansprucht werden. In diesem Fall ergeben sich beste Werkstoffausnutzung und zugleich höchste Dauerfestigkeit.

1.5.7 Erholungsfähigkeit

Gegen vereinzelt auftretende hohe Spitzenbelastungen ist Gummi wenig empfindlich. Er zeigt große elastische Nachwirkung, so daß er sich — im Gegensatz zu Stahl — nach vereinzelten Überlastungen wieder vollkommen erholt und nicht geschädigt wird. Diese Eigenschaft ist z. B. sehr günstig für Gummikupplungen. Während des Anfahrens von Motoren wird die Kupplung beim Durchfahren der Resonanz kurzzeitig sehr stark beansprucht. Da es nur 3 bis 4 Stöße sind, spielt die Erwärmung keine Rolle. Nachdem die kritische Drehzahl durchfahren ist, hat der Gummi Zeit, sich wieder zu erholen. Die Erholungsfähigkeit des Gummis gestattet es ihm, gelegentlich Spitzenbeanspruchungen, die weit über der Dauerfestigkeit liegen, ohne Schädigung aufzunehmen.

1.5.8 Festigkeit

1.5.8.1 Statische Festigkeit. Die Zerreißfestigkeit (Zugfestigkeit) von Gummi wird an genormten Ring- oder Stabproben nach DIN 53504, Bl. 1, ermittelt und in kp/cm² ausgedrückt, bezogen auf den ursprünglichen Querschnitt. Sie liegt in dem üblichen Härtebereich zwischen 75 und 150 kp/cm², wobei die höheren Werte den härteren Sorten zugehören. Die Zerreißfestigkeitswerte haben für den Konstrukteur keine große Bedeutung, weil die zulässigen Spannungen erheblich tiefer liegen.

16   1. Allgemeine Grundlagen

Geeignete Zugfestigkeitsprüfmaschinen, auch solche mit elektronischer Steuerung, stehen heute zur Verfügung.

1.5.8.2 Dauerfestigkeit. Die Festigkeit von Gummifedern bei dauernder schwingender Beanspruchung ist von besonderer Bedeutung, weil diese Beanspruchungsart in der Praxis vorwiegend vorkommt. Unter der Dauerfestigkeit versteht man diejenige Spannung, die von einer Gummifeder bei dauernder schwingender Beanspruchung beliebig lange ohne Schädigung ertragen werden kann. Sie wird mit Hilfe von geeigneten Dauerprüfmaschinen durch sog. Wöhler-Kurven versuchsmäßig ermittelt. Die in Abb. 9 dargestellte Wöhler-Kurve zeigt für eine hoch-

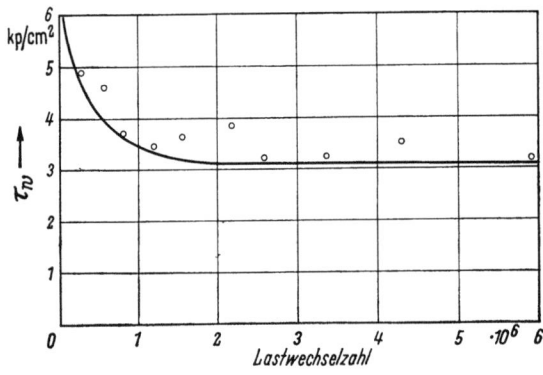

Abb. 9. Wöhler-Kurve für eine hochelastische Naturgummimischung mit einer Härte von 50 sh (nach JÖRN, ○ = Ergebnisse der einzelnen Wechselfestigkeitsversuche).

elastische Naturgummiqualität und für eine Härte von 50 sh die Abhängigkeit der Schubwechselfestigkeit von der Lastwechselzahl. Als Dauerfestigkeit liest man den Wert $\tau_\omega = 3{,}1$ kp/cm² ab.

Moderne Gummifederprüfmaschinen gestatten es, Gummifedern solchen Beanspruchungen zu unterwerfen, die den in der Praxis vorkommenden Beanspruchungen entsprechen. Dadurch gewinnt man einen guten Einblick in das elastische und thermische Verhalten, besonders auch in die Lebensdauer.

In Abb. 10 ist eine Maschine zur Prüfung von Scheibengummifedern auf schwellende Schubbeanspruchung gezeigt. Die Beanspruchung liegt zwischen den Grenzen 3 und 7 Mp und pulsiert um eine Mittelspannung von 5 Mp. Die großhubige Universal-

Abb. 10. Maschine zum Prüfen der Betriebsfestigkeit von Gummi-(federn Ausschnitt).

Prüfmaschine der Carl Schenck GmbH besitzt eine Verformungsmöglichkeit von ± 40 mm. Die Schwingungszahl beträgt n = 900/min. Da sich Gummi bei schwingender Beanspruchung im Inneren stark erwärmt, werden die äußeren Spannflächen durch Ventilatoren und der Belastungskeil in der Mitte von durchfließendem Wasser gekühlt. Die Universalprüfmaschine nach Abb. 10 erlaubt außerdem die Steuerung der Belastungsamplitude nach einem vorgeschriebenen Programm (Bestimmung der Betriebsfestigkeit).

Von der Karl Frank GmbH wurde die Dauerknick- und Zugprüfmaschine, System de Mattia, entwickelt. Diese Maschine ist so konstruiert, daß sie komplett in einem klimatisierten Prüfraum oder in einem Kälteschrank untergebracht werden kann, um Versuche bei verschiedenen Temperaturen durchführen zu können.

1.5.8.3 Zulässige Spannungen. Die zulässigen Spannungen sind abhängig von einer Reihe von Faktoren. Auf Grund praktischer Erfahrungen gibt es zur Zeit die folgenden Richtwerte:

1. Druckbeanspruchung. Bei statischer Druckbeanspruchung spielt die Shore-Härte eine Rolle:

Shore-Härte	[sh]	40	50—60	70
σ_{zul}	[kp/cm²]	4—5	8—10	10—15

Dabei soll die Verformung 10 bis 15% der ursprünglichen Gummihöhe nicht überschreiten, d. h. $\varepsilon_{zul} = f_d/s = 15\%$. Eine dynamische Überlagerung ist zulässig in Höhe von ± 5 bis 10% je nach Größe der auftretenden Frequenz.

2. Schubbeanspruchung. Statisch und dynamisch höchstens: $\tau_{zul} = 3$ bis 4 kp/cm².

3. Druck/Schub-Beanspruchung: 3 bis 4 kp/cm².

4. Drehschub, statisch: $\tau_{zul} = 3,5$ bis 4,5 kp/cm², statisch und dynamisch: $\tau_{zul} = 7$ bis 9 kp/cm².

5. Zugbeanspruchung, statisch und dynamisch: $\sigma_{zul} = 2$ bis 4 kp/cm².

1.5.8.4 Spannungsuntersuchungen. Die Aufgabe, Gummifedern zu gestalten, kann in zwei Teilaufgaben behandelt werden, nämlich als werkstoffgerechte und als formgerechte Gestaltung. Der werkstoffgerechten Gestaltung obliegt die Auswahl der zu verwendenden Gummiqualität hinsichtlich des Elastizitätsmoduls, der Schwingungsfrequenz, der Dämpfungseigenschaften, der Festigkeitswerte und des Temperaturbereichs. Die formgerechte Gestaltung befaßt sich mit den Einzelheiten der Beanspruchungsverteilung in Gummifedern, mit Spannungs- und Verformungskonzentrationen, die besonders bei kerbähnlichen Einflüssen entstehen. Örtliche äußerste Werte von Spannungs- und Formänderungen führen nicht allein bei Wechselbelastung der Federn zum Dauerbruch, sondern von Beginn der Verwendung an je nach Lage der Spitzenwerte in der Gummifeder auch zum erhöhten Verschleiß, zu unerwünschten Federeigenschaften oder zu thermischen Schädigungen des Werkstoffs.

Eine Möglichkeit, Spannungen in Gummifedern sichtbar zu machen, bietet das *Einfrierverfahren*. Es beruht auf der Tatsache, daß man Gummi bei tiefen Temperaturen einfrieren kann. Eine Gummifeder, die z. B. bei 20 °C große Dehnbarkeit oder einen Elastizitätsmodul von 100 kp/cm² besitzt, ändert ihr elastisches Verhalten in der Kälte so grundlegend, daß sie dann fast keine Dehnbarkeit, jedoch eine große Härte und einen etwa tausendmal so großen Elastizitätsmodul hat. Die Gummifeder ist in der Kälte erstarrt oder eingefroren.

Für die Anwendung des Einfrierverfahrens zur Gestaltungsprüfung ist noch die Erscheinung wichtig, daß sich elastische Formänderungen ebenfalls einfrieren lassen. Hierdurch wird die Messung der Beanspruchung von Gummi erst möglich. Drückt man z. B. bei 20 °C mit einer Kugel auf einen Gummikörper und senkt unter Beibehaltung des Druckes und der Verformung die Temperatur dieses Körpers auf -80 °C, so kann man nach Erreichen dieser Temperatur die Kugel wegnehmen, ohne daß sich der Kugeleindruck verändert. Die Elastizitätsverformungen sind also eingefroren worden. Bei Erwärmung des Gummikörpers würde der Kugeleindruck wieder verschwinden.

Da es aber darauf ankommt, die Verteilung der Verformung im Innern des Gummikörpers näher kennenzulernen, zerschneidet man ihn bei -80 °C und versieht die Schnittflächen mit eingeritzten Kreisen. Diese Kreise verwandeln sich nach dem Auftauen in Ellipsen, die einen guten Einblick in die Verformung im Innern der Gummifeder geben.

Die zweite Möglichkeit zur Messung der Spannungen in Gummifedern bietet die *Spannungsoptik*. Hierbei nimmt man nicht die Gummifeder selbst für die Untersuchung, sondern Modelle aus transparenten Kunststoffen wie Dekorit, Trolon, Celluloid oder Oppanol. Das Modell wird bei Raumtemperatur belastet und auf -80 °C abgekühlt, wodurch der Werkstoff erstarrt. Anschließend schneidet man aus dem eingefrorenen Prüfkörper an den zu prüfenden Stellen Scheiben von etwa 1 bis 3 mm Stärke heraus, welche dann in diesem tiefgekühlten Zustand mit spannungsoptischen Geräten fotografiert und ausgemessen werden. Zusammen mit den Formänderungen frieren nämlich auch die durch sie bedingten und veränderten optischen Effekte im Werkstoff ein. Spannungsoptische Untersuchungen sind bisher für druckbeanspruchte Gummifedern, Vollgummireifen, Luftreifen für Kraftfahrzeuge und schubbeanspruchte Gummifedern mit Erfolg durchgeführt worden.

1.5.9 Schubmodul

Die wichtigste Größe zur rechnerischen Behandlung von Gummifedern ist der Schubmodul G. Er ist nicht von der Konstruktionsform der Gummifedern abhängig, sondern nur vom Werkstoff Gummi. Der Schubmodul liegt in Abhängigkeit von der Shore-Härte für jede Gummimischung fest (Abb. 11). Der Schubmodul wird auch als Gleitmodul bezeichnet.

1.5.10 Elastizitätsmodul

Zwischen dem Elastizitätsmodul E und dem Schubmodul G besteht grundsätzlich die aus der Elastizitätstheorie bekannte Beziehung

$$G = E \frac{1}{2\left(1 + \frac{1}{-m}\right)}.$$

Die Querdehnungszahl (Poissonsche Konstante) von Gummi ist $-m = 2$, weil Gummi als volumelastischer, aber praktisch völlig inkompressibler Werkstoff anzusehen ist. Daraus ergibt sich

$$E = 3G.$$

Diese Beziehung ist für die Berechnung von Gummifedern unbrauchbar. Zur Begründung dieser Feststellung betrachtet man am besten die druckbeanspruchte, gebundene Scheibengummifeder gemäß Abb. 24. Es ist zu erkennen, daß infolge der festhaftenden, anvulkanisierten Metallplatten die Querdehnung an den Stirnflächen völlig verhindert wird. Unter der Einwirkung äußerer Druckkräfte werden die einzelnen, parallel zu den Stirnflächen liegenden Schichten des Gummis nach außen gedrückt, wodurch zwischen den einzelnen Schichten Schubspannungen auftreten. Sie sind an den Haftflächen am größten, da dort die Querdehnung gleich 0

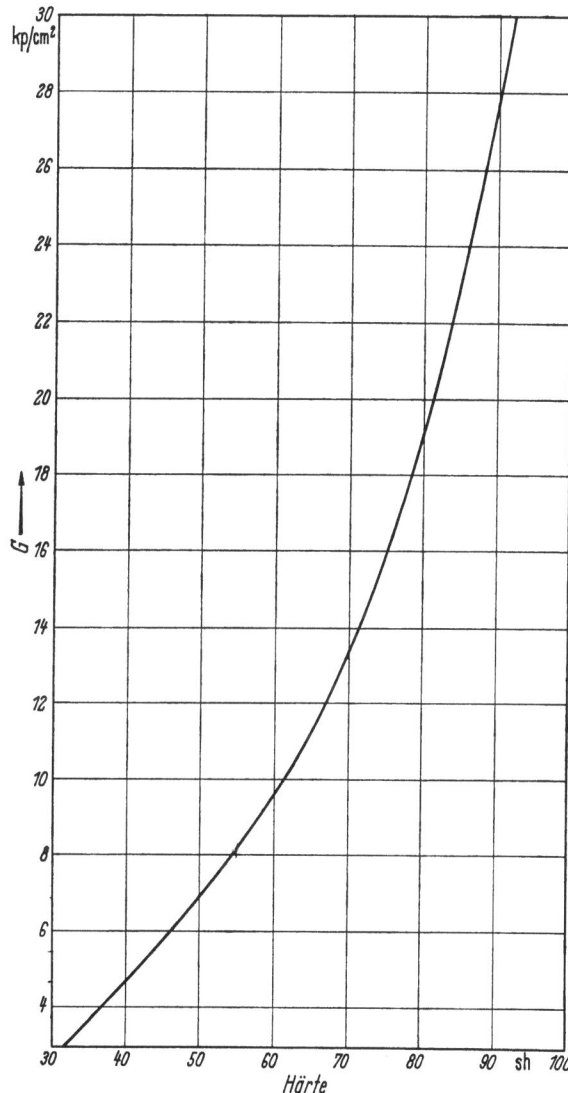

Abb. 11. Schubmodul in Abhängigkeit von der Härte.

ist. Die Schubspannungen haben in der Symmetrieebene und in der Achse der zylindrischen Gummifeder den Wert 0. Sie wachsen nach außen und zu den Stirnflächen hin an. Es ergibt sich daraus, daß die Festigkeit der äußerlich auf Druck beanspruchten Gummifeder durch die größte auftretende Schubspannung bestimmt wird.

Man kann unter Zugrundelegen dieser Verformungsvorgänge aus der inneren Verformungsarbeit die Spannungsverteilung und die Federkennlinie druckbeanspruchter Gummifedern mit verhinderter Querdehnung ermitteln. Dies ist jedoch sehr kompliziert. Es wird deshalb in der Praxis die Spannung als gleichmäßig über den ganzen Querschnitt verteilt angenommen und zur Ermittlung der Federkonstanten eine Ersatzrechnung durchgeführt, bei der ein formabhängiger Berechnungswert für den E-Modul eingesetzt wird, der zwar kein echter Werkstoffkennwert ist, es aber gestattet, das Hookesche Gesetz anzuwenden. Er wird rechnerischer Elastizitätsmodul E_r genannt.

Durch Versuche wurde festgestellt, daß druckbeanspruchte gebundene Gummifedern, bei denen das Verhältnis der druckbelasteten Fläche F_b zur dazu senkrechten freien Gummioberfläche F_f, der sog. Formkennwert

$$k_f = \frac{F_b}{F_f}$$

gleich groß ist, etwa denselben rechnerischen E-Modul haben. Dadurch wurde es möglich, einen gemäß Abb. 12 von diesem Formkennwert abhängigen Formfaktor k einzuführen, der den rechnerischen E-Modul wie folgt zu bestimmen gestattet:

$$E_r = k\,G.$$

Diese Beziehung gilt mit ausreichender Genauigkeit im Linearitätsbereich für runde und annähernd runde Gummifedern.

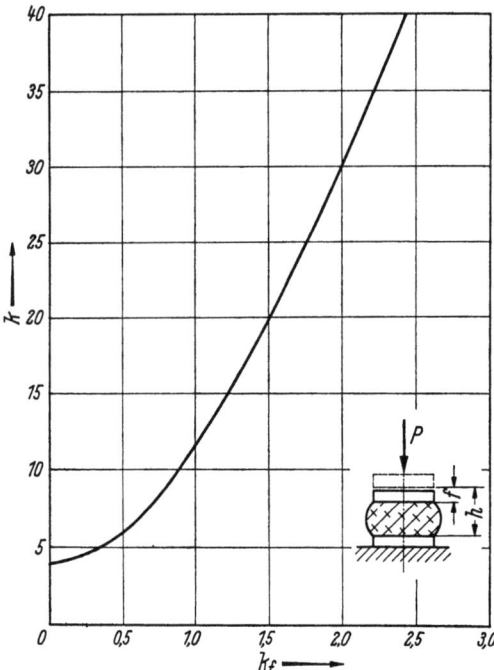

Abb. 12. Ermittlung des Formfaktors k aus dem Formkennwert k_f.

Für eine zylindrische Gummifeder, bei der der Durchmesser ebenso groß ist wie die Höhe ($h/d = 1$), errechnet sich der Formkennwert wie folgt:

$$k_f = \frac{d^2 \pi}{4\,d\,\pi\,h} = \frac{1}{4} = 0{,}25.$$

Der formunabhängige E-Modul in der Größe $E = 3G$ tritt praktisch nur in außergewöhnlichen Fällen auf, z. B. bei langen, auf Zug beanspruchten Gummischnüren oder bei druckbeanspruchten, ungebundenen Gummifedern, deren Auflageflächen auf polierten und geölten Metallplatten liegen, so daß also keine Querbehinderung auftritt.

Ungebundene, auf Druck beanspruchte Gummifedern besitzen keinen sicheren Elastizitätsmodul, weil je nach dem Rauhigkeitsgrad der metallischen Auflagefläche Querdehnungen in unbekannter Größe auftreten.

1.5.11 Dynamische Federkonstante

Die in Abschn. 2 abgeleiteten Federgleichungen beschreiben das Verhalten von Gummifedern bei statischer Belastung. Man kann mit ihrer Hilfe z. B. die Einfederung einer Maschine berechnen, wenn diese auf Gummifedern gesetzt wird.

Bei schwingender Beanspruchung, die sich meistens der statischen Belastung überlagert, muß man Rücksicht darauf nehmen, daß sich die Federkonstante c durch den Einfluß der Wechselbeanspruchung erhöht. Man nennt diese Federkonstante dynamische Federkonstante c_{dyn}. Der Zusammenhang wird ausgedrückt durch die Gleichung

$$c_{\text{dyn}} = k_d \, c.$$

Die dynamische Federkonstante ist im Bereich der bei Maschinen üblichen Frequenzen unabhängig von der Frequenz. Sie ist aber verschieden bei den einzelnen Gummiqualitäten. Je härter die Gummifeder ist, um so größer ist die dynamische Federkonstante. Als Richtwert gilt, daß der Faktor k_d in dem üblichen Härtebereich von 35 bis 95 sh zwischen 1,1 und 1,4 liegt.

1.5.12 Einfluß der Temperatur

Die Werkstoffkennwerte des Gummis verändern sich unter der Einwirkung von Wärme und Kälte. Kühlt man z. B. auf tiefere Temperaturen, so wird er hart, zäh und lederartig. Die Elastizität nimmt ab, die Dämpfung wird erhöht. Es tritt eine Änderung in der molekularen Struktur auf, und bei -50 bis $-60\,°C$ ist der Einfrierpunkt erreicht. Das Gefüge wird hier kristallin. In diesem Punkte werden Gummimischungen spröde, sie bleiben jedoch verformbar, wenn die Bewegung langsam erfolgt. Die Kristallisation bildet sich zurück, wenn Wärme oder mechanische Energie zugeführt wird.

In Abb. 13 ist die Abhängigkeit der Kennwerte einer Gummiqualität von der Temperatur schematisch dargestellt. t_0 ist die Einfriertemperatur, t_1 zeigt einen Wendepunkt in der E-Modul-Kurve, ein Maximum der Dämpfung und ein Minimum der Rückprallelastizität. Von t_3 an beginnen Dämpfung und E-Modul nach niedrigeren Temperaturen hin zu steigen.

Für eine hochelastische Naturgummimischung von 60 sh ergeben sich etwa folgende Werte: $t_0 = -75\,°C$, $t_1 = -55\,°C$, $t_2 = 0\,°C$ und $t_3 = 80\,°C$.

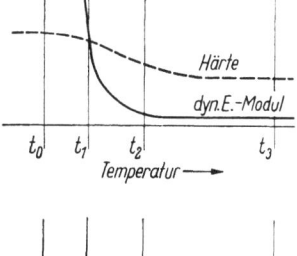
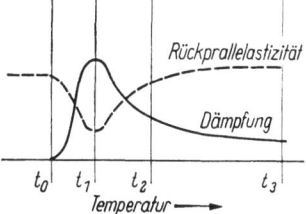

Abb. 13. Werkstoffkennwerte von Gummi in Abhängigkeit von der Temperatur.

1.5.13 Alterung

Mit Alterung bezeichnet man die Erscheinung, daß Naturgummiqualitäten im Laufe der Zeit durch den Einfluß von Sauerstoff, Ozon und ultraviolettes Licht an ihrer Oberfläche rissig werden. Bei gebundenen Gummifedern bleibt der Gummi durch die anvulkanisierten Metallteile weitgehend geschützt. Temperaturen über 80 °C beschleunigen den Alterungsvorgang. Zur Verzögerung der Alterung gibt man heute der Gummimischung Alterungsschutzmittel zu. Das Bestreichen der freien Gummioberflächen mit Lack hat keine große schützende Wirkung. Gummifedern aus Naturgummi sollen stets gegen die Einwirkung von Öl oder Benzin geschützt werden, weil diese Stoffe den Gummi aufquellen lassen, das Gefüge lockern und seine Festigkeit verringern.

Gummifedern aus synthetischem Gummi sind den genannten Einflüssen gegenüber sehr viel widerstandsfähiger als solche aus natürlichem Gummi.

2. Berechnungsgrundlagen

2.1 Einführung

2.1.1 Federkennlinien

Die wichtigste Aufgabe bei der Federberechnung besteht darin, die Kennlinie der Feder zu ermitteln. Man versteht darunter die Beziehung zwischen der aufgebrachten Kraft P und der unter ihrer Einwirkung entstehenden Formänderung. Das Stück, um das sich der Kraftangriffspunkt verschiebt, heißt Federweg, Federung oder Auslenkung und wird mit f bezeichnet. (Bei Drehung nennt man es Drehwinkel,

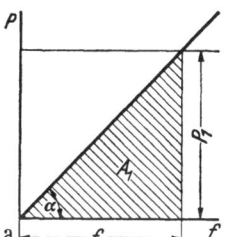 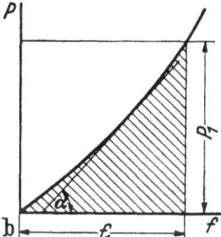 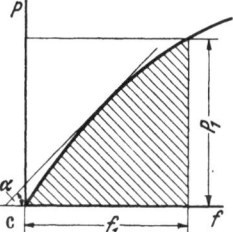

Abb. 14. Grundsätzlicher Verlauf von Federkennlinien.
a) linear (A_1 = Arbeitsvermögen); b) nach oben gekrümmt, progressiv; c) nach unten gekrümmt, degressiv.

bei Verdrehung Verdrehwinkel.) Zeichnet man P in Abhängigkeit von f auf, so erhält man die Federkennlinie. Sie ist bei Stahlfedern meistens eine Gerade (Abb. 14a) oder nahezu eine Gerade, kann aber auch gekrümmt sein. Die Gleichung der Federkennlinie lautet allgemein

$$P = F(f).$$

Bei Gummifedern ist die Kennlinie fast immer gekrümmt, und zwar entweder nach oben (progressiv, Abb. 14b) oder nach unten (degressiv, Abb. 14c). Bei kleinen Verformungen ist sie angenähert eine Gerade.

Für die im Gebrauch befindlichen Ausdrücke Federkonstante, Federwert, Federhärte oder Federsteife, die das Verhältnis von P zu f kennzeichnen, setzt man auch die Bezeichnung Einheitskraft. Ihre Dimension ist kp/cm. Sie hat bei gekrümmter Kennlinie die Gleichung

$$c = \frac{dP}{df},$$

wobei c sich in jedem Punkt der Kennlinie ändert. Für die Gerade wird

$$c = \frac{P}{f} \left[\frac{\text{kp}}{\text{cm}} \right] = \text{const} = \tan\alpha,$$

da c bei allen Belastungen denselben Wert hat. Der Wert c ist in beiden Fällen durch den Tangens des Winkels α bestimmt, den eine an einen Punkt der Kennlinie gelegte Tangente mit der f-Achse einschließt.

Ist die Kennlinie praktisch gerade, so ist das elastische Verhalten durch die Einheitskraft vollständig bestimmt. Gekrümmte Kennlinien dagegen muß man aufzeichnen, da sie sich nur punktweise berechnen lassen und weil man eine Tangente an einen bestimmten Punkt der Kurve legen muß, um dort die Einheitskraft zu bestimmen (Abb. 38). Für Federkennlinie sagt man auch Federcharakteristik oder Federkennung.

2.1.2 Beanspruchungsarten

Das Maß für die mechanische Beanspruchung einer Feder ist die Spannung. Ihre Dimension ist kp/cm². Maßgebend für die Beanspruchbarkeit ist der Höchstwert der Spannung. Bei Gummifedern gibt es folgende Beanspruchungsarten: Zug, Druck, Parallelschub, Drehschub, Verdrehschub, Biegung und Wälzbeanspruchung. Sie können rein und kombiniert auftreten. Bei einfach gestalteten Gummifedern wird die Nennspannung errechnet, wobei sich die Spannung auf irgendeinen genau benannten Querschnitt bezieht. Wo es möglich ist, sollten Gummifedern mit gleicher

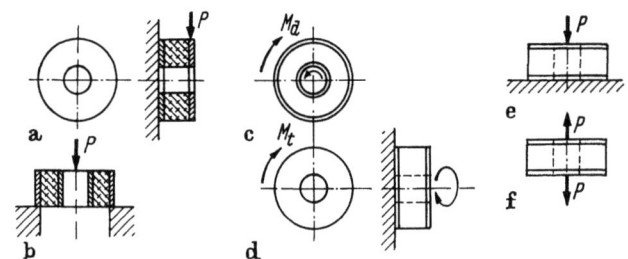

Abb. 15. Verschiedene Beanspruchungsarten derselben Ringgummifeder.
a) Parallelschub; b) Parallelschub (axial); c) Drehschub; d) Verdrehschub (Torsion); e) Druck; f) Zug.

Nennspannung konstruiert werden, weil diese die beste Haltbarkeit bei geringstem Gummiverbrauch besitzen. Rein auf Zug oder rein auf Biegung beanspruchte Gummifedern werden in technischen Konstruktionen nur selten verwendet. Abb. 15 zeigt, wie ein und derselbe Gummiring in sechs grundsätzlich verschiedenen Beanspruchungsarten belastet werden kann. Es ist dadurch sogar eine neue Beanspruchungsart möglich geworden, nämlich der Drehschub, der bei Metallfedern nicht bekannt ist.

2.1.3 Arbeitsvermögen

Das Arbeitsvermögen A ist durch den Ausdruck

$$A = \int P \, df$$

gekennzeichnet. Es ist die Arbeit, die eine Feder aufnimmt, wenn sie durch eine von Null auf P_1 anwachsende Kraft um den Betrag f_2 verformt wird. Sie entspricht dem Inhalt der in Abb. 14 schraffierten Flächen.

Ist die Kennlinie eine Gerade, so lautet die Gleichung

$$A_1 = \frac{P_1 f_1}{2} \quad [\text{kp cm}].$$

Bei Drehfedern bzw. Verdrehfedern ist anstelle der Kraft das Moment und anstelle der Auslenkung der Drehwinkel bzw. der Verdrehwinkel zu setzen.

2.1.4 Gültigkeitsbereiche der Federgleichungen

Bei der Ableitung der Gleichungen wird vorausgesetzt, daß das Hookesche Gesetz, welches bisher nur für Stahl streng gültig nachgewiesen ist, auch für Gummi gilt. Das ist mit praktisch ausreichender Genauigkeit der Fall, wenn die Verformung einen bestimmten Grad nicht überschreitet. Bei Druckbeanspruchung liegt die Grenze der Linearität bei 20% Verformung, bezogen auf die Gummischichtdicke. Bei Schubbeanspruchung liegt die Linearitätsgrenze bei 35% Verformung, bezogen auf die Gummischichtdicke. Wird die Verformung größer, dann ist die Kennlinie der Gummifedern nicht mehr linear, sondern krumm, und es gibt dann auch keine Federkonstante mehr. Es hat sich aber in der Praxis herausgestellt, daß die Dauerhaltbarkeit von Gummifedern meistens unterhalb der genannten Verformungsgrenzen liegt. Die Streuung zwischen den errechneten und versuchsmäßig ermittelten Werten liegt im allgemeinen unter ± 15%. Voraussetzung dafür ist, daß die Shore-Härte des Gummis genau bekannt ist.

Eine Zusammenstellung der Gültigkeitsbereiche enthält Tab. 5, S. 47.

2.2 Statische Beanspruchung

2.2.1 Schubbeanspruchung

2.2.1.1 Scheibengummifedern bei Parallelschub. In der Elastizitätslehre wird die Schiebung definiert als der Tangens des Verschiebungswinkels. Nach dem Hookeschen Gesetz ist

$$\tau = \tan\gamma \, G, \quad \tan\gamma = \frac{\tau}{G}.$$

Gemäß Abb. 16 ist aber auch

$$\tan\gamma = \frac{f_s}{s}.$$

Daraus ergibt sich wegen $P_s = \tau F$

$$\frac{f_s}{s} = \frac{\tau}{G} = \frac{P_s}{FG}$$

und

$$\boxed{P_s = \frac{f_s \, F \, G}{s}} \quad \text{[kp].} \quad (1)$$

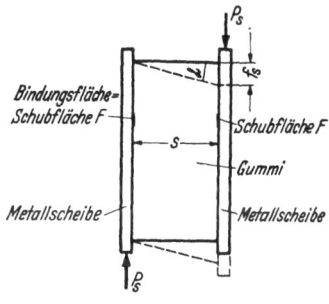

Abb. 16. Auf Parallelschub beanspruchte Scheibengummifeder.

Darin bedeuten: P_s Schubkraft in kp,
 f_s Federweg in cm,
 s Gummischichtdicke in cm,
 F Schubfläche = Bindefläche in cm²,
 G Schubmodul = Gleitmodul in kp/cm².

Gl. (1) ist gültig bis zu einem Federweg, der 35% der Gummischichtdicke beträgt, also bis $f_s = 0{,}35 s$. Die Federkennlinie ist eine Gerade. Aus Gl. (1) ergibt sich die Federkonstante zu

$$c_s = \frac{P_s}{f_s} = \frac{FG}{s} \quad \text{[kp/cm]}.$$

Dieselben Gleichungen können verwendet werden, wenn die freie Gummioberfläche nicht rechtwinklig, sondern schiefwinklig begrenzt ist. Ebenso kann die Schubfläche jede geometrische Form haben (rund, rechteckig, quadratisch usw.).

Mitunter muß man Scheibenfedern so gestalten, daß eine größere Verschiebung möglich ist, als sie mit einer einzigen Scheibenfeder zu erreichen wäre. Man wählt dann Federpakete. Dafür lassen sich die entsprechenden Gleichungen ganz analog ableiten.

Beim Entwurf solcher Federn empfiehlt es sich, das Verhältnis von Höhe h zur Dicke d des ganzen Federpaketes möglichst groß zu wählen, da sie sonst instabil werden und die Rechnung mit dem Versuch nicht mehr übereinstimmt.

Normalerweise werden auf Schub beanspruchte Gummischeiben unter seitlichen Druck gesetzt, d. h. senkrecht zur Schubrichtung vorgespannt. Als Vorspannung wählt man meistens etwa 10% der Gummischichtdicke. Der Einfluß einer solchen Vorspannung auf die Federkennlinie ist nur gering, so daß bei der Rechnung die Dicke der nicht vorgespannten Gummischicht eingesetzt werden kann.

Berechnungsbeispiel. Gegeben ist eine an Stahlscheiben gebundene Rundgummifeder mit 10 cm Durchmesser und 5 cm Gummischichtdicke. Die Gummihärte beträgt 70 sh. Gesucht ist die Schubfederkennlinie.

Lösung. Da es sich um eine geradlinige Federkennlinie handelt, genügt es, die Federkonstante zu berechnen. Es ist

$$c_s = \frac{P_s}{f_s} = \frac{F G}{s} = \frac{d^2 \pi G}{4 s}.$$

Der Schubmodul ergibt sich aus Abb. 11 zu $G = 13{,}4$ kp/cm². Damit wird

$$c_s = \frac{10^2 \pi \cdot 13{,}4}{4 \cdot 5} = 210 \text{ kp/cm}.$$

Das bedeutet, daß eine Schubkraft von 210 kp erforderlich ist, um die Gummifeder um 1 cm zu verformen. Die Federkennlinie läßt sich danach leicht aufzeichnen. Sie ist linear bis zu $f_s = 0{,}35 s = 0{,}35 \cdot 5 = 1{,}75$ cm. Das entspricht einer Schubkraft von $P_s = c_s f_s = 210 \cdot 1{,}75 = 367$ kp.

2.2.1.2 Hülsengummifedern bei Parallelschub. *a) Bei ebenen Stirnflächen.* Wird Gummi zwischen zwei Metallhülsen vulkanisiert, so erhält man eine Hülsengummi-

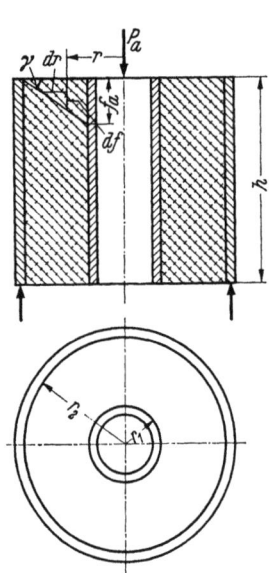

Abb. 17. Auf Parallelschub beanspruchte Hülsengummifeder mit ebenen Stirnflächen.

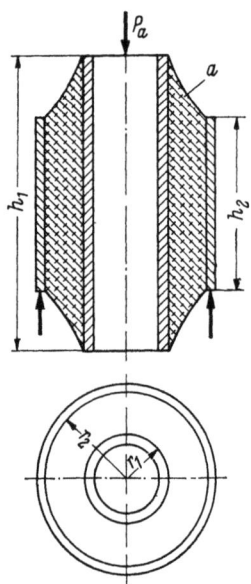

Abb. 18. Hülsengummifeder mit gleicher Schubnennspannung. a = Begrenzungslinie.

feder. Belastet man eine Hülsengummifeder axial gemäß Abb. 17, dann ist sie auf Parallelschub beansprucht. Durch die Kraft P_a verschiebt sich die eine Hülse gegenüber der anderen um die Strecke f_a. Der Verschiebungswinkel ist γ. Damit wird mit F als Zylinderfläche im Abstand r

$$\tau = G \tan\gamma = \frac{P_a}{F} = \frac{P_a}{2\pi r h}, \quad \tan\gamma = \frac{P_a}{2\pi r h G}.$$

Bei kleinen Verschiebungen ist gemäß Abb. 17

$$\tan\gamma = \frac{df}{dr}.$$

Gleichgesetzt ergibt sich

$$\frac{df}{dr} = \frac{P_a}{2\pi r h G}.$$

Durch Integration wird

$$f_a = \int \frac{P_a}{2\pi r h G} dr = \frac{P_a}{2\pi h G} \int_{r_1}^{r_2} \frac{dr}{r},$$

$$f_a = \frac{P_a}{2\pi h G} [\ln r]_{r_1}^{r_2} = \frac{P_a}{2\pi h G} (\ln r_2 - \ln r_1) = \frac{P_a}{2\pi h G} \ln \frac{r_2}{r_1},$$

$$\boxed{P_a = \frac{f_a \cdot 2\pi h G}{\ln \frac{r_2}{r_1}}} \quad [\text{kp}]. \tag{2}$$

Darin bedeuten: P_a axiale Schubkraft in kp, G Schubmodul in kp/cm²,
                f_a axialer Federweg in cm, r_2 Außenradius in cm,
                h Gummihöhe in cm, r_1 Innenradius in cm.

Daraus folgt die Axialfederkonstante

$$c_a = \frac{P_a}{f_a} = \frac{2\pi h G}{\ln \frac{r_2}{r_1}} \quad [\text{kp/cm}].$$

Berechnungsbeispiel. Gegeben ist eine Hülsengummifeder gemäß Abb. 17 mit den Daten $r_2 = 2{,}5$ cm, $r_1 = 2{,}0$ cm, $h = 4{,}8$ cm, Gummihärte $= 54$ sh, $G = 8{,}0$ kp/cm² aus Abb. 11. Gesucht ist die Axialfederkonstante.

Lösung. Es ist

$$c_a = \frac{2\pi h G}{\ln \frac{r_2}{r_1}} = \frac{2\pi \cdot 4{,}8 \cdot 8}{\ln \frac{2{,}5}{2{,}0}} = \frac{2\pi \cdot 4{,}8 \cdot 8}{0{,}22} \approx 1082 \text{ kp/cm}.$$

b) *Bei gleicher Schubnennspannung.* Durch geeignete Formgebung der freien Gummioberflächen kann man Hülsengummifedern gestalten, bei denen die Schubspannung überall gleich groß ist (gleiche Schubnennspannung). Als Vorteil ergibt sich eine beachtliche Ersparnis an Gummi. Für diesen Fall (Abb. 18) ist

$$\tau = \frac{P_a}{F}$$

wobei

$$F = 2\pi r h = \text{const.}$$

Weiter ist

$$\tan\gamma = \frac{P_a}{F G} = \frac{df}{dr},$$

Daraus folgt

$$df = \frac{P_a}{F G} dr.$$

Durch Integration wird

$$f_a = \frac{P_a}{FG} \int_{r_1}^{r_2} dr = \frac{P_a}{FG}(r_2 - r_1),$$

$$\boxed{P_a = \frac{f_a F G}{r_2 - r_1}} \quad [\text{kp}]. \tag{3}$$

Die Begrenzungslinie der freien Gummioberfläche ist eine Hyperbel mit der Funktion $rh = $ const (Abb. 18).

c) *Bei kegeligen Stirnflächen.* Diese Gummifeder ist in Abb. 19 dargestellt. Die Federgleichung lautet:

$$\boxed{P_a = f_a \frac{2\pi G(h_1 r_2 - h_2 r_1)}{(r_2 - r_1)(\ln h_1 r_2 - \ln h_2 r_1)}} \quad [\text{kp}]. \tag{4}$$

Wenn man in dieser Gleichung $h_1 = h_2 = h$ setzt, so erhält man die Gl. (2):

$$P_a = f_a \frac{2\pi G h(r_2 - r_1)}{(r_2 - r_1)\ln\frac{hr_2}{hr_1}} = f_a \frac{2\pi G h}{\ln\frac{r_2}{r_1}}.$$

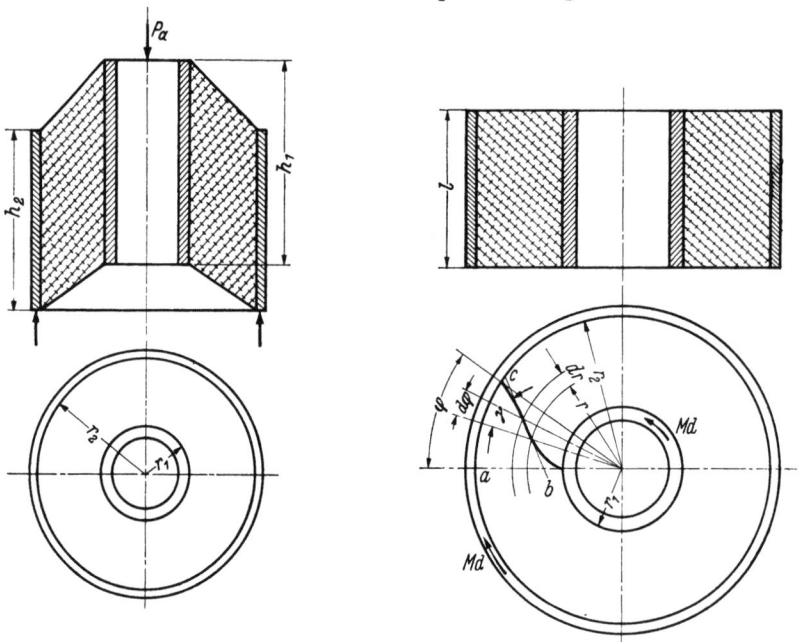

Abb. 19. Hülsengummifeder mit kegeligen Stirnflächen.   Abb. 20. Drehbeanspruchte Hülsengummifeder.

2.2.1.3 Hülsengummifedern bei Drehschub. a) *Bei ebenen Stirnflächen.* Wird die Außenhülse einer Hülsengummifeder gemäß Abb. 20 durch ein Drehmoment M_d gegenüber der Innenhülse gedreht, so ist sie auf Drehschub beansprucht. Dieser Beanspruchungsfall liegt vor bei einer Reihe von drehelastischen Gummikupplungen. Der Winkel φ, um den der Gummi dabei verformt wird, heißt Drehwinkel. Die

2.2 Statische Beanspruchung

mathematische Beziehung zwischen M_d und φ ist die Gleichung der Drehfederkennlinie. Analog der Federkonstanten ergibt sich bei Drehbeanspruchung das Rückstellmoment zu

$$c_M = \frac{M_d}{\varphi}.$$

Es gibt an, welches Drehmoment in kp cm erforderlich ist, um den Drehwinkel 1, gemessen im Bogenmaß, hervorzurufen.

Das Drehmoment M_d erzeugt im Gummi Schubspannungen τ, deren Größe sich mit dem Radius ändert. Es ist $P = M_d/r$ und $F = 2\pi r l$, also

$$\tau = G \tan\gamma = \frac{P}{F} = \frac{M_d}{r} \frac{1}{2\pi r l}.$$

Daraus folgt

$$\tan\gamma = \frac{M_d}{r} \frac{1}{2\pi r l G} = \frac{M_d}{2\pi r^2 l G}.$$

Gemäß Abb. 20 ist auch angenähert

$$\tan\gamma = r \frac{d\varphi}{dr}.$$

Durch Gleichsetzen wird

$$r \frac{d\varphi}{dr} = \frac{M_d}{2\pi r^2 l G}$$

oder

$$d\varphi = \frac{1}{r} \frac{M_d}{2\pi r^2 l G} dr.$$

Dabei wird angenommen, daß sich der Schnitt $a-b$ nach $b-c$ verformt.

Das Integral für die Grenzen des Verschiebungswinkels von 0 bis φ und des Radius von r_1 bis r_2 lautet

$$\int_0^\varphi d\varphi = \int_{r_1}^{r_2} \frac{1}{r} \frac{M_d}{2\pi r^2 l G} dr,$$

$$\varphi = \frac{M_d}{2\pi l G} \int_{r_1}^{r_2} r^{-3} dr = \frac{M_d}{4\pi l G} \left(\frac{1}{r_1^2} - \frac{1}{r_2^2} \right),$$

$$\boxed{M_d = \varphi \frac{4\pi l G}{\frac{1}{r_1^2} - \frac{1}{r_2^2}}} \quad \text{[kp cm]} \tag{5}$$

oder

$$\boxed{M_d = \varphi^\circ \frac{\pi^2 l G}{45^\circ \left(\frac{1}{r_1^2} - \frac{1}{r_2^2} \right)}} \quad \text{[kp cm]}. \tag{6}$$

Das Rückstellmoment ergibt sich daraus zu

$$c_M = \frac{M_d}{\varphi} = \frac{4\pi l G}{\frac{1}{r_1^2} - \frac{1}{r_2^2}} \quad \text{[kp cm/Bogengrad]}$$

oder

$$c_M = \frac{M_d}{\varphi^\circ} = \frac{\pi^2 l G}{45^\circ \left(\frac{1}{r_1^2} - \frac{1}{r_2^2} \right)} \quad \text{[kp cm/Winkelgrad]}.$$

In den Gln. (5) und (6) bedeuten:

M_d Drehmoment in kp cm,
φ Drehwinkel im Bogenmaß,
$\varphi°$ Drehwinkel im Gradmaß,
r_2 Außenradius in cm,
r_1 Innenradius in cm,
l Federlänge in cm,
G Schubmodul in kp/cm² gemäß Abb. 11.

Durch Umformung wird

$$\varphi = \frac{M_d}{4\pi l G}\left(\frac{1}{r_1^2} - \frac{1}{r_2^2}\right)$$

oder

$$\varphi° = \frac{45° \, M_d}{\pi^2 l G}\left(\frac{1}{r_1^2} - \frac{1}{r_2^2}\right).$$

Drehbeanspruchte Hülsengummifedern haben eine geradlinige Federkennlinie bis $\varphi = 40°$.

Berechnungsbeispiel. Gegeben ist eine Gummikupplung gemäß Abb. 20 mit den Daten $r_1 = 10{,}2$ cm, $r_2 = 14{,}6$ cm, $l = 12{,}7$ cm, Gummihärte $= 43$ sh. Wie groß sind a) das Drehmoment, b) der Drehwinkel bei der zulässigen Spannung von $\tau_{zul} = 9$ kp/cm²?

Lösung.

a) $$\tau_{zul} = \frac{P}{F} = \frac{M_d}{r F}$$

$$M_d = \tau_{zul} \, r \, F = \tau_{zul} \, r_1 \cdot 2\pi \, r_1 \, l = 9 \cdot 10{,}2 \cdot 2\pi \cdot 10{,}2 \cdot 12{,}7 = 76\,000 \text{ kp cm.}$$

Es wird r_1 eingesetzt, weil dort die größte Schubspannung herrscht.

b) $$\varphi° = \frac{45° \, M_d}{\pi^2 l G}\left(\frac{1}{r_1^2} - \frac{1}{r_2^2}\right).$$

Der Schubmodul wird aus Abb. 11 abgelesen zu $G = 5{,}3$ kp/cm². Also wird

$$\varphi° = \frac{45° \cdot 76\,000}{\pi^2 \cdot 12{,}7 \cdot 5{,}3}\left(\frac{1}{10{,}2^2} - \frac{1}{14{,}6^2}\right) = 25{,}4°.$$

Die Gummikupplung darf bis 25,4° gedreht werden ohne Überbeanspruchung des Gummis. Linearität der Drehfederkennlinie besteht bis $\varphi = 40°$, d. h. bis $M_d = 126\,000$ kp cm.

b) Bei gleicher Schubnennspannung. Konstanz der Schubspannung ergibt sich aus der Beziehung (Abb. 21)

$$\tau = \frac{P}{F} = \frac{M_d}{r F} = \frac{M_d}{r \cdot 2r\pi l} = \frac{M_d}{2\pi r^2 l} = \text{const.}$$

Daraus folgt

$$r^2 l = \frac{M_d}{2\pi \tau} = \text{const.}$$

Das ist die Gleichung der Begrenzungskurve in Abb. 21. Da die Schubspannung überall gleich groß ist, ist

$$\tau = \frac{M_d}{2\pi r_1^2 l_1} = \frac{M_d}{2\pi r_2^2 l_2} = G \tan \gamma,$$

also

$$\tan \gamma = \frac{M_d}{2\pi r_2^2 l_2 G}.$$

Weiter ist

$$\tan \gamma = r \frac{d\varphi}{dr}.$$

Durch Gleichsetzen wird

$$r \frac{d\varphi}{dr} = \frac{M_d}{2\pi r_2^2 l_2 G},$$

$$d\varphi = \frac{M_d}{r \cdot 2\pi r_2^2 l_2 G} dr.$$

2.2 Statische Beanspruchung

Beide Seiten integriert ergibt

$$\int_0^\varphi d\varphi = \int_{r_1}^{r_2} \frac{1}{r}\,\frac{M_d}{2\pi r_2^2 l_2 G}\,dr,$$

$$\varphi = \frac{M_d}{2\pi r_2^2 l_2 G}\ln\frac{r_2}{r_1},$$

$$\boxed{M_d = \varphi\,\frac{2\pi r_2^2 l_2 G}{\ln\dfrac{r_2}{r_1}}} \quad \text{[kp cm]} \tag{7}$$

oder

$$\boxed{M_d = \varphi^\circ\,\frac{\pi^2 r_2^2 l_2 G}{90^\circ \ln\dfrac{r_2}{r_1}}} \quad \text{[kp cm]}. \tag{8}$$

In den Gln. (7) und (8) bedeuten:

M_d Drehmoment in kpcm,
φ Drehwinkel im Bogenmaß,
φ° Drehwinkel im Gradmaß,
r_2 Außenradius in cm,

r_1 Innenradius in cm,
l_2 Federlänge in cm,
G Schubmodul in kp/cm² gemäß Abb. 11.

Durch Umformung wird

$$\varphi = \frac{M_d \ln\dfrac{r_2}{r_1}}{2\pi r_2^2 l\,G},$$

$$\varphi^\circ = \frac{90^\circ M_d \ln\dfrac{r_2}{r_1}}{\pi^2 r_2^2 l_2 G}.$$

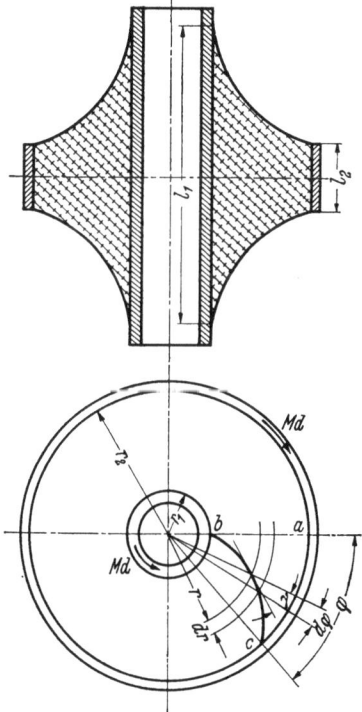

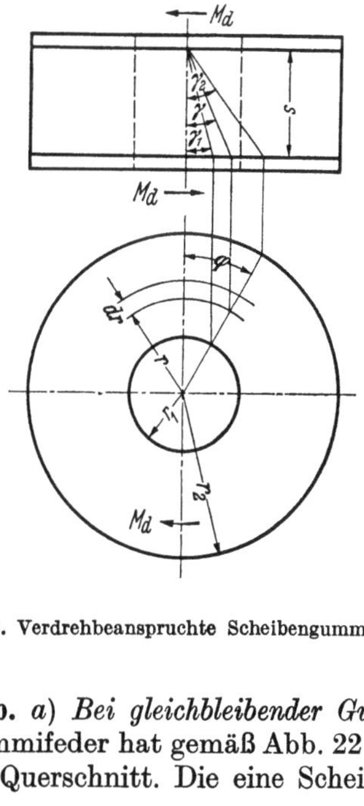

Abb. 21. Drehbeanspruchte Hülsengummifeder mit gleicher Schubnennspannung.

Abb. 22. Verdrehbeanspruchte Scheibengummifeder.

2.2.1.4 Scheibengummifedern bei Verdrehschub.
a) *Bei gleichbleibender Gummischichtdicke.* Die verdrehbeanspruchte Scheibengummifeder hat gemäß Abb. 22 einen über die Gummischichtdicke s unveränderlichen Querschnitt. Die eine Scheibe ist

fest eingespannt, auf die andere wird ein Verdrehmoment M_t ausgeübt. Unter seinem Einfluß entsteht eine Verdrehung, die auch als Torsion bezeichnet wird. Aus Abb. 22 ergibt sich die Verschiebung angenähert zu

$$s \tan \gamma = \varphi r, \quad \tan \gamma = \frac{\varphi r}{s}.$$

Ferner ist

$$\tan \gamma = \frac{\tau}{G}.$$

Daraus folgt die Spannung

$$\tau = \frac{\varphi r G}{s}.$$

Die Verdrehspannung τ ist dem Abstand r von der Mitte des kreisförmigen Gummiquerschnitts proportional und hat in allen Punkten des Umfangs eines um den Mittelpunkt mit dem Radius r beschriebenen Kreises denselben Wert.

Betrachtet man das ringförmige Flächenelement, so ergibt sich das elementare Verdrehmoment zu

$$dM_t = \tau dF r = \tau 2 r \pi dr \, r.$$

Darin bedeutet τF die Umfangskraft, wobei das ringförmige Flächenelement $F = 2 r \pi dr$ ist. Es wird dann

$$dM_t = 2\pi r^2 \frac{\varphi r G}{s} dr.$$

Die Integration dieser Gleichung in den Grenzen r_1 bis r_2 ergibt das gesamte, im Querschnitt übertragene Verdrehmoment

$$M_t = \frac{2\pi \varphi G}{s} \int_{r_1}^{r_2} r^3 \, dr = \frac{2\pi \varphi G}{4 s}(r_2^4 - r_1^4),$$

$$\boxed{M_t = \varphi \frac{\pi G (r_2^4 - r_1^4)}{2 s}} \quad \text{[kp cm]} \tag{9}$$

oder

$$\boxed{M_t = \varphi° \frac{\pi^2 G (r_2^4 - r_1^4)}{360° \, s}} \quad \text{[kp cm]}. \tag{10}$$

Das Rückstellmoment ergibt sich hier zu

$$c_M = \frac{M_t}{\varphi}.$$

Durch Umformung wird

$$\varphi = \frac{M_t \cdot 2 s}{\pi G (r_2^4 - r_1^4)},$$

$$\varphi° = \frac{360° M_t s}{\pi^2 G (r_2^4 - r_1^4)}.$$

In den Gln. (9) und (10) bedeuten:

M_t Verdrehmoment in kp cm, r_1 Außenradius in cm,
φ Verdrehwinkel im Bogenmaß, r_2 Innenradius in cm,
$\varphi°$ Verdrehwinkel im Gradmaß, G Schubmodul in kp/cm² gemäß Abb. 11.

Berechnungsbeispiel. Gegeben ist eine Gummikupplung gemäß Abb. 22 mit den Daten $r_1 = 1{,}3$ cm, $r_2 = 3{,}3$ cm, $s = 2{,}5$ cm, Gummihärte = 43 sh. Gesucht ist das Verdrehmoment bei 20° Verdrehwinkel.

2.2 Statische Beanspruchung

Lösung. Der Schubmodul wird aus Abb. 11 zu $G = 5{,}3$ kp/cm² abgelesen. Das Verdrehmoment wird berechnet nach Gl. (10) zu

$$M_t = \varphi° \frac{\pi^2 G(r_2^4 - r_1^4)}{360° \, s} = 20° \frac{\pi^2 \cdot 5{,}3(3{,}3^4 - 1{,}3^4)}{360° \cdot 2{,}5} = 175{,}5 \text{ kp cm}.$$

b) *Bei gleicher Schubnennspannung.* Die Verschiebung der Faser $A-B$ (Abb. 23) wird durch den Winkel γ angegeben. Es ist

$$\tan \gamma = \frac{\tau}{G}.$$

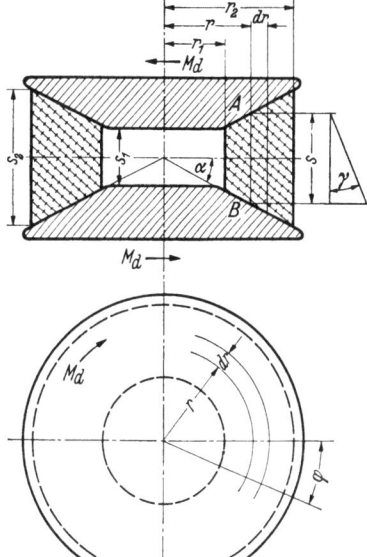

Abb. 23. Verdrehbeanspruchte Scheibengummifeder mit gleicher Schubnennspannung.

Außerdem ist angenähert

$$s \tan \gamma = \varphi \, r, \quad \tan \gamma = \frac{\varphi \, r}{s}.$$

Daraus ergibt sich

$$\tau = \frac{r \varphi G}{s}.$$

Nun ist aber

$$\frac{s}{r} = \frac{s_1}{r_1} = \frac{s_2}{r_2} = \text{const}.$$

Deshalb sind für einen gegebenen Winkel φ auch γ und τ konstant.

Es ist

$$dM_t = 2\pi r^2 \tau \, dr,$$

$$M_t = 2\pi \tau \int_{r_1}^{r_2} r^2 \, dr = \frac{2\pi r_2 \varphi G}{s_2} \int_{r_1}^{r_2} r^2 \, dr,$$

$$\boxed{M_t = \varphi \frac{2\pi r_2 G}{3 s_2}(r_2^3 - r_1^3)} \quad \text{[kp cm]} \tag{11}$$

oder

$$\boxed{M_t = \varphi° \frac{\pi^2 r_2 G}{720° s_2} (r_2^3 - r_1^3)} \quad [\text{kp cm}]. \tag{12}$$

Durch Umformung wird

$$\varphi = \frac{3 M_t s_2}{2 \pi r_2 G (r_2^3 - r_1^3)},$$

$$\varphi° = \frac{720° M_t s_2}{\pi^2 r_2 G (r_2^3 - r_1^3)}.$$

In den Gln. (11) und (12) bedeuten:

M_t Verdrehmoment in kpcm,
φ Verdrehwinkel im Bogenmaß,
$\varphi°$ Verdrehwinkel im Gradmaß,

r_2 Außenradius in cm,
r_1 Innenradius in cm,
G Schubmodul in kp/cm² gemäß Abb. 11.

2.2.2 Druckbeanspruchung

2.2.2.1 Scheibengummifedern. Druckbeanspruchte Scheibengummifedern nach Abb. 24 besitzen bis zu einer Zusammendrückung von 20% der Gummihöhe angenähert geradlinige Federkennlinien. Bei größeren Zusammendrückungen verlaufen die Kennlinien progressiv ansteigend gemäß Abb. 25.

Zur Berechnung des linearen Anteils der Federkennlinien kann das Hookesche Gesetz angewendet werden. Anstelle des Elastizitätsmoduls $E = 3G$ muß hier wegen der Querdehnungsbehinderung an den Auflageflächen der formabhängige rechnerische Elastizitätsmodul E_r eingesetzt werden (s. Abschn. 1.5.10). Damit wird nach dem Hookeschen Gesetz

$$\sigma = \varepsilon E_r = \frac{f_d}{h} E_r.$$

Außerdem ist

$$\sigma = \frac{P_d}{F}.$$

Daraus ergibt sich

$$\boxed{P_d = f_d \frac{F E_r}{h}} \quad [\text{kp}]. \tag{13}$$

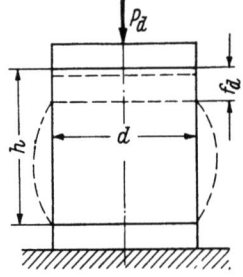

Abb. 24. Druckbeanspruchte, gebundene Scheibengummifeder.

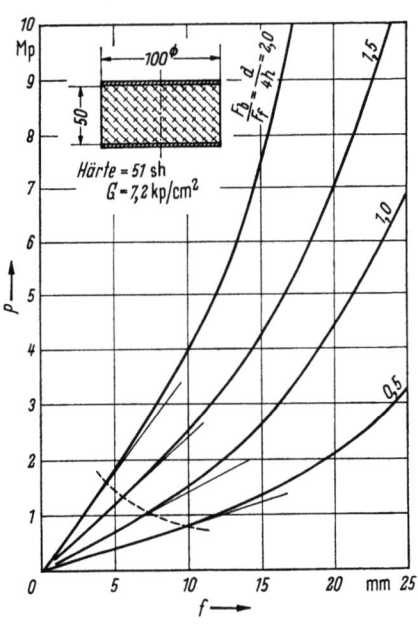

Abb. 25. Einfluß der Form auf den Verlauf der Federkennlinie von druckbeanspruchten Gummifedern (nach JÖRN).

Darin bedeuten: P_d Druckkraft in kp,
f_d Druckverformung in cm,
F Druckfläche in cm²,
E_r rechnerischer E-Modul in kp/cm²,
h Gummihöhe in cm.

Die Federkonstante wird

$$c_d = \frac{P_d}{f_d} = \frac{F\,E_r}{h} \quad [\text{kp cm}].$$

Berechnungsbeispiel. Gegeben ist eine auf Druck beanspruchte, gebundene Rundgummifeder mit 10 cm Durchmesser und 5 cm Gummihöhe. Die Gummihärte beträgt 70 sh. Gesucht ist die Druckfederkonstante.

Lösung. Da die Höhe halb so groß ist wie der Durchmesser, wird der Formkennwert

$$k_f = \frac{d \cdot 2}{4d} = 0{,}5.$$

Aus Abb. 12 liest man den Formfaktor ab zu $k = 5{,}9$. Der Schubmodul ergibt sich aus Abb. 11 zu $G = 13{,}4$ kp/cm². Damit wird

$$E_r = k\,G = 5{,}9 \cdot 13{,}4 = 79 \text{ kp/cm}^2.$$

Die gesuchte Druckfederkonstante ergibt sich nun zu

$$c_d = \frac{P_d}{f_d} = \frac{F\,E_r}{h} = \frac{d^2\,\pi\,E_r}{4h} = \frac{10 \cdot 10\,\pi \cdot 79}{4 \cdot 5} = 1240 \text{ kp/cm}.$$

Vergleicht man die hier gefundene Druckfederkonstante mit der Schubfederkonstanten, die in Abschn. 2.2.1.1 für dieselbe Feder zu $c_s = 210$ kp/cm errechnet wurde, so ergibt sich ein Verhältnis von

$$\frac{c_d}{c_s} = \frac{1240}{210} = 5{,}90.$$

Das heißt, die Feder ist bei Druckbelastung etwa 6 mal härter als bei Schubbelastung.

Der Einfluß der Form von druckbeanspruchten Gummifedern auf den Verlauf der Federkennlinien ist sehr groß. Das zeigt Abb. 25 deutlich. Die dort gezeichnete Rundgummifeder besitzt mit 100 mm Durchmesser und 50 mm Höhe einen Formkennwert von

$$k_f = \frac{d^2\,\pi}{4d\,\pi\,h} = \frac{d}{4h} = \frac{100}{4 \cdot 50} = 0{,}5.$$

Macht man h nur halb so groß, dann erhält man

$$k_f = \frac{d}{4h} = \frac{100}{4 \cdot 25} = 1$$

und dadurch eine viel steilere Federkennlinie, d. h. eine härtere Feder. Macht man h noch kleiner bei konstantem Durchmesser von 100 mm, so werden die Kennlinien noch steiler, wie die Kennlinien mit den Formkennwerten 1,5 ($h = 16{,}66$ mm) und 2 ($h = 12{,}5$ mm) beweisen.

2.2.2.2 Scheibengummifedern mit Zwischenlagen. Unterteilt man eine Scheibengummifeder durch Zwischenlegen von Stahlblechen, so erhält man ein sog. Gummifederpaket gemäß Abb. 26. Die Stahlbleche sollen mindestens 2 mm dick und anvulkanisiert sein.

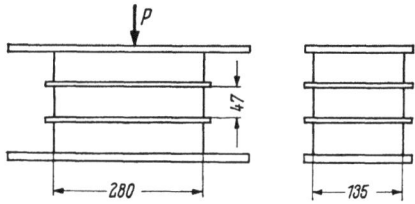

Abb. 26. Scheibengummifeder mit Zwischenlagen.

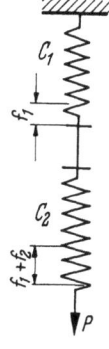

Abb. 27
Hintereinanderschaltung von Federn.

Bei der Berechnung solcher unterteilter Federn muß man davon ausgehen, daß druckbeanspruchte Gummifederpakete aus hintereinander geschalteten Einzelfedern bestehen. Es ist deshalb zu beachten, daß sich **bei Hintereinanderschaltung von Federn die Federwege addieren, aber nicht die Kräfte.**

In Abb. 27 sind beispielsweise 2 Federn hintereinandergeschaltet. Daraus ergeben sich die Federwege der Federn 1 und 2 zu

$$f_1 = \frac{P}{c_1} \quad \text{bzw.} \quad f_2 = \frac{P}{c_2}.$$

Daraus folgt

$$f = f_1 + f_2 = \frac{P}{c_1} + \frac{P}{c_2} = P\left(\frac{1}{c_1} + \frac{1}{c_2}\right).$$

Die resultierende Federkonstante bei 2 hintereinander geschalteten Federn wird daraus

$$c_r = \frac{P}{f} = \frac{c_1 c_2}{c_1 + c_2}$$

oder

$$\frac{1}{c_r} = \frac{1}{c_1} + \frac{1}{c_2}.$$

Bei n hintereinandergeschalteten Federn wird

$$\frac{1}{c_r} = \frac{1}{c_1} + \frac{1}{c_2} + \frac{1}{c_3} + \cdots + \frac{1}{c_n}.$$

Haben alle Federn gleich große Federkonstanten, ist also

$$c_1 = c_2 = c_3 = \cdots = c_n = c,$$

so wird

$$\frac{1}{c_r} = \frac{n}{c}$$

oder

$$\boxed{c_r = \frac{c}{n}.} \tag{14}$$

Berechnungsbeispiel. Gegeben ist ein Gummifederpaket gemäß Abb. 26 mit der Gummihärte 60 sh. Gesucht sei a) der Federweg bei 3780 kp maximaler Druckkraft, b) die bei dieser Druckkraft auftretende Druckspannung, c) die Zusammendrückung in Prozent, d) die Druckfederkonstante c_d, wenn keine Zwischenlagen vorhanden sind?

Lösung. a) Aus Gl. (13) ergibt sich der Federweg zu

$$f_d = \frac{P_d}{c_d}.$$

Da es sich um 3 hintereinandergeschaltete Gummifedern handelt, wird zunächst c_d von nur einer Feder bestimmt. Es ist

$$k_f = \frac{F_b}{F_f} = \frac{28 \cdot 13,5}{2 \cdot 28 \cdot 4,7 + 2 \cdot 13,5 \cdot 4,7} = 0,97.$$

Damit liest man aus Abb. 12 $k = 11$ ab, und aus Abb. 11 erhält man $G = 9,6$ kp/cm². Damit wird

$$E_r = k G = 11 \cdot 9,6 = 113 \text{ kp/cm}^2.$$

Weiter ist

$$c_d = \frac{F E_r}{s} = \frac{28 \cdot 13,5 \cdot 120}{4,7} = 9060 \text{ kp/cm}.$$

Bei 3 Federn ist

$$c_r = \frac{c_d}{n} = \frac{9060}{3} = 3020 \text{ kp/cm}$$

und
$$f_d = \frac{P_d}{c_r} = \frac{3780}{3020} = 1{,}25 \text{ cm}.$$

b) Die Druckspannung ist
$$\sigma_d = \frac{P}{F} = \frac{3780}{28 \cdot 13{,}5} = \frac{3780}{378} = 10 \text{ kp/cm}^2.$$

Diese Spannung liegt an der oberen Grenze der zulässigen Spannung (s. Abschn. 1.5.8.3).

c) Mit der Berechnung der prozentualen Zusammendrückung soll geprüft werden, ob sich die Feder bei maximaler Belastung noch im Bereich der Linearität befindet. Es ist
$$\varepsilon = \frac{f_d}{3s} \cdot 100 = \frac{1{,}25}{3 \cdot 4{,}7} \cdot 100 = 8{,}9\%.$$

Linearität ist bis 20% vorhanden. Man sieht, daß mit dem Erreichen der zulässigen Spannung von 10 kp/cm² die Grenze der Linearität noch lange nicht erreicht ist.

d) Wenn keine Zwischenlagen vorhanden sind, aber alle übrigen Gummiabmessungen bleiben, dann ist
$$k_f = \frac{F_b}{F_f} = \frac{28 \cdot 13{,}5}{2 \cdot 28 \cdot 3 \cdot 4{,}7 + 2 \cdot 13{,}5 \cdot 3 \cdot 4{,}7} = 0{,}32.$$

Damit wird
$$E_r = k G = 5 \cdot 9{,}6 = 48 \text{ kp/cm}^2$$
und
$$c_d = \frac{F E_r}{s} = \frac{28 \cdot 13{,}5 \cdot 48}{3 \cdot 47} = 1270 \text{ kp/cm}.$$

Man erkennt, daß die unterteilte Feder um
$$\frac{c_r}{c_d} = \frac{3020}{1270} = 2{,}4$$
mal so hart ist wie die nicht unterteilte Feder. Hier zeigt sich der Einfluß der mehrfachen Querdehnungsbehinderung bei anvulkanisierten Zwischenlagen.

Scheibengummifedern mit Zwischenlagen sind in mehreren verschiedenartigen Konstruktionsformen entwickelt worden für die Lagerung von großen Trägern, Brücken und Behältern (s. Abschn. 4.7.1). Bezüglich der Berechnung von bewehrten Gummifedern gemäß Abb. 142 sei auf die Arbeit von TOPALOFF hingewiesen (Literaturverzeichnis Bauwesen).

2.2.2.3 Zylindrische Hohlgummifedern. Die Berechnung der Federkennlinien von ungebundenen, druckbeanspruchten zylindrischen Hohlgummifedern gemäß Abb. 28

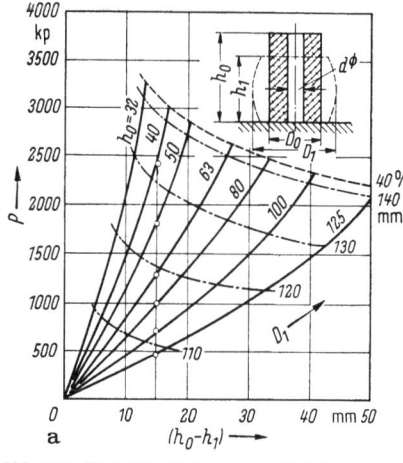

Abb. 28a. Federkennlinien von zylindrischen Hohlgummifedern.

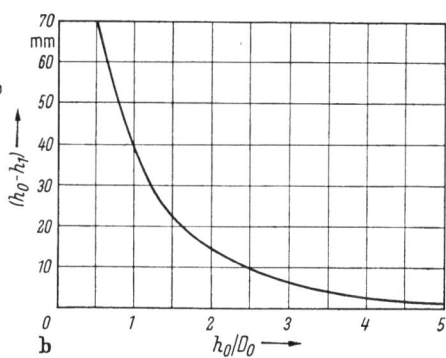

Abb. 28b. Knickgrenzkurve.

mit Hilfe von Federgleichungen ist zur Zeit noch nicht möglich. Es stehen jedoch empirisch ermittelte, vom AWF (Ausschuß für Wirtschaftliche Fertigung) herausgegebene Kraft-Weg-Kurven zur Verfügung.

Abb. 28 zeigt als Beispiel ein solches Schaubild. Es gilt für eine Gummifeder mit einer Härte von 68 sh, einem Außendurchmesser von $D_0 = 100$ mm und einem Innendurchmesser von $d = 20,5$ mm. Die Federkennlinien sind für die Federhöhen von 32; 40; 50; 63; 80; 100 und 125 mm bis zu einer Zusammendrückung von 40% eingezeichnet. Die strichpunktierten Linien zeigen die Durchmesser D_1 der maximalen Ausbauchung nach außen an.

Erfahrungsgemäß ändert sich der Innendurchmesser sehr wenig. Der Durchmesser des Führungsbolzens ist deshalb mit 20 mm nur wenig kleiner als der Lochdurchmesser.

Bei der Verwendung von Hohlgummifedern muß man beachten, daß sie ausknicken und sich an den Führungsbolzen anlegen können, wodurch dann durch den Reibungsdruck abweichende Federeigenschaften entstehen würden. Die Gefahr des Ausknickens ist besonders dann gegeben, wenn mehrere Hohlgummifedern übereinandergelegt, also hintereinandergeschaltet werden. Es muß deshalb die Knickgrenzkurve gemäß Abb. 28b berücksichtigt werden bei der Konstruktion einer solchen Feder. Oberhalb der Knickgrenzkurve besteht Knickgefahr.

Für andere Federabmessungen gelten andere Schaubilder (s. Hinweis auf die AWF-Blätter in Abschn. 5.3).

2.2.3 Druck-Schub-Beanspruchung

Eine häufig angewandte Kombination von Schub- und Druckbeanspruchung ist in Abb. 29 gezeigt. Es handelt sich um 2 schräggestellte Scheibenfedern, die mit einer Brücke verbunden sind. Auf die Brücke wirkt die Gesamtkraft P_{ges}. Diese Kraft zerlegt sich nach der Gleichung

$$P_{ges} = 2P.$$

Hierdurch wirkt auf jede Feder die Kraft P.

Die Federkonstante ist für jede der beiden Federn $c = P/f$. Die Gesamtfederkonstante ergibt sich aus der Summe der beiden parallelgeschalteten Teilfederkonstanten zu

$$c_{ges} = 2P/f.$$

Durch die feste Brückenverbindung können sich die Federn bei Belastung nicht frei verformen. Die Verformungsrichtung ist eine erzwungene. Verformungsrichtung und Kraftrichtung sind identisch. Die zwangsläufige Führung der Federn ist eine Folge der horizontal nach außen wirkenden Kraft N (Abb. 30), die auf Grund der festen Verbindung zwischen

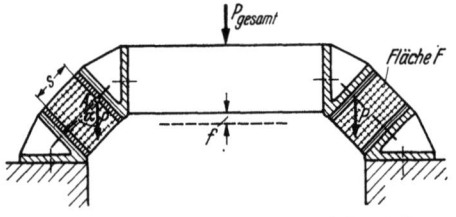

Abb. 29. Scheibengummifedern bei Schub-Druck-Beanspruchung.

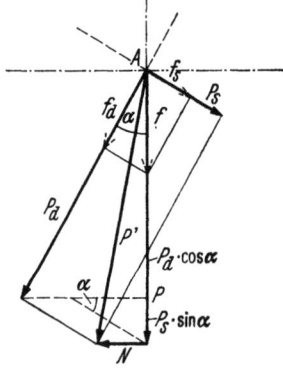

Abb. 30. Kräfte und Verformungen bei schräggestellten Scheibengummifedern.

den beiden schräggestellten Federn entsteht. Deshalb ist die eigentlich wirkende Kraft gleich der Strecke P'. Die Strecke P' ist die Resultierende zu P und N und gleichzeitig zu den Komponenten P_s und P_d, wobei P_s die Schubkraft und P_d die Druckkraft ist. Aus der zugehörigen Schubverformung f_s und der Druckverformung f_d resultiert also die Zusammendrückung f für eine Feder bei der Kraft P. Mit dem Winkel α ändert sich das Verhältnis der Anteile der Schub- und Druckkraft an der Gesamtkraft und damit auch f. Ist die Achse der Feder um den Winkel α in bezug auf die Vertikale geneigt, und ist A der Angriffspunkt der Kraft P, dann gelten folgende Beziehungen (Abb. 30):

$$P = P_s \sin\alpha + P_d \cos\alpha \quad [\text{kp}],$$
$$f_s = f \sin\alpha \quad [\text{cm}], \qquad f_d = f \cos\alpha \quad [\text{cm}].$$

Setzt man die Gleichung für reinen Schub (1) und für reinen Druck (13) ein, dann erhält man

$$P = \frac{f_s F G}{s}\sin\alpha + \frac{f_d F E_r}{s}\cos\alpha.$$

Durch Einsetzen der Gleichungen für f_s und f_d erhält man

$$P = \frac{f\sin\alpha\, F G}{s}\sin\alpha + \frac{f\cos\alpha\, F E_r}{s}\cos\alpha = \frac{F G f \sin^2\alpha}{s} + \frac{F E_r f \cos^2\alpha}{s},$$
$$P = \frac{f F}{s}(G \sin^2\alpha + E_r \cos^2\alpha).$$

Die Federkonstante für jede der beiden Federn ist $c = P/f$. Bei der Berechnung der Gesamtfederkonstanten muß man beachten, daß die beiden Federn parallelgeschaltet sind, wie dies Abb. 31 schematisch zeigt. **Bei Parallelschaltung von Federn addieren sich die Kräfte, aber nicht die Federwege.** Aus der Gleichgewichtsbedingung für die Kräfte ergibt sich allgemein für 2 Federn:

$$P = P_1 = P_2 = c_1 f + c_2 f = f(c_1 + c_2).$$

Daraus folgt

$$c_r = \frac{P}{f} = c_1 + c_2.$$

Ist $c_1 = c_2 = c$, dann ist $c_r = 2c$.
Bei n parallelgeschalteten Federn ist folglich

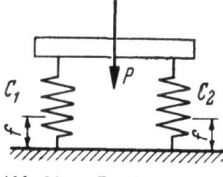

Abb. 31. Parallelschaltung von Federn.

$$\boxed{c_r = n\,c.} \qquad (15)$$

Überträgt man diese Erkenntnis auf den Fall gemäß Abb. 29, so erhält man

$$c_r = 2c = 2\frac{P}{f} = \frac{2F}{s}(G \sin^2\alpha + E_r \cos^2\alpha).$$

Da $2P = P_{\text{ges}}$ ist, erhält man die Federgleichung zu

$$\boxed{P_{\text{ges}} = \frac{2f F}{s}(G \sin^2\alpha + E_r \cos^2\alpha)} \quad [\text{kp}]. \qquad (16)$$

Mit ihrer Hilfe lassen sich die Federkennlinien für verschiedene Winkel α berechnen.

Berechnungsbeispiel. Gegeben sind 2 Rundgummifedern in der Anordnung nach Abb. 29. Der Formkennwert beträgt $k_f = 0{,}54$; die Härte ist 55 sh. Gesucht sind die Federkennlinien für die Winkel $\alpha = 0$; 15; 30; 45; 60; 75 und 90°.
Lösung. Es wird Gl. (16) benutzt. Der Schubmodul wird aus Abb. 11 für die Gummihärte 55 sh abgelesen zu $G = 8{,}4$ kp/cm². Damit und mit $k = 6{,}2$ aus Abb. 12 ergibt sich

$$E_r = k\,G = 6{,}2 \cdot 8{,}4 = 52 \text{ kp/cm}^2.$$

Setzt man die gefundenen Werte in Gl. (16) ein und berechnet P_{ges} in Abhängigkeit von f für die verschiedenen Winkel α, dann erhält man die Federkennlinienschar, die in Abb. 32 dargestellt ist. Für $\alpha = 0$ ergibt sich die Kennlinie für reine Druckbeanspruchung und für $\alpha = 90°$ die Kennlinie für reine Schubbeanspruchung. Man sieht, daß bei gleicher Belastung die reine Schubverformung etwa 6mal so groß ist wie die reine Druckverformung.

Besonders bedeutsam sind die beiden gestrichelten Linienzüge in Abb. 32. Sie kennzeichnen zunächst das Ende der Linearität der Federkennlinien. Weiter bestimmen sie aber auch den Verlauf der zulässigen Belastbarkeit in Abhängigkeit

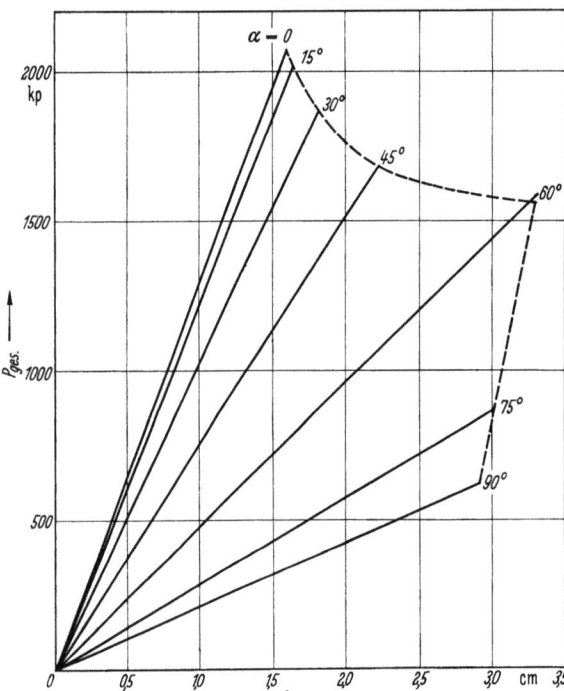

Abb. 32. Federkennlinien von schräggestellten Rundgummifedern bei verschiedenen Neigungswinkeln α.

vom Neigungswinkel α. So ist z. B. das Ende der Federkennlinie $\alpha = 0$ (reine Druckbeanspruchung) bestimmt durch eine Verformung von 20%. Das entspricht einer Druckspannung von $\sigma = 10{,}3$ kp/cm², die etwa gleich ist der zulässigen Druckspannung. Am Ende der Federkennlinie $\alpha = 90°$ (reine Schubbeanspruchung) beträgt die Verformung 36%. Das entspricht einer Schubspannung von $\tau = 3{,}1$ kp/cm², die etwa gleich ist der zulässigen Schubspannung. Bei den dazwischenliegenden Winkeln sind die Endpunkte nicht ohne weiteres ersichtlich, da eine Kombination von Schub- und Druckbeanspruchung vorliegt. Man kann sie jedoch berechnen.

Setzt man in Gl. (16)
$$f_s = f \sin\alpha, \quad f_d = f \cos\alpha,$$
so ergibt das
$$P_{ges} = 2\left(\frac{f_s \sin\alpha \, F \, G}{s} + \frac{f_d \cos\alpha \, F \, E_r}{s}\right).$$

Weiter ist
$$\frac{f_s}{s} = \tan\gamma, \quad \frac{f_d}{s} = \varepsilon.$$

Damit wird
$$P_{ges} = 2F(G \tan\gamma \sin\alpha + E_r \varepsilon \cos\alpha).$$

2.2 Statische Beanspruchung

Aus
$$f = \frac{f_s}{\sin\alpha} = \frac{f_d}{\cos\alpha}, \quad \frac{f_s}{s\sin\alpha} = \frac{f_d}{s\cos\alpha},$$
folgt weiter
$$\tan\gamma = \varepsilon \tan\alpha.$$

Das bedeutet, daß je nach der Größe von α zuerst die zulässige Schubspannung oder die zulässige Druckspannung überschritten wird. Die Linearitätsgrenze besteht demnach aus zwei Teilen, und man muß 2 Gleichungen aufstellen, eine nur mit $\tan\gamma$ und die andere nur mit ε. Aus der ersten Gleichung erhält man die Linearitätsgrenze für reine Schubbeanspruchung, aus der zweiten die Linearitätsgrenze für reine Druckbeanspruchung.

Aus der Gleichung für die Schubgrenze
$$P_{\text{ges}} = 2F\left(G\tan\gamma\sin\alpha + E_r\frac{\tan\gamma}{\tan\alpha}\cos\alpha\right)$$
folgt
$$\boxed{P_{\text{ges}} = 2F\tan\gamma\left(G\sin\alpha + E_r\frac{\cos^2\alpha}{\sin\alpha}\right).} \tag{17}$$

und aus der zugehörigen Verformung
$$\tan\gamma = \frac{f_s}{s} = \frac{f\sin\alpha}{s}$$
ergibt sich
$$f = s\frac{\tan\gamma}{\sin\alpha}.$$

Die Gleichung für die Druckgrenze ist
$$P_{\text{ges}} = 2F(G\varepsilon\tan\alpha\sin\alpha + E_r\varepsilon\cos\alpha),$$
$$\boxed{P_{\text{ges}} = 2F\varepsilon\left(G\frac{\sin^2\alpha}{\cos\alpha} + E_r\cos\alpha\right).} \tag{18}$$

Setzt man begrenzungsgemäß $\tan\gamma = 0{,}36$ in Gl. (17) und $\varepsilon = 0{,}2$ in Gl. (18) ein, so erhält man die beiden gestrichelten Begrenzungslinien. Sie haben einen Schnittpunkt bei $\alpha = 61°$. Man erhält diesen Winkel auch rein rechnerisch, wenn man die Gln. (17) und (18) gleichsetzt. Es ergibt sich dann eine Gleichung dritten Grades, die zu lösen ist.

Ordnet man die Gummifedern unter dem Winkel $\alpha = 61°$ an, dann erhält man ein Optimum an Arbeitsvermögen, wie Abb. 32 zeigt. Man erhält außerdem ein Optimum an Haltbarkeit, weil dann die zulässigen Spannungen für Schub und für Druck gleichermaßen berücksichtigt sind.

2.2.4 Zugbeanspruchung

Zugbeanspruchte Gummifedern werden im allgemeinen nicht gern verwendet, weil sie einige Nachteile aufweisen. Sie schnüren sich wegen der Volumenkonstanz des Gummis sehr stark ein. Dadurch entstehen außerordentlich hohe Spannungsspitzen an den Rändern der Haftflächen, die dadurch rasch zerstört werden. Da Gummi kerbempfindlich ist, leiten bei Zugbeanspruchung schon kleine Anrisse Zerstörungen ein. Durch die Oberflächenvergrößerung beim Auseinanderziehen wird der zur Alterung führende Einfluß des Luftsauerstoffs und des Lichts begünstigt.

Trotzdem können Zuggummifedern verwendet werden, wenn die Belastung nicht zu hoch ist, wenn man die Kanten der Metallteile abrundet und die Gummifeder schon im ungespannten Zustand mit einer Einschnürung versieht, wie dies in Abb. 33 gezeigt ist. Durch den überstehenden Gummi wird die Haftfläche im Vergleich zum Gummiquerschnitt vergrößert, und die Randspannungen werden durch den überstehenden Gummi erheblich herabgesetzt.

Zur Berechnung der Federkennlinie stützt man sich wieder auf das Hookesche Gesetz. Es ist

$$\sigma = E\,\varepsilon,$$

$$\frac{P_z}{F} = E\,\frac{f_z}{l}.$$

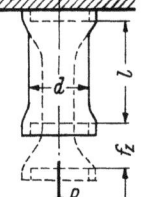

Abb. 33. Zugbeanspruchte Stabgummifeder.

Daraus folgt

$$P_z = f_z \frac{E\,F}{l}$$

$$\boxed{P_z = f_z \frac{3\,G\,F}{l}} \quad [\text{kp}]. \tag{19}$$

Hier wird der reine Elastizitätsmodul $E = 3G$ eingesetzt, weil im Gegensatz zur Druckbeanspruchung die Querausdehnung kaum behindert wird.

Hierin bedeuten: P_z Zugkraft in kp,
f_z Zugverformung in cm,
l Länge der Gummifeder in cm,
F Gummiquerschnitt in cm²,
G Schubmodul in kp/cm² nach Abb. 11.

Die Federkonstante wird

$$c_z = \frac{P_z\,l}{3\,F\,G} \quad [\text{kp/cm}].$$

2.2.5 Sonderfälle

2.2.5.1 Hülsengummifedern bei Radialbeanspruchung. *a) Ableitung der Federgleichung.* Die Ableitung der Federgleichung erfolgt zunächst auf Grund der Verformungsverhältnisse in einer zur Federachse senkrechten Ebene (Abb. 34). Die Außenhülse ist ungeteilt.

Die Lagenveränderung eines Punktes der Gummischicht in Abb. 34 unter Einwirkung der Kraft P_r ist durch eine Schiebung und eine Dehnung gekennzeichnet.

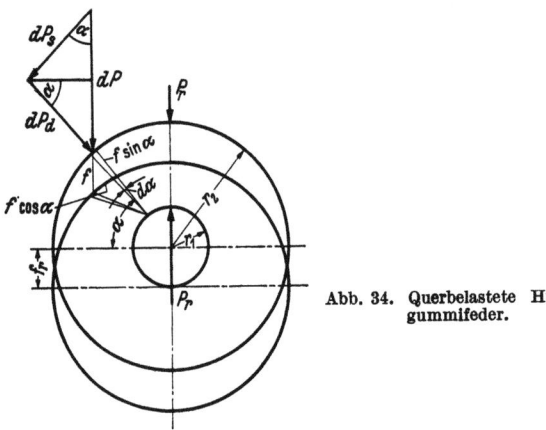

Abb. 34. Querbelastete Hülsengummifeder.

Nach dem Hookeschen Gesetz ist

$$\varepsilon = \frac{\sigma}{E}, \quad \gamma = \frac{\tau}{G}.$$

Für einen Körper mit veränderlichem Querschnitt ist die gesamte Verlängerung bzw. Schiebung

$$\Delta l = \int \varepsilon \, dl, \quad \Delta l_{\text{Schiebung}} = \int \gamma \, dl.$$

Nach Abb. 34 wird mit h als mittlerer Höhe

$$\sigma = \frac{dP_d}{d\alpha} \frac{1}{rh}, \quad \tau = \frac{dP_s}{d\alpha} \frac{1}{rh}.$$

Durch Einsetzen ergeben sich, da

$$\Delta l = f \sin\alpha, \quad \Delta l_{\text{Schiebung}} = f \cos\alpha,$$

$$f \sin\alpha = \int_{r_1}^{r_2} \frac{dP_d}{d\alpha} \frac{dr}{rhE}, \quad f \cos\alpha = \int_{r_1}^{r_2} \frac{dP_s}{d\alpha} \frac{dr}{rhG}.$$

Durch Integration nach dr erhält man

$$f \sin\alpha = \frac{dP_d}{d\alpha} \frac{1}{hE} \ln\frac{r_2}{r_1}, \quad f \cos\alpha = \frac{dP_s}{d\alpha} \frac{1}{hG} \ln\frac{r_2}{r_1}.$$

Hierbei ist die Veränderung des Winkels durch die Auslenkung nicht berücksichtigt. Ferner ist

$$dP = dP_d \sin\alpha + dP_s \cos\alpha$$

diejenige Kraft, die notwendig ist, um ein sektorförmiges Differentialelement zu verformen,

$$dP = \frac{f \sin^2\alpha \, d\alpha \, hE}{\ln\frac{r_2}{r_1}} + \frac{f \cos^2\alpha \, d\alpha \, hG}{\ln\frac{r_2}{r_1}}.$$

Bezeichnet man mit P_r die Querkraft und mit f_r die Querverschiebung, so lautet das Integral

$$P_r = f_r \frac{h}{\ln\frac{r_2}{r_1}} \int_0^{2\pi} (E \sin^2\alpha + G \cos^2\alpha) \, d\alpha.$$

Damit wird

$$P_r = f_r \frac{h}{\ln\frac{r_2}{r_1}} \left[E\left(-\frac{1}{4}\sin 2\alpha + \frac{1}{2}\alpha\right) \right.$$

$$\left. + G\left(+\frac{1}{4}\sin 2\alpha + \frac{1}{2}\alpha\right) \right]_0^{2\pi}$$

$$P_r = f_r \frac{h\pi}{\ln\frac{r_2}{r_1}} (E + G).$$

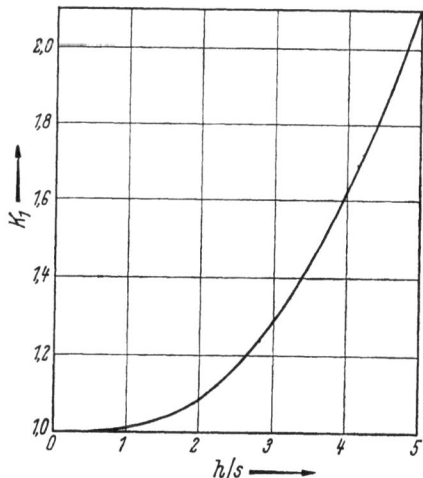

Abb. 35. Formfaktor K_1 für querbelastete Hülsengummifedern.

Die vorstehende Gleichung ist in dieser Form noch nicht brauchbar, weil der E-Modul außer von der Gummihärte auch von den Federabmessungen abhängt. Ist die Gummischichtdicke $s = r_2 - r_1$, dann ist für das Abmessungsverhältnis $h/s = 1$ der E-Modul $E = 6{,}5 G$. Dieser Fall wird als Normalfall betrachtet. Für andere Federabmessungen wird der Formfaktor k_1 gemäß Abb. 35 eingeführt.

Damit ergibt sich die endgültige Gleichung

$$\boxed{P_r = f_r \frac{7{,}5 \pi h G}{\ln \dfrac{r_2}{r_1}} k_1} \quad [\text{kp}]. \tag{20}$$

und daraus die Querfederkonstante

$$c_r = \frac{P_r}{f_r} = \frac{7{,}5 \pi h G}{\ln \dfrac{r_2}{r_1}} k_1 \quad [\text{kp/cm}].$$

b) *Verhältnis der Querfederkonstante zur Axialfederkonstante.* Die Gln. (2) und (20)

$$\text{axial:} \quad P_a = f_a \frac{2 \pi h G}{\ln \dfrac{r_2}{r_1}},$$

$$\text{quer:} \quad P_r = f_r \frac{7{,}5 \pi h G}{\ln \dfrac{r_2}{r_1}} k_1$$

besitzen bis auf die Faktoren den gleichen Aufbau. Ein Vergleich läßt erkennen, daß Hülsenfedern bei Axialbeanspruchung federungstechnisch am weichsten und bei Querbeanspruchung am härtesten sind, d. h., ihre Federkonstante $c = P/f$ ist im ersten Falle am kleinsten und im letzten Falle am größten. Ist $k_1 = 1$, so ist das Verhältnis der Federkonstanten $c_r/c_a = 7{,}5/2 = 3{,}75$. Dies ist der kleinste überhaupt erreichbare Wert. Nach oben ist durch entsprechene Wahl der Abmessungen jedes beliebige Verhältnis c_r/c_a erreichbar. So ist es z. B. möglich, bei einer Hülsengummifeder durch Einvulkanisieren einer Zwischenhülse das Verhältnis c_r/c_a bei praktisch gleichbleibender Axialfederkonstanten von 5 auf 10 zu steigern. Dies ist von außerordentlicher praktischer Bedeutung. Hülsenfedern werden oft in verschiedenen Richtungen beansprucht, so daß ein bestimmtes Verhältnis der Federkonstanten gefordert werden muß.

2.2.5.2 Hülsengummifedern bei winkliger Beanspruchung. Hülsengummifedern werden nicht nur axial und quer, sondern auch schräg beansprucht. Hierbei sind grundsätzlich zwei Fälle zu unterscheiden: 1. Die Feder wird in einer bestimmten Richtung geführt und die Kraftrichtung ist gleich der Richtung der Führung. 2. Die Kraft greift in einer beliebigen Richtung an und die Feder kann sich frei einstellen.

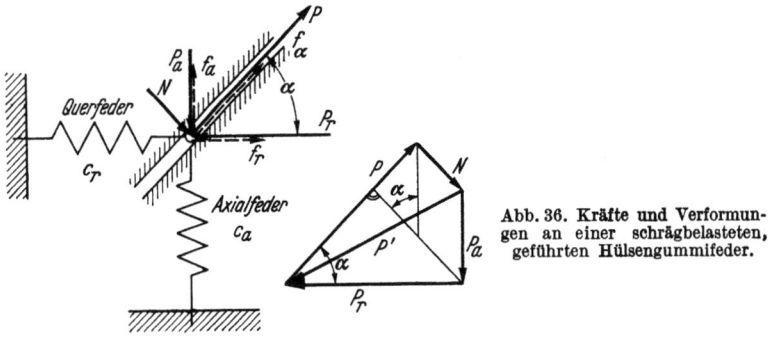

Abb. 36. Kräfte und Verformungen an einer schrägbelasteten, geführten Hülsengummifeder.

2.2 Statische Beanspruchung

Die Kräfteverhältnisse im Fall 1 zeigt Abb. 36. Man kann sich die schräg beanspruchte Hülsenfeder schematisch aus zwei Federn aufgebaut denken, von denen die eine die Eigenschaften in axialer Richtung und die andere die in Querrichtung besitzt.

Die Auslenkung f_α der Feder wird in die axiale Auslenkung f_a und in die Querauslenkung f_r zerlegt. Auf Grund der bekannten Federkennlinien entsprechen f_a und f_r den Kräften P_a und P_r. Die Resultierende aus P_a und P_r ist P'. Da die an der Feder angebrachte Belastung P richtungsmäßig mit der Führungsbahn, aber nicht mit P' zusammenfällt, muß von der Führungsbahn noch ein Gleitbahndruck N aufgebracht werden.

P_a, P_r und N halten der Belastung P das Gleichgewicht. Aus Abb. 36 folgt, daß

$$P = P_a \sin\alpha + P_r \cos\alpha$$

ist. Der mathematische Ausdruck für die Federkennlinie sei allgemein für die Axialfederkennlinien

$$P_a = \varphi(f_a),$$

für die Querfederkennlinien

$$P_r = \psi(f_r).$$

Da

$$f_a = f_\alpha \sin\alpha, \quad f_r = f_\alpha \cos\alpha,$$

lautet die Gleichung der Federkennlinie für Fall 1:

$$P = [\varphi(f_\alpha \sin\alpha)] \sin\alpha + [\psi(f_\alpha \cos\alpha)] \cos\alpha$$

für große Auslenkungen.

Bei kleinen Auslenkungen können die Federkennlinien praktisch als Gerade angesehen werden. Durch Einführung der Axialfederkonstanten $c_a = P_a/f_a$ und der Querfederkonstanten $c_r = P_r/f_r$ ergibt sich

$$\boxed{P = f_\alpha (c_a \sin^2\alpha + c_r \cos^2\alpha)} \quad \text{[kp]} \tag{21}$$

für kleine Auslenkungen.

Fall 2 ist in Abb. 37 dargestellt. Kraftrichtung und Auslenkung fallen, da die Axial- und Querfederkennlinien verschieden sind, nicht zusammen. Der Kraft P halten die Axialkraft P_a und die Querkraft P_r das Gleichgewicht. Auf Grund der Federkennlinien entsprechen den Kräften P_a und P_r die Auslenkungen f_a und f_r.

Die Resultierende aus f_a und f_r ist die Auslenkung f_β, die mit der Kraftrichtung nicht zusammenfällt. Die Auslenkung in Kraftrichtung ist dann

$$f_\alpha = f_\beta \cos(\beta - \alpha) = f_\beta(\cos\beta \cos\alpha + \sin\beta \sin\alpha).$$

Da

$$\cos\beta = f_r/f_\beta, \quad \sin\beta = f_a/f_\beta,$$

wird

$$f_\alpha = f_r \cos\alpha + f_a \sin\alpha.$$

Die durch die Federkennlinien dargestellten Funktionen seien für die Axialfederkennlinie

$$f_a = \Phi(P_a),$$

für die Querfederkennlinie

$$f_r = \Psi(P_r).$$

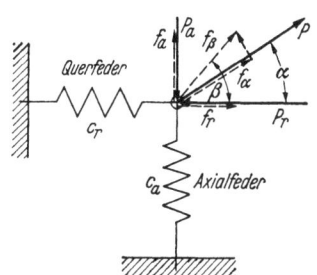

Abb. 37. Kräfte und Verformungen an einer schrägbelasteten, nicht geführten Hülsengummifeder.

2. Berechnungsgrundlagen

Mit diesen Ausdrücken lautet die Formel für Fall 2

$$f_\alpha = [\Phi(P \sin\alpha)] \sin\alpha + [\Psi(P \cos\alpha)] \cos\alpha.$$

Die Gleichung ist analytisch nicht nach P umstellbar.

Für den Bereich der Linearität kann wieder die Federkonstante eingeführt werden:

$$f_\alpha = \frac{P_a}{c_a} \sin^2\alpha + \frac{P_r}{c_r} \cos^2\alpha,$$

woraus nach P umgestellt mit $P = P_a = P_r$ folgt

$$\boxed{P = \frac{f_\alpha}{\dfrac{\sin^2\alpha}{c_a} + \dfrac{\cos^2\alpha}{c_r}}} \quad [\text{kp}]. \tag{22}$$

Abb. 38 zeigt die Federkennlinien einer schrägbeanspruchten, geführten Hülsenfeder bei verschiedenen Winkeln α.

In Tab. 5 sind die Federgleichungen für einige einfache Gummifederformen

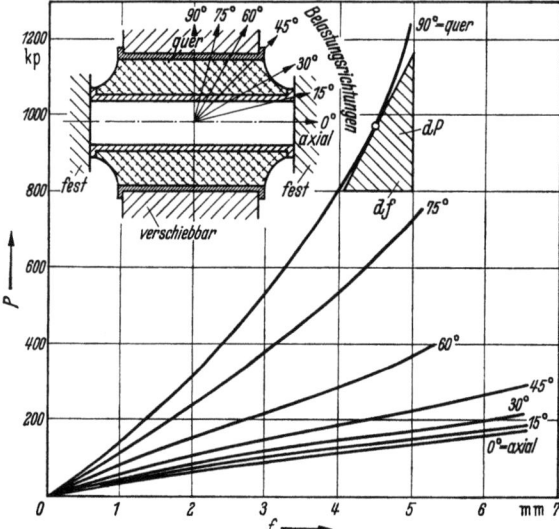

Abb. 38. Federkennlinien von schräg beanspruchten Hülsengummifedern.

zusammengestellt. Sie gelten für kleine Verformungen, also für den Bereich der Linearität der Federkennlinien. Der ungefähre Gültigkeitsbereich ist angegeben.

2.3 Dynamische Beanspruchung

Die hier gemeinte dynamische Beanspruchung bezieht sich auf diejenigen Fälle in der Technik, bei denen Gummifedern aus der Kraft schwingend bewegter Massen heraus beansprucht werden. Es handelt sich also um Anwendungen aus dem Gebiet der Schwingungsmechanik, speziell um die Anliegen der aktiven und passiven Schwingungsisolierung von Maschinen, Geräten und Anlagen, außerdem um die Abfederung von schwingungstechnischen Arbeitsmaschinen wie Schwingsiebmaschinen, Vibrationsroste und Straßenbaumaschinen.

2.3 Dynamische Beanspruchung

Tabelle 5. *Federgleichungen von gebundenen Gummifedern*

Beanspruchungsfall	Federform	Federgleichung	Gültigkeitsbereich bis etwa
Scheibenfeder bei Parallelschub		$P_s = f_s \dfrac{G F}{s}$	$f_s = 0{,}35\,s$
Hülsengummifeder bei Parallelschub		$P_a = f_a \dfrac{2 \pi h\, G}{\ln \dfrac{r_2}{r_1}}$	$f_a = 0{,}35\,(r_2 - r_1)$
Hülsengummifeder bei Drehschub		$M_d = \varphi \dfrac{4 \pi l\, G}{\dfrac{1}{r_1^2} - \dfrac{1}{r_2^2}}$	$\varphi = 40°$
Rundgummifeder bei Torsion		$M_t = \varphi \dfrac{\pi G (r_2^4 - r_1^4)}{2 s}$	$\varphi = 20°$
Rundgummifeder bei Druck		$P_d = f_d \dfrac{d^2 \pi\, E_r}{4 h}$	$f_d = 0{,}2\,h$
Rundgummifeder bei Zug		$P_z = f_z \dfrac{d^2 \pi\, E}{4 l}$ $E = 3 G$	$f_z = 0{,}40\,l$
Scheibengummifeder bei Schub/Druck		$P_{ges} = \dfrac{2 f F}{s} (G \sin^2\alpha + E_r \cos^2\alpha)$	abhängig von α

2. Berechnungsgrundlagen

2.3.1 Grundlagen der Schwingungsmechanik

2.3.1.1 Schwingungssystem und Freiheitsgrad. Unter einem Schwingungssystem versteht man ein aus Masse und Federung bestehendes Gebilde, wie es z. B. in der Form einer schwingungsisolierten Maschine gemäß Abb. 39 praktisch auftritt. Dieses Schwingungssystem besitzt 6 Freiheitsgrade, weil zur Festlegung seiner Stellung in jedem Augenblick der Schwingung 6 Größen erforderlich sind: je eine *in* den 3 Raumachsen und je eine *um* die 3 Raumachsen. Die entsprechenden Bewegungen heißen Längs-, Hoch- und Querschwingung und Längsdreh-, Hochdreh-

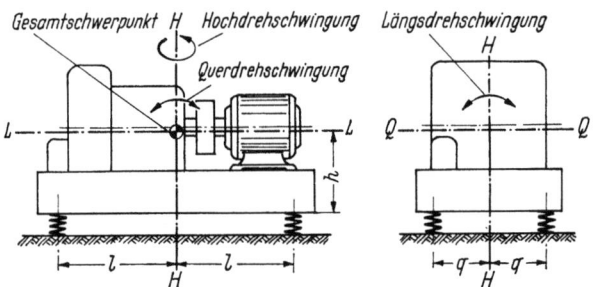

Abb. 39. Die 6 Freiheitsgrade eines elastisch aufgestellten Aggregates.
L, H und Q Längs-, Hoch- und Querachse, l, h und q Schwerpunktabstände dieser Achsen.

und Querdrehschwingung. Könnte das System z. B. durch eine entsprechende Führung nur in der Hochachse, also nur senkrecht schwingen oder wäre die erregende Kraft so gerichtet, daß nur senkrechte Schwingungen auftreten, so besäße das System einen Freiheitsgrad.

Die folgenden Ausführungen beschränken sich auf ein System mit einem Freiheitsgrad. Das ist möglich, weil in der Praxis meistens eine bevorzugte Schwingungsrichtung gegeben ist.

So ist z. B. bei einer Exzenterpresse, bei der die Arbeitshübe senkrecht zur Lagerung wirken, die Hauptschwingungsrichtung ebenfalls senkrecht. Bei einer Kurzhobelmaschine dagegen wirken die stärksten Schwingungen in horizontaler Richtung. Das Problem der Schwingungsberechnung in den 6 Freiheitsgraden wird deshalb in der Praxis meistens auf die Berechnung der Hauptschwingung bei einem Freiheitsgrad zurückgeführt. Nach Auswahl der günstigsten Federelemente werden dann die in den anderen Freiheitsgraden auftretenden Schwingungen experimentell ermittelt.

2.3.1.2 Berechnung der Eigenfrequenz. Die Berechnung der besonders wichtigen Eigenfrequenz eines Schwingungssystems wird am besten an einem System gemäß Abb. 40 vorgenommen. Das System soll in senkrechter Richtung frei und ungedämpft schwingen können.

Wird die abgefederte Masse aus der Ruhelage heraus angestoßen, so schwingt sie mit einer ganz bestimmten Frequenz. Sie heißt Eigenfrequenz.

Wenn die Masse m durch die statische Kraft P um den Schwingweg x aus der Ruhelage ausgelenkt wird, dann wirkt der Kraft $P\downarrow$ die rückwärtstreibende Federkraft $-cx\uparrow$ entgegen. Das ergibt sich aus dem Hookeschen Gesetz $P = cx$. Dabei ist c die Federkonstante.

Es gilt ferner, daß in jedem Zeitpunkt der Schwingung Kräftegleichgewicht herrschen muß nach der Gleichung Masse × Beschleunigung = rücktreibende

Federkraft:
$$m\,b = -c\,x,$$
$$m\frac{d^2 x}{dt^2} = -c\,x,$$
$$m\,\ddot{x} + c\,x = 0.$$

Das ist die Differentialgleichung der freien ungedämpften Schwingung.

Bei der Aufwärtsbewegung gewinnt die Masse an kinetischer Energie. Infolge der Massenträgheit schwingt sie über die Nullage hinaus, entgegen der rücktreibenden Federkraft, d. h., sie wird verzögert, ihre Geschwindigkeit nimmt ab. Ist die gesamte

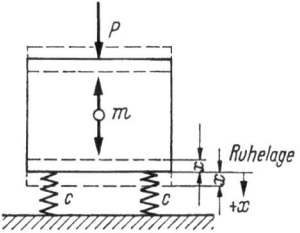 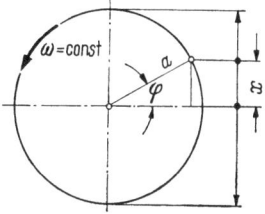

Abb. 40. Frei und linear schwingendes, ungedämpftes System.   Abb. 41. Projektion einer gleichförmigen Kreisbewegung auf eine Gerade.

kinetische Energie in potentielle Energie umgewandelt, dann kommt die Masse in der oberen Totlage zum Stillstand, und die Bewegung beginnt infolge der rücktreibenden Federkraft von neuem.

Man kann diese harmonische Schwingung betrachten als die Projektion einer gleichförmigen Kreisbewegung auf eine Gerade gemäß Abb. 41. Mit ω = const und $\varphi = \omega\,t$ ist
$$\sin\omega t = \frac{x}{a},$$
also der Weg
$$x = a\sin\omega t.$$

Durch Differentiation folgt die Geschwindigkeit
$$v = \dot{x} = a\,\omega\cos\omega t.$$

Durch nochmalige Differentiation die Beschleunigung
$$b = \ddot{x} = -a\,\omega^2\sin\omega t.$$

Durch Einsetzen in die Differentialgleichung ergibt sich
$$-m\,a\,\omega^2\sin\omega t = -c\,a\sin\omega t$$
und daraus die Eigenkreisfrequenz
$$\omega = \sqrt{\frac{c}{m}} = \omega_e\ [1/\text{s}].$$

Mit
$$\omega_e = \frac{2\pi n_e}{60}$$
wird die Eigenschwingungszahl
$$n_e = \frac{30}{\pi}\sqrt{\frac{c}{m}}\ [1/\text{min}].$$

2.3.1.3 Eigenfrequenz und statische Einfederung.
Für die statische Einfederung gilt

$$c = \frac{P}{f} = \frac{G}{f}$$

und

$$m = \frac{G}{g}.$$

Beide Werte in die Gleichung eingesetzt, ergibt

$$n_e = \frac{30}{\pi}\sqrt{\frac{Gg}{fG}} = \frac{30}{\pi}\sqrt{g}\sqrt{\frac{1}{f}}.$$

Wird f in cm eingesetzt, dann wird

$$n_e = \frac{30}{\pi}\sqrt{981}\sqrt{\frac{1}{f}} = \frac{300}{\sqrt{f}}\ [1/\text{min}] = \frac{5}{\sqrt{f}}\ [1/\text{s}].$$

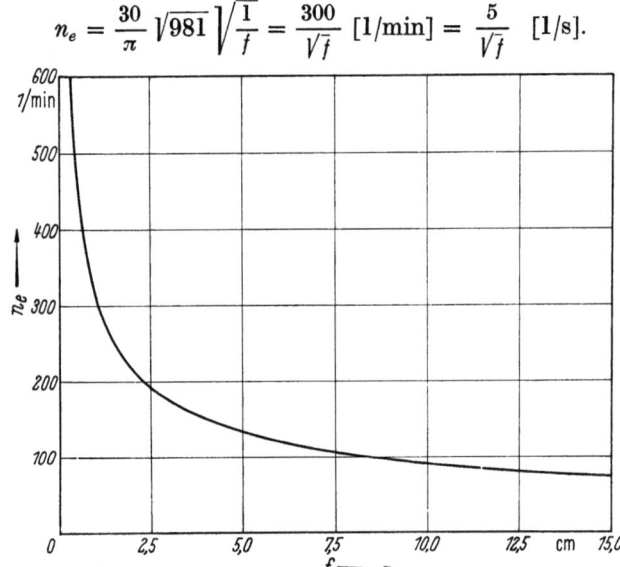

Abb. 42. Zusammenhang zwischen der Eigenschwingungszahl und der statischen Einfederung.

Daraus ergibt sich die wichtige Erkenntnis, daß die Eigenschwingungszahl eine Funktion des Federwegs ist. Die Abhängigkeit ist in Abb. 42 gezeigt.

2.3.1.4 Federkennlinie für konstante Eigenfrequenz.
Im Fahrzeugbau ist es aus Gründen des Fahrkomforts erwünscht, bei allen Belastungen dieselbe Eigenfrequenz des abgefederten Fahrzeugs zu erhalten. Man kann diese Konstanz der Eigenfrequenz nur herbeiführen durch eine progressive Federkennlinie, wobei die Progressivität nach einer bestimmten Funktion verlaufen muß.

Nach Abb. 43 ist

$$c = \frac{dP}{df} = \tan\alpha.$$

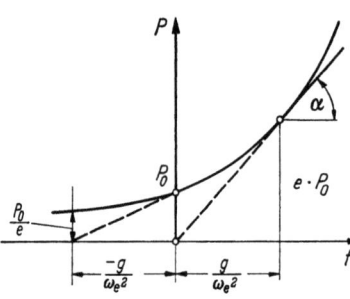

Abb. 43. Federkennlinie für konstante Eigenfrequenz.

Aus Abschn. 2.3.1.2 ergibt sich

$$\omega_e^2 = \frac{c}{m} = \frac{\dfrac{dP}{df}}{\dfrac{P}{g}} = \frac{dP\,g}{df\,P} = \text{const}.$$

2.3 Dynamische Beanspruchung

Daraus folgt

$$\frac{dP}{P} = \frac{\omega_e^2}{g} df.$$

Beide Seiten integriert, ergibt

$$\int_{P_0}^{P} \frac{dP}{P} = \int \frac{\omega_e^2}{g} df,$$

$$\ln \frac{P}{P_0} = \frac{\omega_e^2}{g} f,$$

also

$$\boxed{P = P_0 \, e \frac{\omega_e^2}{g} f.} \quad (23)$$

Die Gleichung der Federkennlinie für konstante Eigenfrequenz ist also eine e-Funktion.

Darin bedeuten: P Federkraft in kp,
P_0 Anfangsfederkraft in kp,
e $= 2{,}71828 =$ Basis der natürlichen Logarithmen,
ω_e Eigenkreisfrequenz in 1/s,
g Erdbeschleunigung in cm/s²,
f Federweg in cm.

In Abb. 44 ist diese Funktion dargestellt. Sie zeigt, daß die Subtangenten gleich lang sind.

Arbeitsmedizinische Untersuchungen haben ergeben, daß es zwischen Fahrgastraum und Schiene oder Straße einen Bereich der Eigenfrequenz gibt, der vom

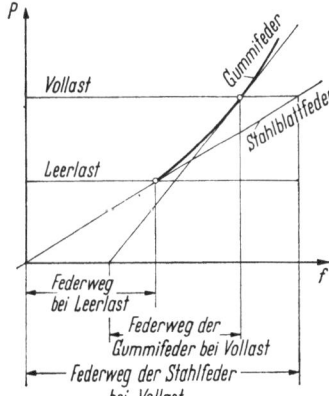

Abb. 44. Federkennlinie einer kombinierten Stahlblattfeder und Gummifeder.

Fahrgast als angenehm empfunden wird. Dieser Bereich liegt zwischen 1,0 und 1,7 Hz. Berechnet man die zugehörigen Federwege, so liegen diese zwischen 25 und 8,6 cm.

Bei Fahrzeugen mit Zuladungen und Entladungen ändert sich die Belastung zwischen Leerlast und Vollast. Aus Abb. 44 ist zu erkennen, daß bei Verwendung einer Stahlfeder mit linearer Federkennlinie der wirksame Federweg von Leerlast bis Vollast ständig zunimmt. Das bedeutet, daß auch die Eigenfrequenz sich ständig ändert. Sie wird mit zunehmender Belastung kleiner. Das bedeutet praktisch, daß die Federung um so weicher wird, je schwerer das Fahrzeug wird.

Nun hat aber die Federung nicht nur die Vollast zu tragen, sondern auch noch Stöße aufzunehmen, die von der Straße herrühren. Erfahrungsgemäß sind die Stoßbelastungen recht erheblich. Sie bedeuten zusätzliche, über die Vollast hinausgehende Belastungen und machen, je nach Fahrgeschwindigkeit, bei Schienen 30 bis 40%, bei guten Straßen 50 bis 70% und bei schlechten Wegen 100 bis 200% der Last aus.

Schließlich muß noch berücksichtigt werden, daß gelegentlich auch Überlastungen eintreten können. Bemißt man die Federung eines Fahrzeugs nun so, daß unter Einbeziehung von Vollast und Überlast und Stoßlast die Eigenfrequenz gerade richtig ist, so wird sie für den eigentlichen Federungsbereich zwischen Leerlast und Vollast zu hart.

Es ergibt sich daraus, daß eine Fahrzeugfederung mit linearer Federkennlinie für den Belastungsbereich oberhalb der Leerlast unzweckmäßig ist. Zweckmäßig ist dagegen eine Federkennlinie, die eine konstante Eigenfrequenz liefert. Dazu bietet sich die progressive Federkennlinie an. Aber nicht jede progressive Federkennlinie ist für den beabsichtigten Zweck geeignet. Bei der progressiven Federkennlinie wird der wirksame Federweg dadurch ermittelt, daß man eine Tangente an einen Punkt der Kennlinie gemäß Abb. 44 legt. Bei der richtigen Progressivität zeigt sich, daß die Tangente am Vollastpunkt etwa denselben wirksamen Federweg ausschneidet, der auch bei Leerlast auftritt. Damit ist die Eigenfrequenz bei Leerlast genau so groß wie bei Vollast.

Die zu realisierende Federkennlinie muß also eine Kurve mit konstanter Subtangente = konstantem wirksamem Federweg = konstanter Eigenfrequenz sein. Das ist die Kurvenform gemäß der e-Funktion nach Gl. (23).

2.3.1.5 Schwingungsgleichung bei erzwungener, gedämpfter Schwingung. Wenn ein Schwingungsgebilde durch periodisch wirkende Kräfte zu Schwingungen angeregt wird, bezeichnet man diesen Schwingungszustand als erzwungene Schwingung. Die Kräfte nennt man Zwangskräfte oder Erregerkräfte. Der schwingungstechnisch am einfachsten zu behandelnde Fall liegt dann vor, wenn die Größe der Erregerkraft einen zeitlich harmonischen Verlauf, etwa in der Form

$$P = P_0 \sin \omega t$$

zeigt. Solche Erregerkräfte können vorkommen an Drehmaschinen, bei denen infolge auftretender Unwuchten Massenkräfte auftreten, die drehzahlabhängig sind. Ebenso können an Fräsmaschinen und an Kurzhobelmaschinen solche Kräfte auftreten. Auch gehören zu diesen Kräften die periodischen Massenkräfte von Stanzen und Pressen, da nach FOURIER jede periodische unharmonische Funktion in harmonische Bestandteile zerlegt werden kann.

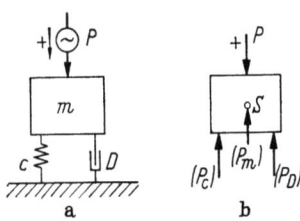

Abb. 45. Schematische Darstellung eines Schwingungssystems.
a) Wirkplan; b) freigemachtes System.

Zur Ableitung der Schwingungs- (Bewegungs-) Gleichung sei ein System aus Masse, Feder und Dämpfungsglied gegeben (Abb. 45a). Dies ist der allgemeinste Fall, der zur Erläuterung behandelt werden soll. Sowohl bei dem Feder- als auch bei dem Dämpfungsglied sind lineare Kennlinien vorausgesetzt.

An der Masse m greift die erregende Kraft P als Wechselkraft an, wie es bei Werkzeugmaschinen der Fall ist. Das System wird im eingeschwungenen Zustand betrachtet. Es treten insgesamt vier Einzelkräfte und deren Reaktion auf:

2.3 Dynamische Beanspruchung

die Massenkraft (hergeleitet: $P = m\,b$)
$$P_m = m\frac{d^2x}{dt^2},$$

die Dämpfungskraft (geschwindigkeitsabhängig)
$$P_D = \varrho\frac{dx}{dt},$$

die Federkraft
$$P_C = c\,x$$

und
$$P = P_0 \sin\omega\,t.$$

Am freigemachten System (Abb. 45b) kann man gut die Wirkrichtungen aller 4 Kräfte erkennen. Wählt man die Wirkrichtungen von P positiv, so wird der Gleichungsansatz durch die Gleichgewichtsbedingung gebildet. Die Summe aller an der Masse m angreifenden Kräfte muß gleich 0 sein:
$$-P_m - P_D - P_C + P = 0,$$

woraus
$$P_m + P_D + P_C = P$$

oder
$$m\frac{d^2x}{dt^2} + \varrho\frac{dx}{dt} + c\,x = P_0 \sin\omega\,t$$

oder
$$\boxed{m\,\ddot{x} + \varrho\,\dot{x} + c\,x = P_0 \sin\omega\,t} \tag{24}$$

folgt, d. h. Massenkraft + Dämpfungskraft + Federkraft = Erregerkraft. Zur Lösung der Schwingungsgleichung benutzt man den Ansatz
$$x = a\sin(\omega\,t - \alpha).$$

Durch Differentiation erhält man
$$\dot{x} = a\,\omega\cos(\omega\,t - \alpha),$$
$$\ddot{x} = -a\,\omega^2 \sin(\omega\,t - \alpha).$$

Dies in die Differentialgleichung eingesetzt, ergibt
$$-m\,a\,\omega^2 \sin(\omega\,t - \alpha) + \varrho\,a\,\omega\cos(\omega\,t - \alpha) + c\,a\sin(\omega\,t - \alpha) = P_0\sin\omega\,t.$$

Zur Vereinfachung dieser Gleichung wählt man denjenigen Zeitpunkt der Schwingung, in welchem $\sin\omega\,t = 1$ ist. Das ist bei $\omega\,t = \pi/2$ der Fall. $\pi/2$ bedeutet, daß die Auslenkung der Erregerkraft gleich ihrer Amplitude P_0 ist. Es ist
$$\cos\left(\frac{\pi}{2} - \alpha\right) = \sin\alpha, \quad \sin\left(\frac{\pi}{2} - \alpha\right) = \cos\alpha.$$

Dann ist
$$-m\,a\,\omega^2 \cos\alpha + \varrho\,a\,\omega\sin\alpha + c\,a\cos\alpha = P_0,$$
$$(c - m\,\omega^2)\cos\alpha + \varrho\,\omega\sin\alpha = \frac{P_0}{a}.$$

Das ist die Lösung der Schwingungsgleichung. Die Amplitude a ergibt sich aus dem Vektordiagramm gemäß Abb. 46 zu

$$\boxed{a = \frac{P_0}{\sqrt{(c - m\,\omega^2)^2 + (\varrho\,\omega)^2}}.} \tag{25}$$

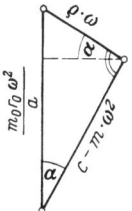

Abb. 46. Vektordiagramm zur Lösung der Schwingungsgleichung $(c - m\,\omega^2)^2 + (\varrho\,\omega^2) = (m_0 r_0 \omega^2/a)^2.$

Setzt man $m = c/\omega_e^2$, das Frequenzverhältnis $\lambda = \omega/\omega_e = n/n_e$, die Dämpfungskonstante $\varrho = 2D\sqrt{cm}$ [kps/cm] und das Dämpfungsmaß D (Dämpfungsgrad, Lehrsche Dämpfung) ein, dann erhält man

$$a = \frac{P_0}{c} \frac{1}{\sqrt{(1-\lambda^2)^2 + 4D^2\lambda^2}}. \tag{26}$$

2.3.1.6 Amplitudenverhältnisse.
Der Quotient

$$\frac{P_0}{c} = \frac{P_0 f_0}{P_0} = f_0$$

wird als statische Verformung oder statische Durchfederung oder statische Einfederung bezeichnet. Es ist dies die Durchfederung bei ruhender maximaler Erregerkraft P_0.

Durch Umstellung von Gl. (26) erhält man die Form

$$\frac{a}{f_0} = \frac{1}{\sqrt{(1-\lambda^2)^2 + 4D^2\lambda^2}}. \tag{27}$$

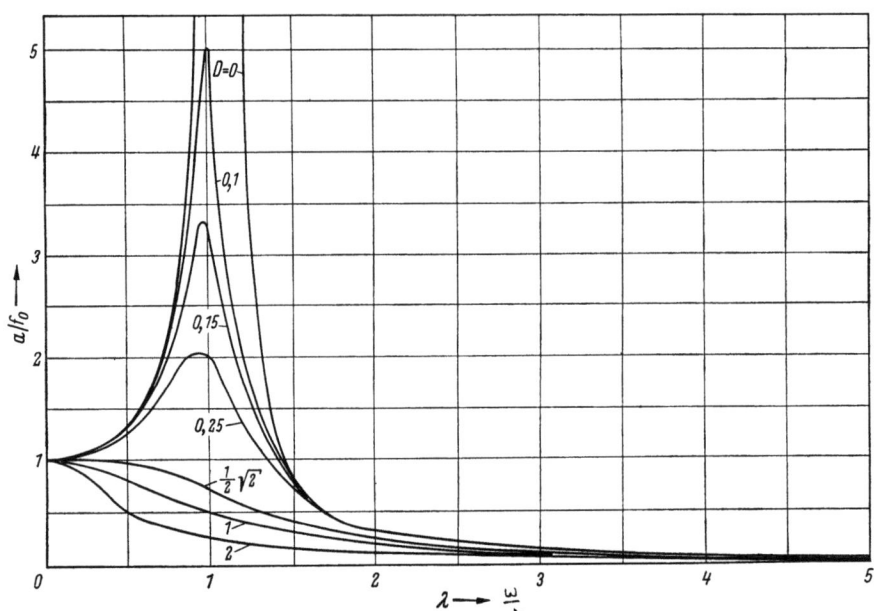

Abb. 47. Vergrößerungsverhältnis für die Schwingungsausschläge.

Man nennt das Verhältnis a/f_0 Vergrößerungsfaktor. Er gibt an, wievielmal größer die Amplitude im Vergleich zur statischen Einfederung ist (Abb. 47).

2.3.1.7 Kraftverhältnisse.
Durch den Schwingungsausschlag a wird in der Feder die Federkraft $ac = P_F$ erzeugt, die in das Fundament übertragen wird. Berücksichtigt man noch die Dämpfungskraft, die parallel zur Federkraft wirkt, so ergibt sich

$$\frac{P_F}{P_0} = \frac{\sqrt{1 + 4D^2\lambda^2}}{\sqrt{(1-\lambda^2)^2 + 4D^2\lambda^2}}. \tag{28}$$

In Abb. 48 ist der Vergrößerungsfaktor P_F/P_0 in Abhängigkeit vom Frequenzverhältnis $\omega/\omega_e = \lambda$ dargestellt. Setzt man die Dämpfung $D = 0$, dann wird $\omega = \omega_e$, d. h., es besteht Schwingungsresonanz.

2.3.1.8 Wirkung der Dämpfung. Die Kurven in Abb. 48 zeigen, daß im Resonanzgebiet sich die Dämpfung vorteilhaft auswirkt. Man kann aber nicht sagen, daß

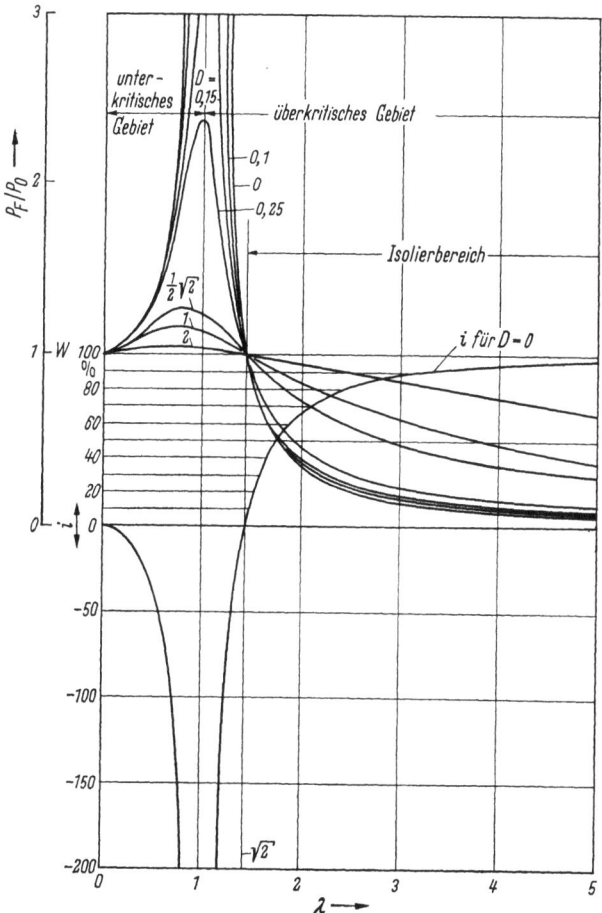

Abb. 48. Vergrößerungsverhältnis für die Kräfte und Isolierwirkungsgrad.

das Vorhandensein einer starken Dämpfung für das gesamte Schwingungsgebilde grundsätzlich von Vorteil sei. Es ist noch zu untersuchen, wie die Dämpfung das Kräfteverhältnis P_F/P_0 beeinflußt.

Die günstigste Isolierung ist dadurch gekennzeichnet, daß mit größer werdendem Frequenzverhältnis λ die auf das Fundament übertretende Kraft P_F schnell klein wird, P_F/P_0 also schnell abnimmt. Zur Veranschaulichung der Verhältnisse wird der Verlauf $P_F/P_0 = f(\lambda)$ im Isolierungsbereich nochmals betrachtet (Abb. 48).

Aus der Lage der Kurvenzüge ist ersichtlich, daß sich in bezug auf das Kräfteverhältnis eine vorhandene Dämpfung sehr ungünstig auswirkt. Die Linie ohne Dämpfung hat den steilsten Verlauf, d. h., bei einem bestimmten Frequenzverhältnis λ ist der Anteil der auf das Fundament übertretenden Kraft ohne Dämpfung am kleinsten. Hieraus ist zu ersehen, daß zur kräftemäßigen Entstörung einer Maschine eine Dämpfung möglichst zu vermeiden ist.

Berechnungsbeispiel. Der Unterschied soll anhand eines Beispiels erläutert werden. Ist z. B. das Frequenzverhältnis $\lambda = 4$, die Erregerkraft $P_0 = 200$ kp, so ist bei der Dämpfung $D = 0$ das Kräfteverhältnis $P_F/P_0 = 0,06$. Es wird dann die durchkommende Kraft

$$P_F = 0,06\, P_0 = 0,06 \cdot 200 = 12 \text{ kp}$$

Wählt man für $D = 0,5$, so ist P_F/P_0 schon 0,275, d. h., die durchkommende Kraft auf das Fundament ist dann

$$P_F = 0,275 \cdot 200 = 55 \text{ kp}$$

Außer bei dem Resonanzfall wirkt sich also vorhandene Dämpfung ungünstig aus.

2.3.1.9 Resonanzkurven bei nichtlinearer Federkennlinie. In Abb. 49 sind die lineare, die unterlineare (degressive) und die überlineare (progressive) Federkennlinie dargestellt; die zugehörigen Resonanzkurven sind jeweils daruntergezeichnet.

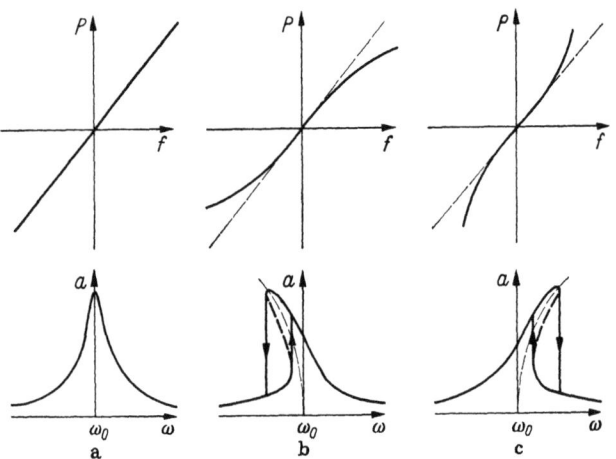

Abb. 49. Federcharakteristiken und durch sie bedingte Resonanzkurven mit Kipperscheinung bei den nichtlinearen Federn.
a) linear; b) unterlinear; c) überlinear.

Es ergibt sich daraus, daß die Resonanzkurven bei nichtlinearer Federkennlinie gebogene Resonanzbereiche besitzen. Die Ursache liegt darin, daß die Federkonstante nicht konstant bleibt wie im Falle der linearen Federkennlinie, sondern sich mit dem Federweg ändert. Bei der unterlinearen Federkennlinie nimmt die Federkonstante in dem Maße ab, wie die Amplitude größer wird. Das hat zur Folge, daß die scheinbare Resonanzfrequenz auch in dem Maße abnimmt, wie die Amplitude größer wird. Das zeigt die dünne gestrichelte Linie in Abb. 49; sie biegt bei größeren Amplituden nach den niedrigen Frequenzen um. Bei Federn mit überlinearer Kennlinie nimmt die Federkonstante mit den größeren Amplituden zu, wodurch die Resonanzkurvenspitze nach den höheren Frequenzen umbiegt.

Abb. 49 zeigt weiter, daß bei den gebogenen Resonanzkurven die Amplitude a bei bestimmten Frequenzen zwei Werte besitzt. Bei diesen Frequenzen liegt also mit Bezug auf die Amplitude eine Instabilität vor. Geht man z. B. bei dem unterlinearen Fall von den höheren zu den niedrigeren Frequenzen, so folgt die Amplitude zunächst dem oberen Stück der Resonanzkurve, sinkt dann aber plötzlich bis zum untersten Kurvenstück ab. Geht man in der anderen Richtung, dann nimmt die Amplitude zunächst die Werte des unteren Kurvenstücks an, bis die Resonanzkurve nach links abbiegt. Dann springt die Amplitude plötzlich bis zum Wert des oberen Kurvenstücks herauf.

Man bezeichnet dieses instabile Verhalten auch als Kipperscheinung. Sie tritt bei allen Schwingungssystemen auf, deren Federn eine nichtlineare Kennlinie besitzen. Bei in Resonanz betriebenen Schwingsiebmaschinen mit nichtlinearen Gummifedern kann es durch Änderungen des Siebguts oder durch Änderungen der Drehzahl infolge von Schwankungen in der Netzspannung dazu kommen, daß die normale Amplitude von 25 mm plötzlich auf 3 mm absinkt. Das ist ein unerwünschter Vorgang, weil dadurch der Siebprozeß aufhört. Bei Gummikupplungen dagegen ist die Kipperscheinung erwünscht, weil es dadurch möglich ist, Drehschwingungsamplituden auf sehr viel kleinere Werte zu reduzieren (Abschn. 2.4.5).

2.3.2 Die Technik der Schwingungsisolierung

Bei einer großen Anzahl von Maschinen, Motoren und Anlagen treten beim Betrieb freie Massenkräfte auf, die sich in unerwünschter Weise als Schwingungen oder Stöße auf die Umgebung auswirken. Beispiele dafür sind Verbrennungsmotoren, Hobelmaschinen, Schmiedehämmer und Nähmaschinen. Aufgabe der schwingungsmechanischen Isoliertechnik ist es, z. B. eine Maschine so aufzustellen, daß keine unzulässigen Kraftwirkungen in die Umgebung gelangen können. Das geschieht dadurch, daß die Maschine so nachgiebig gelagert wird, daß sie sich unter dem Einfluß der erregenden Massenkräfte nahezu frei bewegen kann, so daß keine nennenswerten Kräfte auf die Umgebung ausgeübt werden. Die nachgiebige Lagerung erfolgt mit Hilfe von Federn aus Stahl oder Gummi. Stahlfedern werden zweckmäßig bei niedrigen Frequenzen (bis 10 Hz) und bei hohen Belastungen verwendet; Gummifedern dagegen bei Frequenzen über 10 Hz und bei niedrigen Belastungen und außerdem dort, wo es gleichzeitig auf eine gute Schalldämmung ankommt.

2.3.2.1 Aktive und passive Schwingungsisolierung. Die charakterisierte Isolierart ist unter dem Namen *Aktiventstörung* bekannt. Es gibt außerdem noch diejenigen Fälle in der Isoliertechnik, bei denen z. B. Bordinstrumente in Flugzeugen oder Meßgeräte in Maschinenhallen vor Schwingungen und Stößen abgeschirmt werden sollen, die von außen her an die Instrumente und Geräte herankommen. Auch die Schwingungsabwehr von Feinschleifmaschinen oder von Lehrenbohrwerken gehört zu diesen Fällen. Man nennt diese Isolierart *Passiventstörung*. Sowohl bei der Aktiventstörung als auch bei der Passiventstörung erfolgt die Isolierung durch Zwischenschalten von Federn zwischen zu isolierendem Objekt und Umgebung. Man erhält dadurch ein schwingungsfähiges System, das bestimmten schwingungstechnischen Gesetzmäßigkeiten folgt. Dabei zeigt sich vor allem, daß die genannten Isoliermaßnahmen nur in bestimmten Frequenzbereichen wirksam sind.

Die in Abschn. 2.3.2.2 abgeleitete Beziehung für den Isolierwirkungsgrad gilt sowohl für die aktive als auch für die passive Schwingungsisolierung.

2.3.2.2 Bestimmung des Isolierwirkungsgrades. Der Isolierwirkungsgrad i wird berechnet aus der Beziehung

$$i = \frac{|P_0| - |P_F|}{|P_0|} \cdot 100 \quad [\%]$$

oder auch

$$i = \left(1 - \left|\frac{P_F}{P_0}\right|\right) \cdot 100 \quad [\%].$$

Dabei ist das Betragzeichen eingeführt, weil es nur auf die absolute Größe des Kraftverhältnisses ankommt, nicht aber auf die Richtungen.

Setzt man D in Gl. (28) gleich 0, dann wird

$$\frac{P_F}{P_0} = \frac{1}{1 - \lambda^2}$$

und
$$\boxed{i = \left(1 - \left|\frac{1}{1-\lambda^2}\right|\right) \cdot 100} \quad [\%]. \tag{29}$$

Die Kurve für den Isolierwirkungsgrad i ist in Abb. 48 eingezeichnet. Sie gilt für den Bereich von 0 bis ∞. Es ist zu erkennen, daß bis zu einem Frequenzverhältnis von $\sqrt{2}$ der Isolierwirkungsgrad negativ ist. Eine Isolierung ist erst von $\lambda = \sqrt{2}$ ab möglich.

Bei den vorangegangenen Betrachtungen ist die Dämpfung D in Gl. (28) gleich 0 gesetzt worden. Das ist möglich, weil die praktisch vorkommenden Dämpfungswerte von maximal $D = 0{,}065$ im Isolierbereich in Abb. 48 Kurven ergeben, die nahezu mit der Kurve für $D = 0$ zusammenfallen.

Den Bereich von $\lambda = 0$ bis $\lambda = 1$ bezeichnet man als unterkritisches Gebiet; hier liegt die Schwingungszahl der Erregerkraft *unter* der Eigenschwingungszahl der isolierten Maschine. Den Bereich $\lambda > 1$ bezeichnet man als überkritisches Gebiet, weil hier die Schwingungszahl der Erregerkraft *über* der Eigenschwingungszahl der Maschine liegt. Im Resonanzfall, also bei $\lambda = 1$, bewirkt die Gummifederung keine Schwingungsisolierung, sondern im Gegenteil eine Kraftvergrößerung in bezug auf das Fundament.

Um eine ausreichende Isolierung zu erzielen, soll der Isolierwirkungsgrad möglichst über 90% liegen. Nach Gl. (29) ist dann

$$0{,}9 \leq \left(1 - \left|\frac{1}{1-\lambda^2}\right|\right).$$

Daraus wird $\lambda \geq \sqrt{11} = > 3$. Das Frequenzverhältnis soll deshalb zwischen $\lambda = 3$ bis 5 liegen.

Ist das Frequenzverhältnis z. B. $\lambda = 4:1$, dann ist

$$i = \left(1 - \left|\frac{1}{1-\lambda^2}\right|\right) = \left(1 - \left|\frac{1}{1-16}\right|\right) = \frac{14}{15} = 0{,}935,$$

d. h., 93,5% der erregenden Kraft werden durch die Gummifedern aufgenommen, und nur noch 6,5% der erregenden Kraft wirken sich als Störkraft auf das Fundament aus.

Die bisherigen Betrachtungen beziehen sich auf schwingungsisolierte Maschinen, die durch periodisch wirkende Kräfte erregt werden. Die Größe der Störkraftübertragung und damit die Größe des Isolierwirkungsgrades ist vom Frequenzverhältnis λ abhängig. Die Maschinen schwingen mit der Erregerfrequenz. Schwingungsisolierte Maschinen, die durch Stöße erregt werden, schwingen dagegen mit der Eigenfrequenz der Maschinen. Die auf den Untergrund übertragene Störkraft sinkt mit der Eigenfrequenz, außerdem ist gemäß Abb. 48 die übertragene Störkraft abhängig von der Dämpfung. Die Dämpfung ist demnach eine wesentliche Einflußgröße bei der Gestaltung von Gummifedern für die Stoßisolierung.

Für erschütterungsisolierte Hammerfundamente wird der Isolierwirkungsgrad wie folgt berechnet:

$$i = \left(1 - \frac{r_p}{\lambda}\right) \cdot 100 \quad [\%].$$

Darin ist

$$\lambda = \frac{n_u}{n_e},$$

wenn n_u die Eigenfrequenz des Untergrundes und n_e die Eigenfrequenz der Isolierung bedeuten. r_p berücksichtigt die Dämpfung und ist

$$r_p = e^{-\frac{D}{\sqrt{1-D^2}} \arccos(3D - 4D^3)}.$$

Für $0 < D < 0{,}5$ ist $r_p < 1$. Innerhalb dieses Bereichs wird also durch die Dämpfung eine gute Isolierwirkung erzielt. Aus der Beziehung $\lambda = n_u/n_e$ ergibt sich, daß auch das Gewicht des Untergrundes, das sog. Gründungsgewicht, beachtet werden muß.

2.3.2.3 Schwingungsisolierung eines Meßgeräts (passive Schwingungsisolierung).

Aufgabe. Ein Meßgerät gemäß Abb. 50 zur Prüfung der Oberflächenrauhigkeit von Bauteilen (Leitz-Forster-Gerät) soll gegen Schwingungen geschützt werden. Die Schwingungen werden verursacht von Maschinen, die im gleichen Gebäude aufgestellt sind. Das Gerät hat ein Gesamtgewicht von 64 kp. Die statische Einfederung soll 3 mm betragen. Die niedrigste Frequenz der im Gebäude auftretenden Vertikalschwingungen ist $n_0 = 50$ Hz. Gesucht sind die Abmessungen der Gummifedern und der Isolierwirkungsgrad bei einer Härte von 38 sh. Der Formkennwert ist $k_f = 0{,}3$. Der Faktor zur Ermittlung der dynamischen Federkonstante ist $k_d = 1{,}15$.

Lösung. Es werden 4 druckbeanspruchte Rundgummifedern vorgesehen. Die statische Federkonstante einer Feder ist

$$c_d = \frac{P_d}{z f_d} = \frac{64}{4 \cdot 0{,}3} = 53{,}4 \text{ kp/cm}.$$

Die dynamische Federkonstante einer Feder ist

$$c_{\text{dyn}} = k_d c_d = 1{,}15 \cdot 53{,}4 = 61{,}4 \text{ kp/cm}.$$

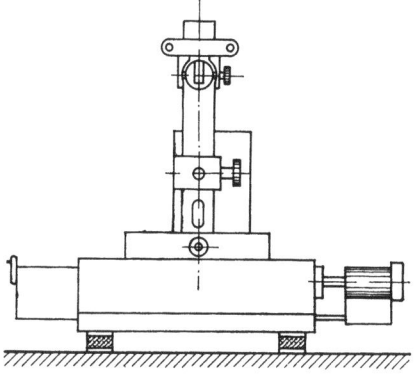

Abb. 50. Schwingungsisoliertes Meßgerät.

Die Eigenfrequenz ist

$$n_e = \frac{\omega_e}{2\pi} = \frac{1}{2\pi}\sqrt{\frac{4 c_{\text{dyn}}}{m}} = \frac{1}{2\pi}\sqrt{\frac{4 \cdot 61{,}4 \cdot 9{,}81}{64}} = 9{,}75 \text{ s}^{-1} = 585 \text{ min}^{-1}.$$

Der Isolierwirkungsgrad ergibt sich zu

$$i = \left(1 - \left|\frac{1}{1 - \lambda^2}\right|\right) \cdot 100 = \left(1 - \left|\frac{1}{1 - \left(\frac{50}{9{,}75}\right)^2}\right|\right) \cdot 100 = 96\%,$$

das Frequenzverhältnis zu

$$\lambda = \frac{50}{9{,}75} = 4{,}9.$$

Zur Berechnung der Abmessungen der druckbeanspruchten Rundgummifedern führt der gewählte Formkennwert von $k_f = 0{,}3$ zum Formfaktor $k = 4{,}8$ anhand von Abb. 12. Der Schubmodul wird aus Abb. 11 für die Härte von 38 sh zu $G = 4{,}2$ kp/cm² abgelesen. Damit ergibt sich der rechnerische E-Modul zu

$$E_r = 4{,}8 \cdot 4{,}2 = 20 \text{ kp/cm}^2.$$

Weiter ist

$$f_d = \frac{P_d h}{F E_r z} = \frac{64 h}{\frac{d^2 \pi}{4} \cdot 20 \cdot 4},$$

$$d^2 = \frac{1{,}02 h}{0{,}3},$$

$$k_f = \frac{d}{4h},$$

$$d = 0{,}3 \cdot 4h = 1{,}2 h,$$

$$h = \frac{d}{1{,}2}.$$

Damit wird

$$d^2 = \frac{1{,}02\,d}{1{,}2 \cdot 0{,}3},$$

$$d = \frac{1{,}02}{1{,}2 \cdot 0{,}3} = 2{,}83 \text{ cm},$$

$$h = \frac{2{,}83}{1{,}2} = 2{,}36 \text{ cm}.$$

Die durch das Gewicht des Gerätes auftretende statische Beanspruchung je Feder ergibt sich zu

$$\sigma = \frac{P_d}{4F} = \frac{P_d \cdot 4}{4 d^2 \pi} = \frac{P_d}{d^2 \pi} = \frac{64}{2{,}83^2 \pi} = 2{,}5 \text{ kp/cm}^2.$$

Sie liegt weit unter der zulässigen Spannung.

Es ist nun zu prüfen, ob eine passende Standardgröße bei einem Gummifederlieferanten vorhanden ist. Im Katalog der Continental Gummiwerke AG, S. 50, findet man eine Rundgummifeder mit folgenden Daten: Ausführung A, Form Nr. 27859, $d = 4{,}0$ cm, $h = 3{,}0$ cm, $f = 0{,}29$ cm, $n_e = 570$ min^{-1}, Härte = 53 sh. Vergleicht man diese Werte mit den errechneten, so stellt man fest, daß die gefundene Standardgummifeder etwas härter und dadurch größer ist. Sie besitzt aber fast die gleiche Eigenfrequenz, fast den gleichen Federweg und fast denselben Formfaktor. Der Isolierwirkungsgrad ist mit $\eta = 96{,}3\%$ noch etwas besser als der errechnete.

Als weitere Standardgummifeder bietet sich auch das Hutelement Nr. 27859 FJ 80 aus dem Continental-Katalog, S. 84, an. Bei dem vorliegenden Belastungsfall ergibt sich eine Eigenfrequenz von 600 min^{-1}, eine statische Einfederung von 0,26 cm, eine Härte von 45 sh und ein Isolierwirkungsgrad von 95,8 %.

Zusammenfassend ergibt sich, daß die gestellte Aufgabe von den beiden ermittelten Gummifedertypen hinsichtlich der Schwingungsisolierung gleich gut erfüllt wird. Der Konstrukteur wird derjenigen Gummifeder den Vorzug geben, die bezüglich des Preises und der Lieferzeit am günstigsten ist.

2.3.2.4 Anwendung von Nomogrammen. Der Konstrukteur kann für die Berechnung und Auswahl von Gummifedern auch Nomogramme der Hersteller zu Hilfe nehmen. Das in Abb. 51 gezeigte Beispiel für ein Nomogramm gilt für druckbeanspruchte Rundgummifedern und für eine bestimmte Gummiqualität a. Man errechnet zunächst die statische Belastung P in kp je Gummifeder ohne Zuschläge für dynamische Kräfte. Diese Belastung ergibt sich aus dem Gewicht der zu isolierenden Maschine und der vorgesehenen Anzahl der Rundgummifedern gemäß den konstruktiven Gegebenheiten. Dann geht man (Linie mit Pfeil im Nomogramm) bei der ermittelten Belastung P auf der linken Ordinate waagerecht von links nach rechts bis zum Schnittpunkt mit einer der von links unten nach rechts oben verlaufenden, dick ausgezogenen Geraden für die Rundgummifedertypen. Die schwingungstechnisch und preislich günstigste Feder ist die mit dem am weitesten rechts liegenden Schnittpunkt. Geht man von diesem Schnittpunkt aus senkrecht nach unten, so liest man auf der Abszisse die zugehörige Eigenschwingungszahl n_e in min^{-1} ab. Zur Ermittlung des Isolierwirkungsgrades bestimmt man den Schnittpunkt zwischen der Senkrechten, die bei der eben gefundenen Eigenschwingungszahl liegt und der Waagerechten, die von der niedrigsten Betriebsdrehzahl n auf der rechten Ordinate nach links geht. Dieser Schnittpunkt liegt auf oder zwischen der von rechts unten nach links oben gehenden Geradenschar, wobei die jeweiligen Isolierwirkungsgrade als Parameter angegeben sind.

Berechnungsbeispiel (aktive Schwingungsisolierung). Es soll ein direkt angetriebener Lüfter mit Rundgummifedern schwingungsisoliert aufgestellt werden. Das abzufedernde Gesamtgewicht aus Lüfter, Motor und Rahmen beträgt 1540 kp. Die Lüfterdrehzahl (Motordrehzahl) ist 1450 min^{-1}. Gewählt werden 4 Rundgummifedern, so daß die Druckbelastung P je Gummifeder 385 kp beträgt. Im Nomogramm Abb. 51 findet man bei $P = 385$ kp die Federtype Nr. 1060a. Die Eigenschwingungszahl liegt mit $n_e = 396$ min^{-1} genügend weit unterhalb der Betriebsdrehzahl $n = 1450$ min^{-1}. Der Isolierwirkungsgrad ergibt sich aus dem Nomogramm zu etwa 92 %. Das ist ein sehr guter Wirkungsgrad, weil nur noch etwa 8 % der Störkräfte in den Boden geleitet werden.

2.3 Dynamische Beanspruchung

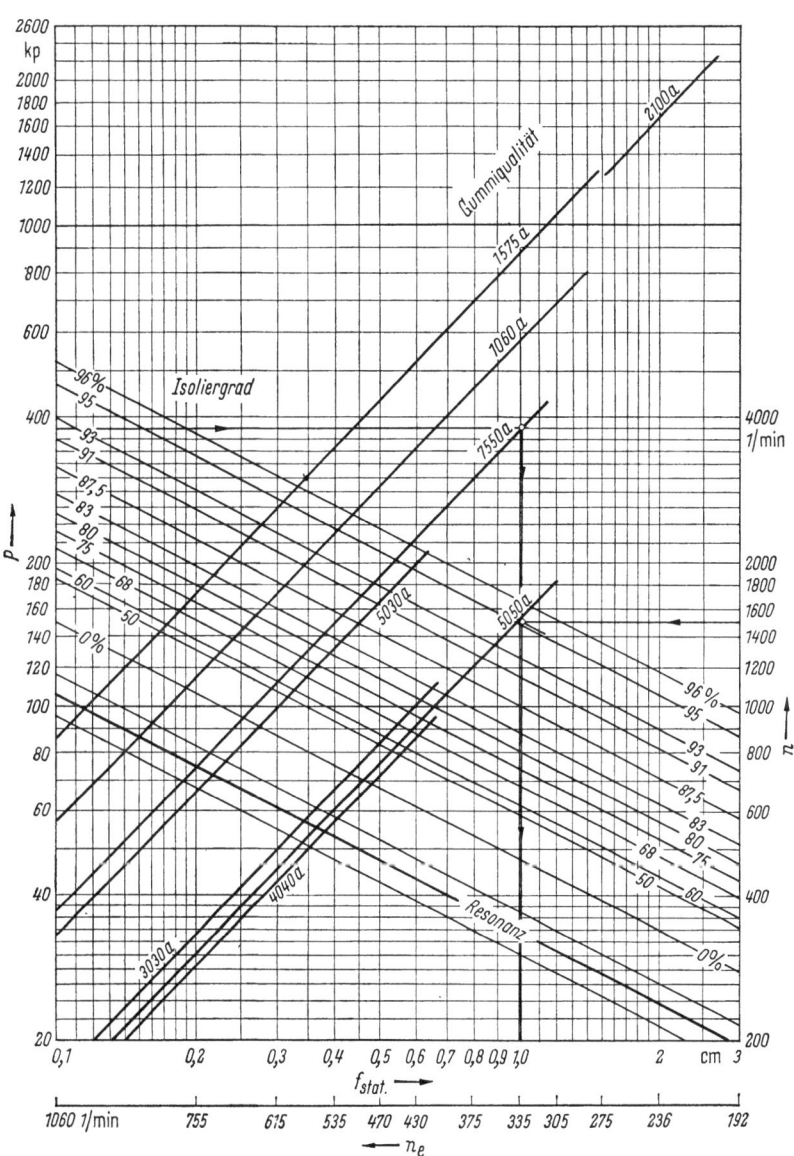

Abb. 51. Nomogramm zur Bestimmung der Kennwerte einer Rundgummifeder bei Druckbeanspruchung.

2.3.3 Schwingungstechnische Arbeitsmaschinen

Beispiele für schwingungstechnische Arbeitsmaschinen sind die Schwingsiebmaschinen, die Stampf- und Verdichtungsmaschinen für den Straßenbau, die Vibrationsroste in Gießereien und die Waschmaschinen. Sie werden häufig mit Gummifedern als Energiespeicher ausgerüstet. Diese Gummifedern sollen eine geringe Eigendämpfung besitzen, weil sie sich infolge der oft großen Schwingungsamplituden unzulässig hoch erwärmen (s. Abschn. 2.3.4).

Von schwingungstechnischen Arbeitsmaschinen wird häufig verlangt, daß das Maschinengestell in Ruhe bleibt, während die schwingende Masse Arbeit verrichtet. Das ist z. B. bei Wäscheschleudermaschinen der Fall. Die Verwirklichung der genannten Forderung gelingt dadurch, daß eine gummigefederte Zusatzmasse verwendet wird.

Berechnungsbeispiel.

a) Aufgabenstellung. Zum Ausleeren des Formsandes aus den Formkästen werden in Gießereien fahrbare Vibrationsroste benutzt. Kleine Formkästen werden von Hand auf den Rost gesetzt, größere mit einem Hebezeug. Bei der üblichen Anordnung sitzt der Vibrationsrost auf Stahlfedern, wodurch ein schwingungsfähiges System entsteht. Dieses wird durch Unwuchtantrieb zu Vibrationen erregt. Durch das Vibrieren des Rostes wird der Sand aus dem Kasten herausgerüttelt. Er fällt durch den Rost auf ein darunter befindliches Förderband.

Außer diesen erwünschten Vibrationen treten Erschütterungen im Fahrgestell auf, die sich über das Gerüst des Hebezeugs auf den angehobenen Formkasten übertragen, wodurch der Formsand häufig schon herausfällt, bevor der Kasten auf dem Vibrationsrost sitzt. Diese Schwingungen sind unerwünscht. Es soll deshalb

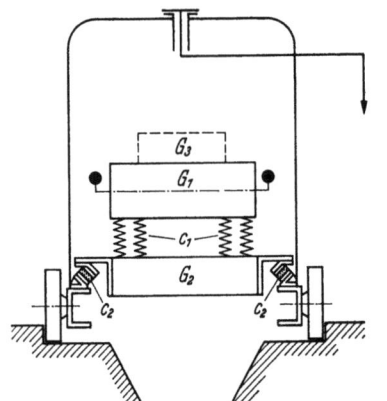 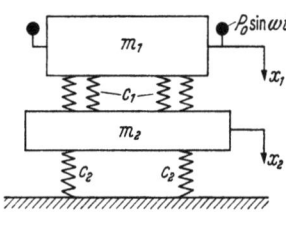

Abb. 52. Vibrationsrost mit gummigefederter Zusatzmasse (Ansicht in Fahrrichtung).   Abb. 53. Schwingungstechnisches Ersatzbild zu Abb. 52.

untersucht werden, ob und in welchem Umfang das Hebezeug vibrationsfrei gemacht werden kann, wenn eine zusätzliche, in Gummi gelagerte Masse gemäß Abb. 52 angebracht wird.

Folgende Größen werden verwendet:

G_1 Gewicht des Vibrationsrostes,
m_1 Masse des Vibrationsrostes $= G_1/g$,
c_1 statische Federkonstante der 8 Stahlfedern zusammen in senkrechter Richtung,
G_2 Gewicht der Zusatzmasse,
m_2 Masse der Zusatzmasse $= G_2/g$,
c_2 statische Federkonstante der 4 unbekannten Gummifedern zusammen,
P_0 Fliehkraft $= m_0 r_0 \omega^2$,

ω Betriebsfrequenz $= (2\pi n)/60$,
n Betriebsdrehzahl,
ν Eigenfrequenz des Rostes,
N Eigenfrequenz der Zusatzmasse = unbekannt,
G_3 Gewicht des Formkastens (bleibt unberücksichtigt, weil es nur kurzzeitig aufgebracht wird),
a_1 Schwingungsausschlag des Rostes in senkrechter Richtung,
a_2 Schwingungsausschlag der Zusatzmasse in senkrechter Richtung.

b) *Theoretische Behandlung des Problems.* Angestrebt wird, die Masse m_2 mit Hilfe von 4 Gummifedern so zu lagern, daß sie möglichst in Ruhe bleibt, während der Vibrationsrost arbeitet. Es müssen deshalb die Bewegungsgleichungen aufgestellt werden. Abb. 53 zeigt, daß es sich um ein System mit 2 Freiheitsgraden handelt. Jede der beiden Massen führt für sich bestimmte Bewegungen aus und trotzdem müssen alle Kräfte in jedem Augenblick der Bewegung unter sich im Gleichgewicht sein. Die Gleichungen lauten für die senkrechte Schwingungsrichtung

$$m_1 \frac{d^2 x_1}{dt^2} + c_1(x_1 - x_2) = P_0 \sin(\omega t), \quad m_2 \frac{d^2 x_2}{dt^2} + (c_1 + c_2) x_2 - c_1 x_1 = 0. \quad (30)$$

Zur Lösung benutzt man die Ansätze

$$x_1 = a_1 \sin(\omega t), \quad x_2 = a_2 \sin(\omega t).$$

Daraus wird

$$\frac{dx_1}{dt} = a_1 \omega \cos(\omega t), \quad \frac{dx_2}{dt} = a_2 \omega \cos(\omega t)$$

und

$$\frac{d^2 x_1}{dt^2} = -a_1 \omega^2 \sin(\omega t), \quad \frac{d^2 x_2}{dt^2} = -a_2 \omega^2 \sin(\omega t).$$

Durch Einsetzen in Gl. (30) erhält man

$$-m_1 a_1 \omega^2 \sin(\omega t) + c_1 a_1 \sin(\omega t) - c_1 a_2 \sin(\omega t) = P_0 \sin(\omega t),$$
$$-m_2 a_2 \omega^2 \sin(\omega t) + c_1 a_2 \sin(\omega t) + c_2 a_2 \sin(\omega t) - c_1 a_1 \sin(\omega t) = 0.$$

Nach Division durch $\sin(\omega t)$ wird

$$-m_1 a_1 \omega^2 + c_1 a_1 - c_1 a_2 = P_0,$$
$$-m_2 a_2 \omega^2 + (c_1 + c_2) a_2 - c_1 a_1 = 0,$$
$$a_1(c_1 - m_1 \omega^2) - c_1 a_2 - P_0, \quad (31)$$
$$a_2(c_1 + c_2 - m_2 \omega^2) - c_1 a_1 = 0. \quad (32)$$

Mit

$$m_1 = \frac{c_1}{\nu^2}, \quad m_2 = \frac{c_2}{N^2}$$

wird Gl. (31) zu

$$a_1 = \frac{P_0 + c_1 a_2}{c_1 - m_1 \omega^2} = \frac{\frac{P_0}{c_1} + a_2}{1 - \frac{\omega^2}{\nu^2}}. \quad (33)$$

Durch Einsetzen von Gl. (33) in (32) folgt

$$a_2(c_1 + c_2 - m_2 \omega^2) - c_1 \frac{P_0 + c_1 a_2}{c_1 - m_1 \omega^2} = 0,$$
$$a_2(c_1 - m_1 \omega^2)(c_1 + c_2 - m_2 \omega^2) - c_1 P_0 - c_1^2 a_2 = 0,$$
$$a_2 = \frac{c_1 P_0}{(c_1 - m_1 \omega^2)(c_1 + c_2 - m_2 \omega^2) - c_1^2}.$$

64 2. Berechnungsgrundlagen

Etwas umgestellt und die Ausdrücke für m_1 und m_2 eingeführt, ergibt sich

$$a_2 = \frac{P_0}{c_2\left(1-\frac{\omega^2}{\nu^2}\right)\left(1-\frac{\omega^2}{N^2}\right) - c_1\frac{\omega^2}{\nu^2}}. \tag{34}$$

Durch Einsetzen von Gl. (34) in (33) erhält man:

$$a_1 = \frac{P_0}{c_2\left(1-\frac{\omega^2}{\nu^2}\right)\left(1-\frac{\omega^2}{N^2}\right) - c_1\frac{\omega^2}{\nu^2}}\left[1 + \frac{c_2}{c_1}\left(1-\frac{\omega^2}{N^2}\right)\right]. \tag{35}$$

Mit den Gln. (34) und (35) können die Schwingungsausschläge a_1 und a_2 bestimmt werden. a_1 wird 0 für

$$\frac{\omega}{N} = \sqrt{1 + \frac{c_1}{c_2}}.$$

2.3.4 Berechnung der Temperatur in dynamisch beanspruchten Gummifedern

Die Erwärmung dynamisch beanspruchter Gummifedern infolge der Molekularreibung kann unter bestimmten Bedingungen unzulässig hoch werden. Entweder lösen sich dann die Metallplatten vom Gummi ab, oder der Gummi selbst wird von innen heraus explosionsartig zerstört. Die Erwärmung ist also eine wichtige Einflußgröße in bezug auf die Lebensdauer der Gummifedern.

Nach H. Türk kann man die maximale Übertemperatur in einer gebundenen schubbeanspruchten Gummifeder berechnen mit Hilfe der Beziehung

$$\vartheta_{\max} = \frac{\Phi}{2\lambda_1}\frac{s^2}{4} + \frac{\Phi\frac{s}{2}}{k}. \tag{36}$$

Darin ist

$$\Phi = \frac{d\,\tau^2\,n}{35600\,G} \tag{37}$$

und

$$k = \frac{1}{\frac{\delta}{\lambda_2} + \frac{1}{\alpha}}. \tag{38}$$

Die Größen haben folgende Bedeutungen:

$\vartheta_{\max}$ maximale Übertemperatur in °C,
Φ je Stunde und Raumeinheit erzeugte Wärmemenge in kcal/h cm³,
s Gummischichtdicke in cm,
λ_1 Wärmeleitzahl der Gummiqualität in kcal/m h grd,
k Beiwert aus den Randbedingungen,
d prozentuale Dämpfung in Prozent,
τ Schubspannung in kp/cm²,
n Anzahl der Schwingungen in 1/min,
G Schubmodul in kp/cm²,
δ Dicke der Stahlplatten in cm,
λ_2 Wärmeleitzahl der Stahlplatten in kcal/m h grd,
α Wärmeübergangszahl Stahlplatte/Luft in kcal/m² h grd.

Berechnungsbeispiel. Gegeben ist eine gebundene Scheibengummifeder mit der Gummihöhe $h = 20$ mm, gebunden an 5 mm dicke Stahlplatten. Sie wird mit $n = 750$ min⁻¹ und der Amplitude $a = \pm 0{,}5$ cm belastet. Die Dämpfung der Gummiqualität beträgt 8%, der Gleitmodul ist $G = 5$ kp/cm² entsprechend einer Gummihärte von etwa 42 sh. Die Wärmeleitzahl der

Gummiqualität beträgt $\lambda_1 = 0{,}15$ kcal/m h grd, die der Stahlplatten $\lambda_2 = 45$ kcal/m h grd. Für die Wärmeübergangszahl von der Stahlplattenoberfläche, die mit Luft von 20 °C umströmt sein soll, wird α mit 20 kcal/m² h grd angenommen.

Lösung. Aus Gl. (1) errechnet sich die Schubspannung zu

$$\tau = \frac{P_s}{F} = \frac{f_s G}{s} = \frac{0{,}5 \cdot 5}{2} = 1{,}25 \text{ kp/cm}^2.$$

Nach Gl. (37) erhält Φ den Wert

$$\Phi = \frac{d\,\tau^2 n}{35\,600\,G} = \frac{8 \cdot 1{,}25^2 \cdot 750}{35\,600 \cdot 5} = 0{,}0545 \text{ kcal/h cm}^3.$$

Der Wert k errechnet sich nach Gl. (38) zu

$$k = \frac{1}{\dfrac{\delta}{\lambda_2} + \dfrac{1}{\alpha}} = \frac{1}{\dfrac{0{,}005}{45} + \dfrac{1}{20}} \approx 19{,}98.$$

Nach Gl. (36) erhält man die höchste Übertemperatur

$$\vartheta_{\max} = \underbrace{\frac{\Phi}{2\lambda_1}\frac{s^2}{4}}_{\vartheta_1} + \underbrace{\frac{\Phi\,s}{2k}}_{\vartheta_2},$$

$$\vartheta_{\max} = \frac{54\,500}{2 \cdot 0{,}15}\frac{0{,}02^2}{4} + \frac{54\,500 \cdot 0{,}02}{2 \cdot 19{,}98} \approx 18{,}2\,°\text{C} + 27{,}3\,°\text{C} \approx 45{,}5\,°\text{C}.$$

Die Temperatur in der Mitte der Gummifeder ist also

$$t_{\max} \approx 45{,}5\,°\text{C} + 20\,°\text{C} = 65{,}5\,°\text{C}.$$

Es ergibt sich danach eine recht beachtliche Temperatur im Innern des Gummis. Werden die Stahlplatten nicht von Luft umströmt, wie dies im Beispiel angenommen wurde, sondern mit dem Stahlrahmen der Maschine oder mit dem Betonboden verbunden, dann ergeben sich günstigere Verhältnisse.

Die im Beispiel errechnete Übertemperatur von $\vartheta_{\max} = 45{,}5\,°\text{C}$ setzt sich zusammen aus $\vartheta_1 = 18{,}2\,°\text{C}$ bei der Wärmeleitung durch den Gummi und $\vartheta_2 = 27{,}3\,°\text{C}$ bei der Wärmeleitung durch die Stahlplatten und von dort an die Luft.

2.4 Gummikupplungen

Als Gummikupplungen bezeichnet man diejenigen elastischen Kupplungen, die Gummifedern als Verbindungsglieder besitzen. Man nennt sie auch gummielastische Kupplungen. Hier interessieren nur die Gummifedern innerhalb der Kupplung, nicht aber die metallischen Bauteile, mit denen sie verbunden sind.

2.4.1 Eigenschaften der Gummikupplungen

Man unterscheidet biegeelastische und drehelastische Gummikupplungen. Die Biegeelastizität umfaßt gemäß Abb. 54 drei Teileigenschaften der Gummikupplung:

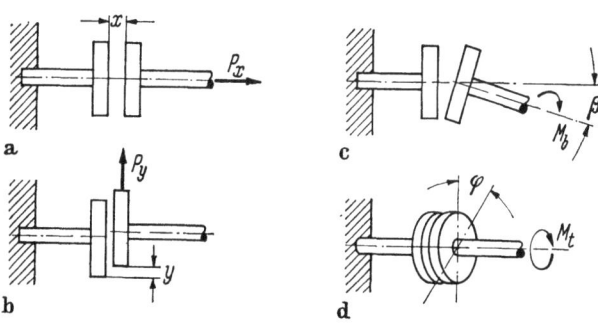

Abb. 54a—d. Verformungsmöglichkeiten einer Gummikupplung.

a) Sie ist axialbeweglich (Abb. 54a). Eine Axialkraft P_x ruft eine elastische Auslenkung x hervor.

b) Sie ist radialbeweglich (Abb. 54b). Eine Radialkraft P_y ruft eine elastische Auslenkung y hervor.

c) Sie ist winkelbeweglich (Abb. 54c). Ein Biegemoment M_b ruft eine elastische Biegung β hervor.

Die Drehelastizität umfaßt zwei Teileigenschaften der Gummikupplung:

a) Sie ist drehelastisch (Abb. 54d). Ein Drehmoment M_t ruft eine elastische Verdrehung φ hervor.

b) Sie wirkt dämpfend. Unter der Dämpfung versteht man den Energieverlust zwischen der Verformungs- und der Rückformungsarbeit. Die Dämpfung hat ihre Ursache in der Reibung, und zwar kann das die Reibung zwischen zwei Körpern sowie die innere Reibung in dem elastischen Körper sein. Die Dämpfungsarbeit wird in beiden Fällen in Wärme verwandelt. Bei Gummifedern liegt eine sog. Stoffdämpfung vor, bei der im Gegensatz zur Reibungsdämpfung keine Kraftsprünge auftreten.

Die Verhältnisse der Drehelastizität und der Dämpfung lassen sich sehr gut im dynamischen Federdiagramm darstellen (Abb. 56).

2.4.2 Kenngrößen bei statischer Beanspruchung

Die statische Biegeelastizität kann durch drei Federkonstanten beschrieben werden: die axiale Steifigkeit

$$c_x = \frac{dP_x}{dx} \quad \left[\frac{\text{kp}}{\text{mm}}\right],$$

die radiale Steifigkeit

$$c_y = \frac{dP_y}{dy} \quad \left[\frac{\text{kp}}{\text{mm}}\right]$$

und die Winkelsteifigkeit

$$c_\beta = \frac{dM_b}{d\beta} \quad \left[\frac{\text{kp}}{\text{Winkelgrad}}\right].$$

Für die statische Drehnachgiebigkeit von Gummifedern ist in der Praxis nur die Drehelastizität maßgebend. Die Angabe der Dämpfung ist bei statischer Belastung nicht üblich, obwohl, wie aus der statischen Drehfederkennlinie ersichtlich, eine Dämpfung auftritt (Abb. 55).

Die statische Drehelastizität wird durch die statische Drehsteifigkeit beschrieben:

$$C_{\text{stat}} = \frac{M}{\varphi} \quad \left[\frac{\text{kp cm}}{\text{rad}}\right].$$

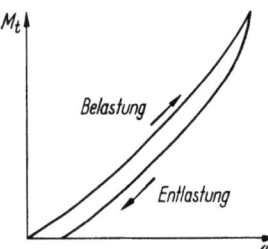

Abb. 55. Statische Kennlinie einer drehbeanspruchten Gummikupplung.

Die statische Drehsteifigkeit ist identisch mit dem Rückstellmoment in den Abschn. 2.2.1.3 und 2.2.1.4. Dort sind Gleichungen abgeleitet, mit deren Hilfe man für bestimmte Konstruktionsformen von Kupplungsgummifedern die Drehfederkennlinien berechnen kann, soweit es sich um lineare Kennlinien handelt. Gummikupplungen mit nichtlinearer Drehfederkennlinie können rechnerisch noch nicht behandelt werden; ihre Kennlinie wird durch den Versuch ermittelt.

Da aus der Drehsteifigkeit C_{stat} nicht zu erkennen ist, ob es sich um eine Kupplung für großes Drehmoment und großen Drehwinkel oder für kleines Drehmoment und kleinen Drehwinkel handelt, bezieht man die Drehsteifigkeit auf das Nenndrehmoment M_0, für das das Element gebaut ist; man erhält dann die bezogene Drehsteifigkeit = bezogene Federsteife zu

$$f_\text{stat} = \frac{C_\text{stat}}{M_0} \quad \left[\frac{1}{\text{rad}}\right].$$

2.4.3 Kenngrößen bei dynamischer Beanspruchung

Zur Charakterisierung der biegeelastischen Eigenschaften genügen im allgemeinen die statischen Kenngrößen, da sich hieraus die Lagerbelastungen mit genügender Genauigkeit berechnen lassen.

Die hauptsächlich für das Betriebsverhalten der Kupplung maßgebenden drehelastischen Eigenschaften sind von den dynamischen Verhältnissen abhängig.

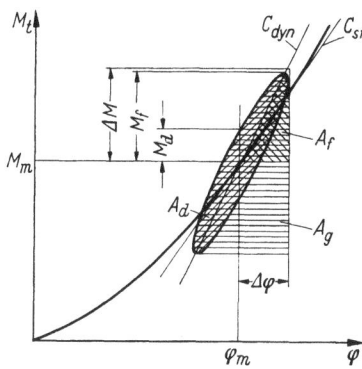

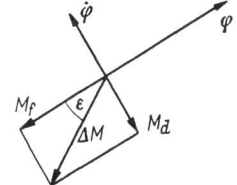

Abb. 57. Zeigerdiagramm zur Ermittlung von $\tan\varepsilon$.

← Abb. 56. Dynamische Kennlinie einer drehbeanspruchten Gummikupplung. M_m mittleres Drehmoment, ΔM pulsierendes Drehmoment, M_f federndes Drehmoment, M_d dämpfendes Drehmoment, φ_m mittlere Verdrehung, $\Delta\varphi$ Verdrehung unter ΔM.

Zu einer einwandfreien Beschreibung des Verhaltens ist es daher erforderlich, die dynamischen Kenngrößen anzugeben (Abb. 56).

Für die dynamische Drehelastizität sind die gleichen Kenngrößen wie für die statische Belastung definiert. Es ist die dynamische Drehsteifigkeit

$$C_\text{dyn} = \frac{M_f}{\Delta\varphi} \quad \left[\frac{\text{kp cm}}{\text{rad}}\right],$$

die bezogene dynamische Drehsteifigkeit

$$f_\text{dyn} = \frac{C_\text{dyn}}{M_0} \quad \left[\frac{1}{\text{rad}}\right].$$

Bei der Angabe der Dämpfung findet eine ganze Reihe von Kenngrößen Anwendung, die unter mehr oder weniger großen Schwierigkeiten ineinander umgerechnet werden können. Die universalste Kenngröße ist der Dämpfungsfaktor

$$\varrho = \frac{M_d}{\dot\varphi} \quad \left[\frac{\text{kp cm}}{\text{rad/s}}\right].$$

Aus ihm leitet sich analog zur Drehsteifigkeit die bezogene Dämpfung

$$d_0 = \frac{M_d}{\Delta\varphi\, M_0} \quad \left[\frac{1}{\text{rad}}\right]$$

ab. Weiterhin ist $\tan\varepsilon$ als Dämpfungsmaß definiert. ε ist der Phasenwinkel zwischen der Krafteinwirkung und der Verformung der Feder. Zur Veranschaulichung eignet sich ein Zeigerdiagramm, das die drehnachgiebigen Verhältnisse darstellt. Gemäß Abb. 57 erhält man

$$\tan\varepsilon = \frac{M_d}{M_f} = \frac{d_0}{f_\text{dyn}}.$$

Eine weitere Kennzeichnung der Dämpfung ist das logarithmische Dekrement ϑ. Hierbei werden zwei in der Schwingungszeit T aufeinanderfolgende Ausschläge φ_n und φ_{n+1} eines freien Feder-Masse-Systems in Beziehung gebracht. Es ist

$$\vartheta = \ln \frac{\varphi_n}{\varphi_{n+1}}.$$

Ebenfalls als Kenngröße bietet sich der Resonanzfaktor $V_{\max}$ an. Er stellt die Resonanzüberhöhung eines fremderregten Feder-Masse-Systems dar, die bekanntlich im ungedämpften System gleich ∞ wird. Es ist (Index e für Erregung)

$$V_{\max} = \frac{\varphi_{\max}}{\varphi_e} = \frac{\Delta M_{\max}}{\Delta M_e}.$$

Ein praktisches Dämpfungsmaß, das sich aus der dynamischen Kennlinie gut ableiten läßt, ist die prozentuale Dämpfung d und die verhältnismäßige Dämpfung ψ. Bei beiden Kenngrößen werden Energieverhältnisse gebildet, und zwar wird bei der prozentualen Dämpfung die durch die Dämpfung vernichtete Energie auf die Energiedifferenz zwischen den beiden Federumkehrpunkten bezogen:

$$d = \frac{A_d}{A_g} \cdot 100 \quad [\%].$$

Bei der verhältnismäßigen Dämpfung wird die vernichtete Dämpfungsenergie eines Federzyklus ins Verhältnis gesetzt zu der in der Endlage aufgespeicherten Schwingungsenergie einer verlustlosen Feder gleicher Federkonstante:

$$\psi = \frac{A_d}{A_f}.$$

Die Energieverhältnisse sind leicht aus den meßbaren Flächen der dynamischen Kennlinie zu ermitteln.

In der Praxis wird die Dämpfung hauptsächlich als verhältnismäßige Dämpfung angegeben, da diese Kennzeichnung sehr anschaulich ist. Eine Umrechnung in die anderen Dämpfungsmaße ist möglich, wenn bestimmte Voraussetzungen erfüllt sind. Diese Voraussetzungen sind: a) Die Dämpfungsschleife muß durch eine Ellipse darstellbar sein. b) Die Resonanzfrequenz des gedämpften und des ungedämpften Systems darf sich nur unwesentlich voneinander unterscheiden.

Die Voraussetzung a) ist für Gummifedern wegen der hier auftretenden Stoffdämpfung sehr gut erfüllt. Auch die Voraussetzung b) ist in den meisten praktischen Fällen mit hinreichender Genauigkeit gewährleistet, d. h. die auftretenden Dämpfungen lassen die Näherung

$$\tan \varepsilon = \sin \varepsilon = \varepsilon$$

zu. Für die Gummifedern gilt also in guter Näherung

$$\psi = 2\pi \tan \varepsilon = 2\vartheta = \frac{2\pi}{V_{\max}} = \frac{8d}{2-d}.$$

Daraus ergibt sich auch der einfache Zusammenhang zwischen der Resonanzüberhöhung und $\tan \varepsilon$:

$$V_{\max} = \frac{1}{\tan \varepsilon}.$$

2.4.4 Abhängigkeiten der statischen und dynamischen Drehsteifigkeit

Aus der Federkennlinie (Abb. 56) kann man leicht entnehmen, daß die statische und die dynamische Drehsteifigkeit sowie die Dämpfung von der mittleren Belastung abhängen. Diese Abhängigkeit ist durch die verwendete Gummiart, die Belastungs-

2.4 Gummikupplungen

art und die Konstruktionsform gegeben. Wegen des unterschiedlichen Elastizitätsmoduls für verschiedene Beanspruchungsarten lassen sich sehr unterschiedliche Federkonstanten erzielen. Für starre Federn wählt man Druck-, für weniger starre Zug- und für hochelastische Schubbeanspruchung. Die Zugspannung wird wegen der dabei auftretenden ungünstigen Verhältnisse selten gewählt. Die Abhängigkeit der Elastizitätsmodulen von der Art des elastischen Stoffes wird bei der Konstruktion weitgehend ausgenutzt. Neben Naturkautschuk verwendet man synthetischen Gummi und andere Elastomere, die zur Veränderung der Eigenschaften und zur

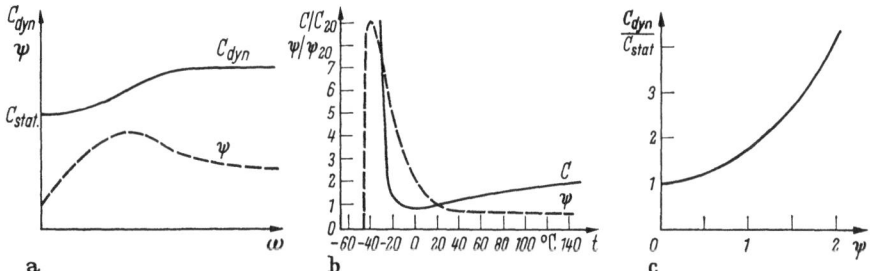

Abb. 58 a—c. Abhängigkeiten der statischen und dynamischen Drehsteifigkeit.

Erhöhung der Festigkeit teilweise noch mit verschiedenen Stoffeinlagen versehen sind. Das Verhalten dieser verschiedenen Materialien muß den Herstellerangaben entnommen oder selbst ermittelt werden.

Der Einfluß der konstruktiven Form ist sehr wesentlich. Hier kann der Hersteller durch entsprechende Gestaltung bestimmte Eigenarten der Federkennlinie erzielen (progressiv, linear, degressiv).

Auch die Größe der Dämpfung ist stark von der Art des Stoffes und dessen Einlagen abhängig. Doch läßt sich hier genauso das Verhalten durch die Konstruktionsform mitbestimmen, da die Dämpfung wesentlich mit dem wirksamen Volumen zunimmt.

Die dynamische Drehsteifigkeit und die Dämpfung sind weiterhin frequenz- und temperaturabhängig. Während für die Frequenzabhängigkeit nur der grundsätzliche Verlauf bekannt ist (Abb. 58a), existieren für die Temperaturabhängigkeit genaue Meßwerte für verschiedene Gummisorten (Abb. 58b). In dem für die Praxis normalerweise interessierenden Betriebsbereich sind die Abhängigkeiten in beiden Fällen jedoch so gering, daß die dynamische Drehsteifigkeit und die Dämpfung hier als konstant angesehen werden. Das Verhältnis der dynamischen zur statischen Drehsteifigkeit ist nicht nur von der Frequenz, sondern auch von der Dämpfung abhängig. Für den Verlauf dieser Funktion stehen bereits recht gute Unterlagen zur Verfügung (Abb. 58c).

2.4.5 Verhalten der Gummikupplung im Zweimassensystem

Verbindet man zwei Maschinen durch eine gummielastische Kupplung, so entsteht, stark vereinfacht, das in Abb. 59 gezeigte Schwingungssystem als Zweimassensystem. Die angegebenen Drehmomente ΔM_A und ΔM_K sind reine Beschleunigungsmomente, d. h., sie dienen nur der Beschleunigung der Drehmassen und werden nicht als Leistung von den Wellen abgenommen.

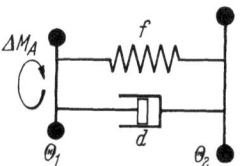

Abb. 59.
Schematische Darstellung einer Gummikupplung im Zweimassensystem. Θ_1 Drehmasse 1, Θ_2 Drehmasse 2, f Federelement, d Dämpfungselement, ΔM_A Differenzdrehmoment, angreifend an Θ_1, ΔM_K Kupplungsmoment zwischen Θ_1 und Θ_2.

2. Berechnungsgrundlagen

Für eine drehstarre Kupplung entsteht auf Grund des Beschleunigungsmoments ein Kupplungsmoment

$$\Delta M_K = \Delta M_A \frac{\Theta_2}{\Theta_1 + \Theta_2}.$$

Bei der elastischen Kupplung ergibt sich das Kupplungsmoment zu

$$\Delta M_K = \Delta M_A \frac{\Theta_2}{\Theta_1 + \Theta_2} V.$$

Der neu hinzugekommene Faktor V heißt Resonanzfaktor. Er ist frequenzabhängig und stellt das Amplitudenverhältnis einer fremderregten Schwingung dar. Mit ω als Kreisfrequenz des anregenden Moments ist

$$V = \sqrt{\frac{d_0^2 + f_{\text{dyn}}^2}{d_0^2 + \left(f_{\text{dyn}} - \frac{\omega^2 \Theta_1 \Theta_2}{M_0(\Theta_1 + \Theta_2)}\right)^2}}.$$

Die Resonanzfrequenz ω_0 des ungedämpften Systems beträgt

$$\omega_0 = \sqrt{\frac{C_{\text{dyn}}(\Theta_1 + \Theta_2)}{\Theta_1 \Theta_2}}.$$

Der Verlauf von V in Abhängigkeit von der Frequenz bei konstantem f_{dyn} und damit auch konstantem C_{dyn} für verschiedene Werte von d_0 ist durch die Resonanzkurven in Abb. 60a gegeben.

Bemerkenswert ist die Tatsache, daß sich die Resonanzkurven bei $\omega = \omega_0 \sqrt{2}$ im Punkt $V = 1$ schneiden. Diese Eigenart ist damit zu erklären, daß der für das Kupplungsmoment maßgebende Verdrehwinkel gleich dem Differenzwinkel zwischen den beiden Drehmassen ist.

Interessante Verhältnisse für V entstehen bei nichtlinearen Federkennlinien, d. h. wenn die Drehsteifigkeit von dem Ausschlag abhängig ist.

Bei diesen nichtlinearen Federn ergibt sich neben den oben dargestellten speziellen Resonanzkurven auch eine von dem Ausschlag abhängige Eigenresonanz (Abb. 60b u. c). Die Dämpfungsverhältnisse der progressiven Feder gemäß Abb. 60b

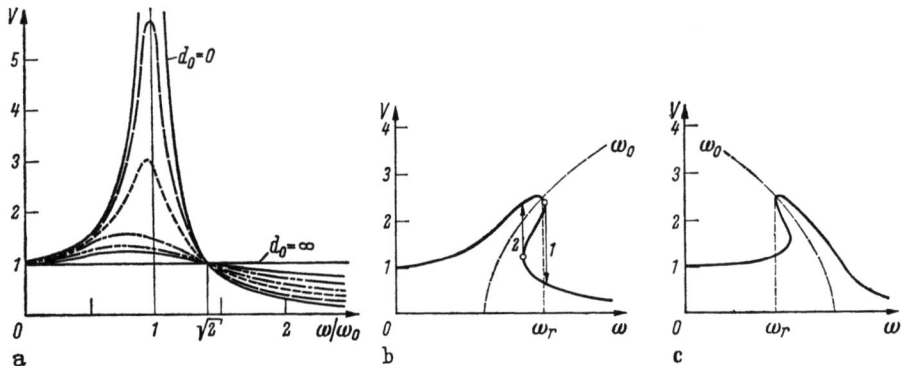

Abb. 60. Resonanzkurven von gummielastischen Kupplungen. a) normale Resonanzkurven; b) Resonanzkurve bei progressiver Federkennlinie; c) Resonanzkurve bei degressiver Federkennlinie.

liegen sehr günstig, da beim Hochfahren der Maschine über die Resonanzfrequenz ω_r die Schwingung sofort abreißt und beim Zurückfahren der maximale Resonanzfaktor durch den 2. Sprung überhaupt nicht erreicht wird (s. Abschn. 2.3.1.9).

2.4 Gummikupplungen

Die bisher dargestellten Verhältnisse beziehen sich alle auf das Zweimassensystem. Vielfach dient die Kupplung jedoch in der Praxis zur Verbindung von Mehrmassensystemen. In diesen Fällen treten mehrere Resonanzstellen auf, die zu berücksichtigen sind.

Der Fall des Dreimassensystems sei hier als Beispiel herausgegriffen. In diesem System (Abb. 61) wirkt sich die Welle als zweites Federelement mit hoher Federkonstante aus. Neben der Schwingung I. Grades, bei der sich die Motormasse gegen die Masse des Schwungrades und des Generators bewegt, tritt hier noch eine Schwingung II. Grades auf, bei der die Masse des Motors zusammen mit dem Generator gegen das Schwungrad schwingt. In solchen Fällen sind die Schwingungsuntersuchungen für alle Resonanzstellen durchzuführen.

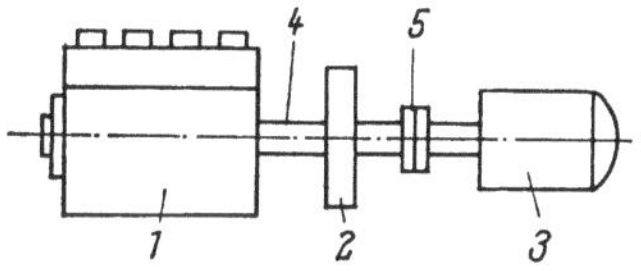

Abb. 61. Beispiel eines Dreimassensystems mit den Massen Motor *1*, Schwungrad *2* und Generator *3* sowie den Federelementen Welle *4* und Kupplung *5*.

2.4.6 Berechnung der Kupplungsgröße

Die für einen Betriebsfall erforderliche Kupplungsgröße hängt von dem übertragenen Moment ab. Da die Größe dieses Drehmoments im Betrieb stark schwankt, führt man zur Ermittlung des maximalen Kupplungsmoments einen Stoßfaktor S

Tabelle 6. *Stoßfaktoren S_1 und S_2 zur Berechnung der Größe von Gummikupplungen*

Kraftmaschinen	S_1
Elektromotoren, Ölmotoren, Dampfturbinen	0,5
Wasserturbinen, Gasmaschinen, Dampfmaschinen	1,0
Verbrennungskraftmaschinen (Diesel-, Otto- und Zweitaktmotoren)	
6 Zylinder und mehr	0,5
4 Zylinder	0,6
3 Zylinder	0,8
2 Zylinder	1,0
1 Zylinder	1,5

Arbeitsmaschinen	S_2
Kleines Anfahrmoment, geringe Drehmomentschwankungen Förderbänder, Kreiselpumpen, Lichtgeneratoren, Textilmaschinen leicht, Ventilatoren klein	1,0
Mittleres Anfahrmoment, mittlere Drehmomentschwankungen Becherwerke, Gebläse, Generatoren, Holzbearbeitungsmaschinen, Kettenbahnen, Transmissionen, Textilmaschinen schwer, Turboverdichter, Werkzeugmaschinen klein mit drehender Hauptbewegung	1,5
Großes Anfahrmoment, große Drehmomentschwankungen Aufzüge, Blechbiegemaschinen, Drehöfen, Hebezeuge, Reißwölfe, Rührwerke, Sandstrahlgebläse, Scheren, Schiffsantriebe, Schleifmaschinen, Spinnmaschinen, Stanzen, Trockentrommeln, Ventilatoren groß, Waschmaschinen, Webstühle, Werkzeugmaschinen schwer mit drehender Hauptbewegung, Werkzeugmaschinen klein mit Bewegungsumkehr, Winden, Ziegelstrangpressen, Ziehbänke	2,0
Sehr großes Anfahrmoment, starke Drehmomentschwankungen Baggerantriebe, Bohranlagen, Brikettpressen, Druckmaschinen, Fallhämmer, Gummiwalzwerke, Grubenlüfter, Hartzerkleinerungsmaschinen, Hämmer, Hobelmaschinen, Kalander, Knetmaschinen, Kolbenmaschinen, Krane, Kugelmühlen, Mischmaschinen, Personenaufzüge, Pressen, Putztrommeln, Rohrmühlen, Rüttelmaschinen, Schlagmühlen, Schweißgeneratoren, Steinbrecher, Walzwerke klein, Werkzeugmaschinen schwer mit Bewegungsumkehr, Zementmühlen	2,5
Sehr großes Anfahrmoment, sehr starke Drehmomentschwankungen Gatter, Holzschleifer, Kollergänge, Mähdrescher, Naßpressen, Rollgänge, Stoßgeneratoren, Walzwerke groß, Zentrifugen	3,0

ein, der von den Betriebsbedingungen abhängt. Dieser Faktor berücksichtigt die Eigenarten der Kraftmaschine (Stoßfaktor S_1) und der Arbeitsmaschine (Stoßfaktor S_2, s. Tab. 6). Es ist

$$S = S_1 + S_2.$$

Das Kupplungsmoment M_K ergibt sich dann aus dem Antriebsmoment M_A und dem Stoßfaktor zu

$$M_K = M_A(S_1 + S_2) \quad [\text{kpm}].$$

Als M_A wird das maximal auftretende Antriebsmoment eingesetzt, also beispielsweise für einen Asynchronmotor das Kippmoment.

In der Praxis findet man häufig auch statt der Angabe des Drehmoments in kpm die Größe N/n mit der Dimension PS/(U/min). Die beiden Werte hängen jedoch durch einfache Umrechnungsfaktoren miteinander zusammen:

$$\left[\frac{\text{PS}}{\text{U/min}}\right] = 716{,}2 \quad [\text{kpm}].$$

Bei drehschwingungsgefährdeten Antrieben ist eine Nachrechnung des Kupplungsmoments nach der Schwingungsformel empfehlenswert. Ist dieses Moment wesentlich größer als das aus dem Antriebsmoment errechnete, so muß die Kupplung entsprechend größer dimensioniert werden. Für diesen Fall gilt dann

$$M_K = M_A(S_1 + S_2) + \Delta M_K.$$

2.4.7 Auswahl der Kupplungsart

Für die Auswahl der Kupplungsart sind in den meisten Fällen die biegeelastischen und die drehnachgiebigen Eigenschaften maßgebend.

Für Kupplungen, die große Axialversetzungen und Fluchtungsfehler auszugleichen haben, wird man in der Regel, um die Lagerbelastung klein zu halten, solche Kupplungstypen verwenden, die kleine axiale, radiale und winkelige Steifigkeiten besitzen.

Steht bei der Kupplungsauswahl die Milderung von Drehstößen im Vordergrund, so wählt man eine Kupplung, die ein großes Arbeitsaufnahmevermögen besitzt und auf diese Weise imstande ist, Stoßenergien kurzzeitig aufzunehmen.

Die Verringerung der Drehschwingungsneigung eines Systems kann durch zwei Eigenschaften der Kupplung verringert werden. Erstens kann man durch entsprechend starke Dämpfung die Amplitude gering halten. Als zweite Möglichkeit bietet sich die Schwingungsverlagerung an. Hierbei sorgt man durch eine Kupplung kleiner Drehsteifigkeit dafür, daß die Resonanzfrequenz nach unten aus dem Betriebsbereich verschoben wird. Durch den natürlichen Amplitudenabfall jenseits der Resonanz kann man praktisch sogar mit einer ungedämpften Feder kleinere Amplituden und damit auch kleinere Beanspruchungen als mit einer gedämpften Feder erhalten. Da man aber meistens zur Erreichung der Betriebsfrequenz und beim Abschalten die Resonanz durchfahren muß, kann man doch nicht auf die Dämpfung verzichten, es sei denn man verwendet eine schaltbare Kupplung.

3. Konstruktionsgrundlagen

Es gibt eine Reihe von Gummifedern, deren Konstruktionsformen sich im Laufe der Entwicklung als grundlegend bedeutsam erwiesen haben. Sie sind seit langem erprobt, haben sich bewährt und sind sowohl als Standardformen als auch als Sonderkonstruktionen typisch geworden. Viele dieser Gummifedern können nach den in diesem Buch angegebenen Unterlagen berechnet werden. Außerdem stellen die einschlägigen Gummiwerke Tabellen, Schaubilder oder Nomogramme zur Verfügung. Kompliziertere Konstruktionsformen erhalten ihre endgültige Form erst nach sorgfältiger Ausarbeitung und praktischer Erprobung in Zusammenarbeit zwischen Hersteller und Verbraucher. Im Abschn. 3.1 wird eine Auswahl typischer Gummifedern gezeigt, ihre Konstruktionsmerkmale und ihre Einbaumöglichkeiten werden erläutert.

3.1 Konstruktionsformen

3.1.1 Die Rundgummifeder

Die Rundgummifeder ist die älteste Form der gebundenen Gummifedern. Konstruktiv ist sie durch den Durchmesser und die Höhe gekennzeichnet. In der Praxis begegnet man den Bezeichnungen Megipuffer, Elasto-Rundelement, Metalastik-Rundlager, Elastal-Puffer, Schwingmetall-Puffer und Gimetall-Lager. Ihr Anwendungsbereich ist sehr groß. Es gibt Herstellerfirmen, die die Rundgummifeder in über 100 verschiedenen Abmessungen und in je 5 verschiedenen Gummiqualitäten für Belastungsbereiche bis zu 10 Mp pro Gummifeder herstellen.

Bei der Herstellung der Rundgummifedern werden die metallischen Anschlußteile mit eingeformt (s. Abschn. 1.4.4). Abb. 62 zeigt eine Auswahl von Formen und

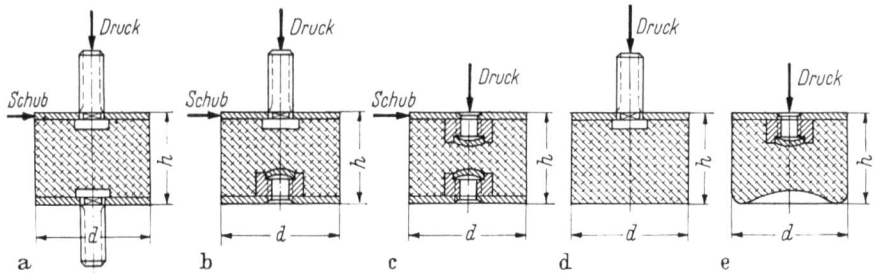

Abb. 62a—e. Rundgummifedern.

Anschlußgewindestücken. Die Rundgummifedern nach Abb. 62a bis c sind an den beiden Stirnflächen an Metallscheiben festhaftend gebunden, die Federn nach Abb. 62d und e nur an einer Stirnfläche. Die Feder nach Abb. 62e ist unten kalottenförmig ausgespart. Dadurch entsteht bei Druckbelastung eine Saugwirkung. Bei den angegebenen Gewinden handelt es sich um metrisches ISO-Gewinde nach DIN 13.

3. Konstruktionsgrundlagen

3.1.2 Die Flachgummifeder

Bei der Flachgummifeder ist sowohl die belastete Fläche als auch der Gummiquerschnitt ein Rechteck. Es sind, genau wie bei der Rundgummifeder, reine Druckbeanspruchung oder reine Schubbeanspruchung oder beide in Kombination möglich. Um bei Schubbeanspruchung Zugspannungen möglichst zu vermeiden, verwendet man oft 2 Flachgummifedern, die in Druckrichtung vorgespannt sind. Zweckmäßig verringert man die Gummischicht durch die Druckkraft um 5 bis 10%. Es ist dadurch möglich, die Schubbelastung 3 mal so hoch zu wählen wie bei einer Flachgummifeder ohne Vorspannung.

Flachgummifedern von größerer Länge werden Gummischienen genannt. Sie sind in Längen bis zu 2000 mm erhältlich und besonders geeignet für die Schwingungs-

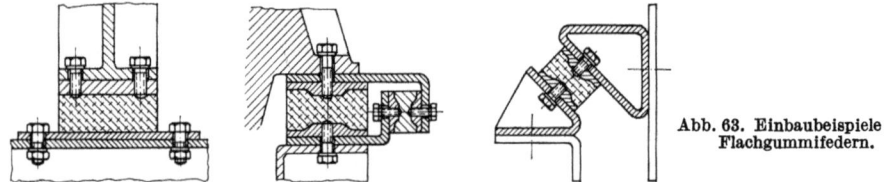

Abb. 63. Einbaubeispiele für Flachgummifedern.

isolierung von schweren Maschinen. Gummischienen werden in Lagerlängen geliefert, können aber auch auf jede gewünschte Länge zugeschnitten werden. Die Metallteile sind so dick, daß nachträglich Gewinde zum Zwecke der Befestigung eingeschnitten werden kann.

In Abb. 63 sind Einbaubeispiele von Gummischienen wiedergegeben.

3.1.3 Die Keilgummifeder

Werden Flachgummifedern symmetrisch und keilförmig aufgebaut, so ergibt sich im Gummi unter der Einwirkung der Last gleichzeitig eine Zusammendrückung und eine Schubverformung. Mit Bezug auf die Festigkeit ist diese zusammengesetzte Druck-Schub-Spannung im Gummi besonders vorteilhaft, weil zusätzliche Biegespannungen, die bei reiner Schubbelastung unvermeidbar sind, durch die Überlagerung der Druckspannungen vermindert werden. Biegespannungen können sogar völlig vermieden werden, wenn der Gummikörper die Form eines Parallelogramms erhält, dessen Mittellinie in Richtung der Druck-Schub-Resultierenden verläuft. Es tritt dann an jeder Stelle die gleiche Druck- und Schubspannung auf.

Keilgummifedern sind für den Konstrukteur besonders interessant, weil sie in drei Richtungen federn und gleichzeitig in Richtung ihrer drei Hauptachsen sehr unterschiedliche Federkonstanten aufweisen. Ein praktisches Beispiel ist das sog.

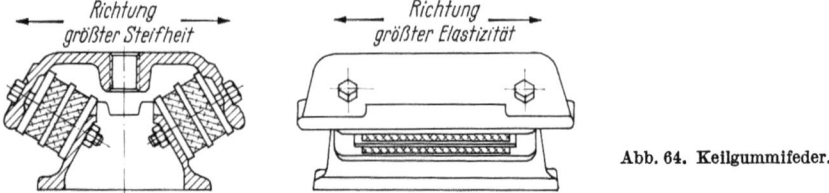

Abb. 64. Keilgummifeder.

Cushyfoot-Lager nach Abb. 64. Es ist eine Keilgummifeder, die konstruktiv besonders sorgfältig aufgebaut ist. Der Gummi ist gegen mechanische Beschädigungen und gegen Ölangriff geschützt. Die Befestigung der Feder ist sowohl an der Maschine wie am Fußboden in einfacher Weise möglich.

3.1.4 Die keilförmige Kastengummifeder

Zur Schwingungsisolierung von Motoren eignet sich die keilförmige Kastengummifeder gemäß Abb. 65 besonders gut. Sie besitzt eine angenähert rechteckige Form im Horizontalschnitt und eine keilförmige Gummianordnung im Vertikalschnitt. Die Federeigenschaften in den 3 Raumachsen sind in passender Weise aufeinander abgestimmt. Beim Anfahren und Bremsen werden Kardanschub und Massenkräfte sicher aufgenommen. Außerdem wird im gesamten Drehzahlbereich ein einwandfrei überkritischer Lauf erzielt durch die besondere Weichheit der Feder in Richtung der freien Massenkräfte. Der tragförmige Kasten ist ein Tiefziehteil aus Stahlblech. Es gibt größte Steifigkeit bei geringstem Gewicht. Der ausgezogene Flansch erlaubt einfache Befestigung auf horizontaler Fläche. Das Innenteil ist ein Druckgußteil aus Leichtmetall mit

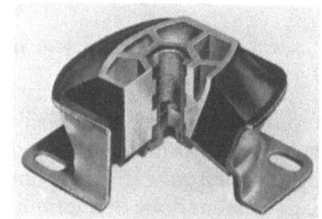

Abb. 65. Viertelschnitt durch eine keilförmige Kastengummifeder.

eingegossener Stahlbuchse. Der eingebaute Rückanschlag verhindert übermäßige Bewegungen des Motors bei großen Drehmomenten und beim Durchfahren des Resonanzgebietes beim An- und Auslaufen des Motors. Die keilförmige Kastengummifeder gehört zur Gruppe der gebundenen Gummifedern.

3.1.5 Die ringförmige Scheibengummifeder

Abb. 66 zeigt die ringförmige Scheibengummifeder als Gummikupplung. Der Gummi ist an die beiden Stahlscheiben anvulkanisiert, die ihrerseits mit den beiden Kupplungshälften verschraubt sind. Der Gummiring ist nach außen konisch geformt, damit sich die Spannungen im Gummi gleichmäßig über den ganzen Querschnitt verteilen. Bei dieser Anwendung wird der Gummi vorwiegend auf Torsion beansprucht.

Die bevorzugt auf Druck beanspruchte, ringförmige Scheibengummifeder ist in Abb. 67 an einem Einbaubeispiel dargestellt. Auf der einen Stirnseite einer Einzelfeder ist eine ringförmige, mit einer konzentrischen Sicke versehene Platte

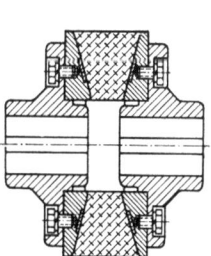 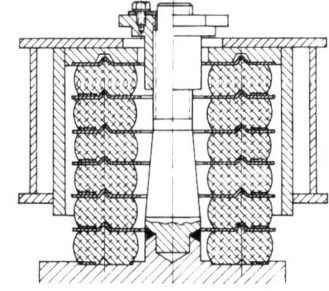

Abb. 66. Konische Ringscheibengummifeder.   Abb. 67. Parallel angeordnete Ringscheibengummifedern.

anvulkanisiert. Die andere Stirnseite trägt einen schmalen, nur die äußere Randfläche bedeckenden Stahlblechring. Die Ringsicke des Blechteils dient zur Zentrierung beim Zusammenbau mehrerer Scheiben. Sie greift in die entsprechend ausgebildete Nut im Gummi der Nachbarscheibe ein. Durch Hintereinanderschalten von mehreren Scheiben können große Federwege realisiert werden. Abb. 67 zeigt eine Batteriefeder an einem MAN-Schnellzugwagen-Drehgestell. Die Scheiben werden so eingebaut, daß sie im unbelasteten Zustand eine Druckvorspannung erhalten.

Die schubbeanspruchte ringförmige Scheibengummifeder ist eine recht wichtige Konstruktionsform. Bewährt hat sie sich u. a. zur Abfederung von Schienenrädern bei Straßenbahnwagen. Neben der weichen Federung ergibt sich hier gerade eine hervorragende Körperschallisolierung des Wagenkastens gegen die beim Abrollen der Räder auf den Schienen entstehenden Geräusche (s. Abschn. 4.3.2).

3.1.6 Die zylindrische Hülsengummifeder

Die *gebundene zylindrische Hülsengummifeder* läßt axiale, radiale, kardanische und drehende elastische Verformungen zu. Sie wird deshalb in vielfältiger Art angewendet, am meisten jedoch in der Form von elastischen Gelenken. Man findet die Bezeichnungen Ultrabuchsen und Megi-Hochleistungsbuchsen, Schwingmetall-Ringelement und Schwingmetall-Torsionsbuchse. Gummielastische Gelenke arbeiten wartungsfrei, geräuschlos und geräuschisolierend. Es werden Verdrehwinkel bis $\pm 15°$ im Dauerbetrieb ertragen.

Die Metallteile, also die Innen- und Außenhülse werden bei der gebundenen Hülsengummifeder aus nahtlos gezogenem Präzisionsstahlrohr mit besonderer Maßgenauigkeit nach DIN 2391 hergestellt. Die Innenhülse hat die Passung H 9. Die Toleranzen für die Außenrohre entsprechen den Bedingungen nach DIN 2391. Da die Wanddicke der Außenhülse relativ gering ist, wird das Einpressen in die Bohrungen der Gegenlager auch bei relativ großer Toleranz erleichtert. Die Toleranzen der Gegenlager müssen so gewählt werden, daß das obere Abmaß des Gegenlagers mit der für Haftsitz erforderlichen Überdeckung unter dem unteren Abmaß der Hülse liegt. Sofern für die Außenhülse eine besondere Passung, z. B. s 6, verlangt wird, kann diese durch einen zusätzlichen Arbeitsgang nach der Vulkanisation erreicht werden. Der Gummi wird nach der Vulkanisation durch ein erprobtes Spezialverfahren auf Druck vorgespannt, wodurch die schädlichen Schrumpfspannungen im Gummi beseitigt werden.

Mitunter muß der Konstrukteur Gummifedern für große Federwege konstruieren. Das ist dann der Fall, wenn ein Schwingungssystem mit tiefer Eigenfrequenz entstehen soll. Man kann aus Abb. 42 leicht ablesen, wie groß die Einfederung, also der Federweg sein muß, wenn man eine bestimmte Eigenfrequenz wünscht oder benötigt.

Bei schubbeanspruchten Federn kommt man häufig dadurch zum Ziel, daß Zwischenhülsen gemäß Abb. 68 eingeschaltet werden. Die Gummifeder trägt hier außerdem eine Schirmkappe. Sie schaltet bei Belastung eine Stufe nach der anderen aus, wodurch Überbeanspruchungen des Gummis vermieden werden.

Eine Hülsengummifeder von besonderer Art ist die *Silentbloc-Gummifeder*. Sie wird in der Praxis als Silentbloc-Gummilager bezeichnet. Im Rahmen der in diesem Buch eingeführten Terminologie zählt sie zu den gefügten Gummifedern bezüglich ihrer Herstellung und zu den zylindrischen Hülsengummifedern bezüglich der Konstruktionsform. Hinsichtlich ihrer Eigenschaften, Berechnung und Anwendung nimmt sie eine Sonderstellung ein.

Der Silentbloc besteht in seiner Normalform aus zwei konzentrischen Metallhülsen a, zwischen die eine Hohlgummifeder b eingepreßt ist. Die Hohlgummifeder hat vor dem Einpressen nur etwa die halbe Länge, dafür aber ungefähr die doppelte radiale Dicke vom fertigen Silentbloc. Zwischen dem Gummi und den Metallhülsen entstehen Drücke bis zu 40 kp/cm² und infolge des Reibungskoeffizienten von etwa 0,7 entstehen Haftfestigkeitswerte bis zu 30 kp/cm². Ein Silentbloc kann dadurch bis $\pm 30°$ elastisch gedreht werden, ohne daß die Haftfestigkeit überschritten wird. Die Metalloberflächen, die mit dem Gummi in Berührung kommen, werden in besonderer Weise behandelt, außerdem wird ein Schmiermittel benutzt, welches gestattet, daß man die Hohlgummifeder relativ leicht zwischen die beiden Hülsen einpressen kann.

Im Vergleich zu den gebundenen Hülsengummifedern sind beim Silentbloc die Herstellkosten niedriger, weil die Kosten für das Aufbringen von Bindemitteln entfallen. Die einzupressenden Hohlgummifedern werden in normalen Mehrfach-Formwerkzeugen geformt und vulkanisiert und sie können sich, nachdem sie dem Formwerkzeug entnommen sind, ungehindert verformen. Es entstehen dadurch keine schädlichen Schrumpfspannungen. Vorteilhaft ist die durch das Einpressen entstehende große Druckvorspannung. Sie bewirkt eine große Haltbarkeit des

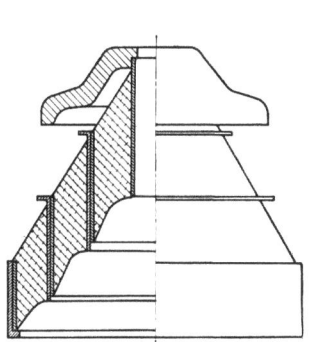

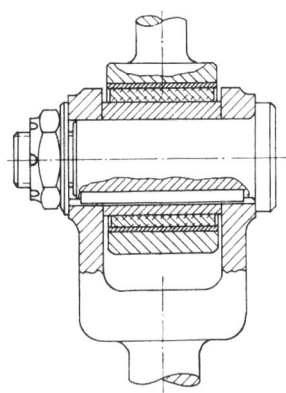

Abb. 68. Dreistufige zylindrische Hülsengummifeder.　　Abb. 69. Silentbloc-Gummifeder.

Gummis bei schwingender Dauerbeanspruchung. Bei übermäßig großen Drehverformungen wird der Gummi nicht zerstört. Wird die Grenze der Haftfestigkeit einmal überschritten, so gleitet der Gummi auf der Metallinnenhülse ohne nachteilige Folgen.

Der Silentbloc wird nützlich als elastisches Drehgelenk verwendet (Abb. 69), wo also elastische Drehverformungen um die Nullage herum auftreten (reine Wechselverformungen). Dies ist beispielsweise bei Schwingsiebmaschinen, Dreieckslenkern von Fahrzeugen, Achslenkern von Lokomotiven usw. der Fall. In diesen Fällen bewirkt der allseitig radial hoch vorgespannte Gummi im Silentbloc, daß die ihm zugeordneten Maschinenbauteile recht genau geführt werden.

Die Silentbloc-Gummifeder kann wegen der hohen Druckvorspannung mit den im Abschn. 2 angegebenen Formeln nicht berechnet werden. Das Herstellerwerk hält Tabellen und Berechnungsformeln bereit, in denen für die vier wichtigen Verformungsmöglichkeiten (radial, axial, drehend und kardanisch) Erfahrungswerte niedergelegt sind, die nicht nur die mechanischen Belastungen, sondern auch die Schwingungsfrequenz und die beim Schwingen auftretende Temperatur berücksichtigen.

Außer der gezeigten Normalform gibt es mehrere Sonderformen für bestimmte Zwecke.

Bei der sog. *Verbundgummifeder* handelt es sich um eine Gummifeder, in die gemäß Abb. 70 eine zylindrische Schraubenfeder aus Stahl eingebettet ist. Durch Zusammenpressen in axialer Richtung erhält die Gummifeder infolge der eingebetteten Stahlfeder über die ganze Länge einen gleichmäßig radialen Druck. Dadurch wird die zur Kraftübertragung notwendige sichere Reibungshaftung zwischen Außenbuchse, Gummifeder und Innenbolzen erzielt. Die Verbundfeder ist in axialer und radialer Richtung elastisch und dabei verdrehweich. Sie ist gut brauchbar als Gelenk oder elastische Verbindung mit kleinen Winkelausschlägen oder Federwegen bei verhältnismäßig hoher spezifischer Belastbarkeit. Ein Vorteil der Verbundfeder im Vergleich mit anderen Gummifederarten ist die völlig fehlende Notwendigkeit von Feinpassungen für das Loch der Außenbuchse und den Innenbolzen. Normale grobe Toleranzen für diese Anschlußteile eines Gelenks verbilligen

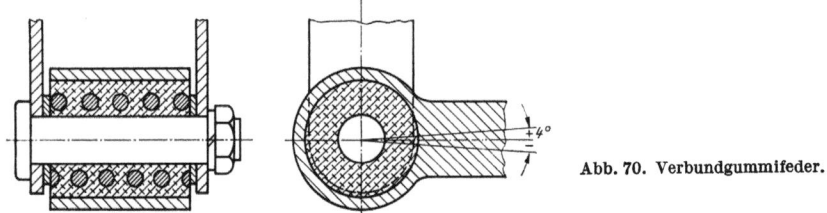

Abb. 70. Verbundgummifeder.

die Fertigung erheblich. In besonderen Fällen kann sogar auf jegliche Bearbeitung, z. B. eines gegossenen Gelenkauges, verzichtet werden, weil die Gummifeder die vorhandenen Differenzen völlig ausgleicht. Die Verbundfeder wird vorwiegend bei Landmaschinen verwendet.

3.1.7 Die konische Ringgummifeder

Eine Konstruktionsform der konischen Ringgummifeder ist in Abb. 71 wiedergegeben. Sie wird als Maschinenfuß bezeichnet und zur Schwingungsisolierung von schweren Werkzeugmaschinen, wie z. B. Exzenterpressen, benutzt. Der Maschinen-

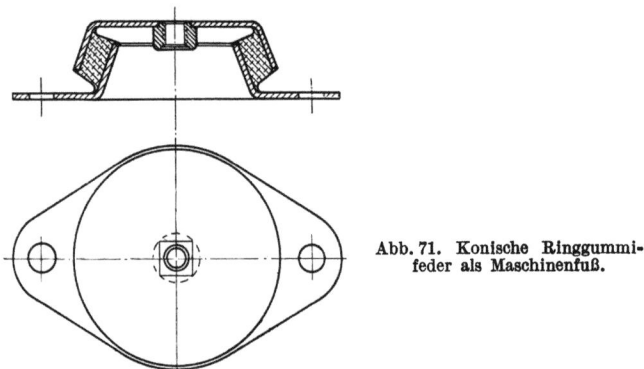

Abb. 71. Konische Ringgummifeder als Maschinenfuß.

fuß nimmt vertikale Kräfte sehr weich auf, ist dabei aber für horizontale Kräfte ausreichend steif. Er erfüllt damit die Forderungen einer zweckmäßigen Lagerung, denn es wird ohne zusätzliche Elemente das bei elastischen Lagerungen mit auf Druck belasteten Gummiteilen auftretende unangenehme Schwimmen der gelagerten Maschine verhindert. Ferner sind die geringe Bauhöhe und der vollkommene Schutz des Gummis gegen Lecköl hervorzuheben sowie die völlige Wartungsfreiheit und Dauerhaltbarkeit, die der Maschinenfuß vor allem der günstigen Kombination von Schub- und Druckbeanspruchungen im Gummi verdankt.

Eine weitere Konstruktionsform wird z. B. in den drehelastischen Gummikupplungen nach Abb. 120a und b praktisch verwendet.

3.1.8 Die zylindrische Hohlgummifeder

Die bei der Blechverarbeitung in Schnitt- und Umformwerkzeugen erforderlichen Auswerferfedern werden häufig als Hohlgummifedern anstelle von Metallfedern ausgebildet. Sie sind billig, betriebssicher und ergeben einfache Bauverhältnisse. Abb. 72 zeigt solche Hohlgummifedern *1* in einem Beschneidewerkzeug. Die im unbelasteten Zustand zylindrischen Federn sind im zusammengedrückten Zustand ausgebaucht. Sie haben die Aufgabe, das beschnittene Blechstück *2* beim Hochgehen des Pressenstößels *3* durch ihre Federkraft über die Führungsplatte *4* nach unten aus dem Schneidwerkzeug *5* auszuwerfen. Das Ausknicken der Gummifedern wird durch Führungsbolzen *6* vermieden.

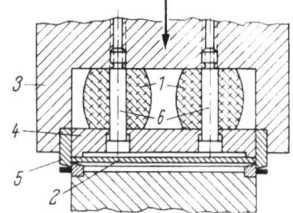

Abb. 72. Zylindrische Hohlgummifedern, belastet.

Der AWF-Ausschuß Stanzerei-Großwerkzeugbau hat eine Reihe von Richtlinien für die Auswahl, Berechnung und Anordnung von Hohlgummifedern herausgegeben (Abschn. 5.3). Als günstigste Gummihärte wurde 68 sh festgelegt. Als Werkstoffe kommen Perbunan, Neoprene und Naturkautschuk in Frage. Perbunan ist gegen den Einfluß von Öl beständig, Neoprene bedingt beständig und Naturkautschuk unbeständig. Dafür neigt Naturkautschuk nicht so sehr zum Fließen wie Perbunan. Unter Fließen versteht man das Nachlassen der Federkraft bei Dauerbeanspruchung. Es wird deshalb empfohlen, hochwertigen Naturkautschuk da zu verwenden, wo es auf Ölbeständigkeit der Gummifedern nicht ankommt.

Bei Hohlgummifedern ist die Luftkompression vernachlässigbar klein.

3.1.9 Die eingeschnürte Hohlgummifeder

Die ungebundene, eingeschnürte Hohlgummifeder gemäß Abb. 73 ist ein gutes Beispiel dafür, wie der Konstrukteur durch richtige Formgebung ein Optimum an brauchbaren Eigenschaften einer Gummifeder erzielen kann. Anzuwenden ist sie vorwiegend bei Axialbeanspruchung.

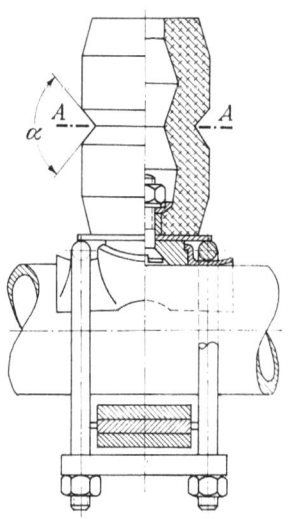

Abb. 73. In der Ebene $A-A$ eingeschnürte Hohlgummifeder.

Besonders wichtig ist der Einfluß der Form der Einschnürung. Wird die Hohlgummifeder axial belastet, so legen sich mit zunehmender Belastung die Einschnürungsflanken, die in Abb. 73 die Schenkel des Winkels α bilden, immer mehr aufeinander. Dadurch wird die Querschnittsfläche $A-A$ immer größer, bis schließlich die Einschnürung völlig verschwunden ist und die Gummifläche in der Querschnittsebene $A-A$ ein Maximum erreicht hat. Dieser Mechanismus der Gummiverformung, der mit dem Auftreten von kombinierten Druck-, Zug- und Biegespannungen im Gummi verbunden ist, bewirkt, daß im Anfang der Belastung kleine Kräfte große Verformungen erzeugen. Das bedeutet, daß die Federkennlinie anfänglich flach verläuft, d. h., daß eine weiche Anfangsfederung vorhanden ist. Dabei ist es wichtig, daß sich während des Zusammenklappens der Einschnürungsflanken die Wandabschnitte über und unter den Flanken nur wenig verformen. Erst dann, wenn die Einschnürungsflanken vollständig aufeinander liegen, beginnt die Druckverformung der Wandabschnitte, wodurch die Federkennlinie stark progressiv ansteigt.

Die charakterisierte Art der Gummiverformung bewirkt, daß die eingeschnürte Hohlgummifeder sehr große Federwege zuläßt. Es werden axiale Druckverformungen bis zu 60% der ursprünglichen Höhe erreicht. Dazu muß betont werden, daß Führungsmittel, wie z. B. bei der zylindrischen Hohlgummifeder, nicht erforderlich sind, daß die Feder bis zu 60% Verformung knicksicher ist und daß sie sich radial nur wenig verformt. Dadurch, daß die Verformung des Gummis überall recht gleichmäßig ist, werden Spannungsspitzen und Dauerbrüche vermieden. Anvulkanisierte Metallbauteile sind nicht erforderlich.

Eine besonders nützliche Eigenschaft der eingeschnürten Hohlgummifeder besteht darin, daß sie bei richtiger Formgebung eine axiale Federkennlinie besitzt, die eine konstante Eigenfrequenz erzeugt. Man versteht darunter die Erscheinung, daß bei einem Schwingungssystem die Eigenfrequenz gleich groß bleibt, auch wenn sich die schwingende Masse durch Zuladen oder Entladen ändert. Ein solches Schwingungssystem ist z. B. ein Omnibus. Die theoretische Untersuchung (siehe Abschn. 2.3.1.4) ergibt, daß die Federkennlinie für konstante Eigenfrequenz eine Exponentialkurve sein muß. Mit der eingeschnürten Hohlgummifeder läßt sich eine solche Federkennlinie realisieren.

Es hat sich herausgestellt, daß die Fahreigenschaften schneller Straßenfahrzeuge weitgehend durch die Art der Federung bestimmt werden. Die Praxis hat gezeigt, daß das Fahren angenehmer und sicherer wird, wenn zu der konventionellen Federung durch Blatt-, Schrauben- oder Drehstabfedern aus Stahl zusätzlich noch Gummihohlfedern eingebaut werden. Das ist bei Personenkraftwagen, Lastkraftwagen und Omnibussen der Fall. Gummihohlfedern der beschriebenen Art werden u. a. bei maßgeblichen deutschen Kraftfahrzeugen serienmäßig verwendet. Es ist eine große Anzahl von Typen entwickelt worden, die den Belastungsbereich zwischen 5 und 15000 kp umfassen. Die Federn können auch nachträglich eingebaut werden. Sie werden aus hochelastischen Naturkautschukqualitäten in gestaffelten Härtegraden im Bereich zwischen 45 und 70 sh hergestellt. Für Sonderfälle stehen besonders dämpfungsarme und ölbeständige Perbunansorten zur Verfügung.

3.1.10 Die Walzengummifeder

Die Federeigenschaften der durch NEIDHART bekannt gewordenen Walzengummifedern beruhen darauf, daß Gummiwalzen gleichzeitig einer Druck- und Wälzbeanspruchung unterworfen werden. Es gibt Walzenfedern für drehende und für geradlinige Bewegungen der abzufedernden Bauteile. Der Beanspruchungsvorgang ist prinzipiell in beiden Fällen derselbe. Es sind Gummiwalzen zwischen die gegeneinander beweglichen Bauteile eingespannt, die ihrerseits so ausgebildet sind, daß sie sich bei zunehmender Einfederung einander nähern. Dabei wird der Gummi nicht nur auf Druck beansprucht, sondern wälzt sich gleichzeitig auf den Abrollflächen der beiden Teile ab. Es tritt eine starke innere Verformung und damit eine hohe Dämpfung auf.

Konstruktionsformen für drehende Verformung sind in Abb. 74a dargestellt. Bei der Form A besteht die Gummifeder aus zwei ineinanderliegenden Vierkantrohren aus Stahl, die um 45° zueinander versetzt sind, und aus 4 Gummiwalzen, von denen je eine in den dreieckförmigen Räumen liegt. Die Gummiwalze ist mit einer bestimmten Vorspannung eingesetzt, die das Ganze zusammenhält. Die Vorspannung ist der Größe der Wälzfedern proportional. Wird nun das innere Vierkantrohr gegen das äußere feststehende Vierkantrohr verdreht, so ergibt sich, daß infolge der Rollbewegung der Gummiwalzen eine viel größere Verformung auftritt als bei reiner Druckbeanspruchung. Die Federkennlinie A in Abb. 74b weist einen maximalen Verdrehwinkel von 30° aus. Werden noch größere Verdrehwinkel verlangt, wie z. B. im Fahrzeugbau, dann ist die Ausführungsform B am Platze. Sie läßt infolge ihrer Paddelform bis 60° Winkelverdrehung zu. Auch besitzt sie die Eigenschaft,

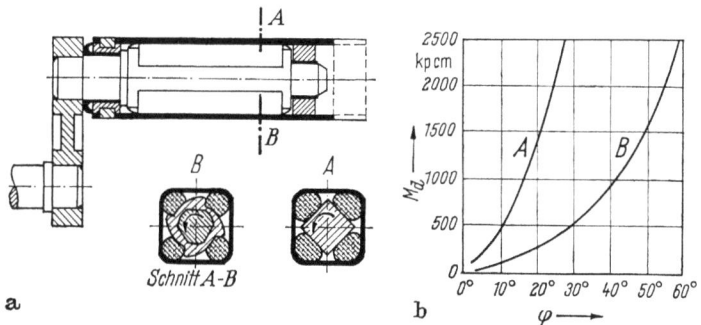

Abb. 74a u. b. Walzengummifeder.

Bewegungen in einer Drehrichtung zuzulassen, in der anderen aber, ähnlich einem Federungsanschlag bei Fahrzeugen, elastisch abzufangen. Die Federkennlinie B wird maßgebend beeinflußt von der Form der Abwälzfläche ihres Innenteils; sie kann daher variiert und den Erfordernissen des Problems gemäß angepaßt werden.

Bei der Druckwälzverformung für geradlinige Bewegung werden die Gummiwalzen zwischen eine Keilfläche mit Gegenfläche gelegt und durch die Belastung des Keiles unter Rollbewegung gepreßt bzw. bei Entlastung entspannt (Abb. 112). Die Federkennlinie hängt vom Keilwinkel und von der Form der Keil- und Gegenflächen ab. Diese können beispielsweise flach, konkav, geschweift, konvergierend oder divergierend sein und so verschiedenartige Federkennlinien bewirken.

3.1.11 Gummifedern mit Rippen und Warzen

Sie werden ausschließlich zur Körperschallisolierung verwendet. Die Höchstbelastung ist 2 kp/cm². Sie bestehen aus ölfestem Gummi und werden unmittelbar

Abb. 75a—d. Gummifedern mit Rippen und Warzen.

unter die Maschine verlegt. Gute Isolierergebnisse werden erzielt bei Frequenzen oberhalb 40 Hz. Abb. 75a bis c zeigt die plattenförmigen Federn. Bei der Montage sollen die Rippen und Warzen unten liegen.

Die als Monta-Schiene bekannte Stahlprofilschiene besitzt gemäß Abb. 75 d eine Gummiwarzenplatte auf der Unterseite. Sie ist maximal 2000 mm lang. Nützlich angewendet wird sie bei Maschinen mit kleiner Aufstandsfläche oder mit nicht ausreichend verwindungssteifem Rahmen. Es können auch mehrere Maschinen gemeinsam mit Hilfe solcher Schienen miteinander verbunden und verstellt werden. Die Warzen sind recht kontaktfähig mit dem Boden, so daß im allgemeinen keine zusätzliche Befestigung erforderlich ist.

3.1.12 Die kugelige Gummifeder

Sollen Gummifedergelenke kardanische Beweglichkeit haben, so bildet man sie so aus, daß zwischen konzentrische, kugelige Metallbauteile 2 eine Gummischicht 1 einvulkanisiert wird. Dadurch entsteht ein gummielastisches Kugelgelenk (Abb. 76).

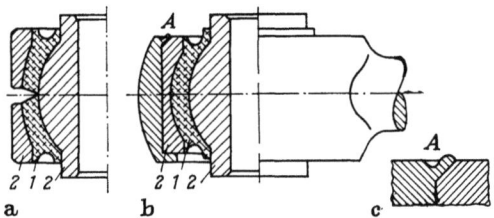

Abb. 76. Kugelige Gummifeder.
a) vor dem Einbau; b) nach dem Einbau; c) Detail A.

Durch ihre kugelige Konstruktionsform können diese Gummifedern größere axiale und radiale Belastungen ertragen als zylindrische Hülsengummifedern. Die kugeligen Gummifedern eignen sich außerdem für große kardanische Verformungen. Die Beanspruchung im Gummi ist dabei sehr günstig, da bei Belastung eine Druck-Schub-Verformung und keine Zugverformung auftritt. Da die Außenschalen geteilt sind, kann der Gummi vorgespannt werden, wodurch eine gute Dauerhaltbarkeit erzielt wird. Es sind maximale Drehwinkel von ± 18° und maximale kardanische Winkel von ± 18° zugelassen. Die kugelgelenkige Gummifeder heißt auch Spherilastik-Lager oder Megi-Kugelgelenk.

Wenn größere rückführende Momente bei kardanischer Auswinkelung erwünscht sind, so verwendet man statt der konzentrischen kugeligen Gummischicht eine doppelkonische Gummischicht. In dieser Schicht treten bei kardanischer Verformung zusätzliche Druckspannungen auf, die das Rückführungsmoment stark progressiv anwachsen lassen. Die doppelkonische Gummifeder ist radial sehr steif, läßt axial kleine Federwege bei hoher Belastung zu und ermöglicht einen großen Verdrehwinkel, aber nur einen kleinen kardanischen Winkel.

3.1.13 Die Ringgummifeder

Die als Niederfrequenzlager bezeichnete Ringgummifeder gemäß Abb. 77a kann in den 3 Belastungsarten A, B und C beansprucht werden. Die Elastizität ist in den einzelnen Richtungen verschieden groß, am größten in Richtung B, am kleinsten in Richtung A, wie die Kennlinien in Abb. 77b zeigen. Bei Druckbelastung (Richtung A) kann die Zusammendrückung so groß werden, daß sich die Bohrung vollkommen schließt. Die Bezeichnung Niederfrequenzlager besagt, daß diese

Gummifeder für solche Fälle geeignet ist, bei denen eine niedrige Eigenfrequenz erwünscht ist. Sie können bis zu 10 kp pro Lager belastet werden. Ihre Verwendung liegt auf dem Gebiet der Feinwerktechnik.

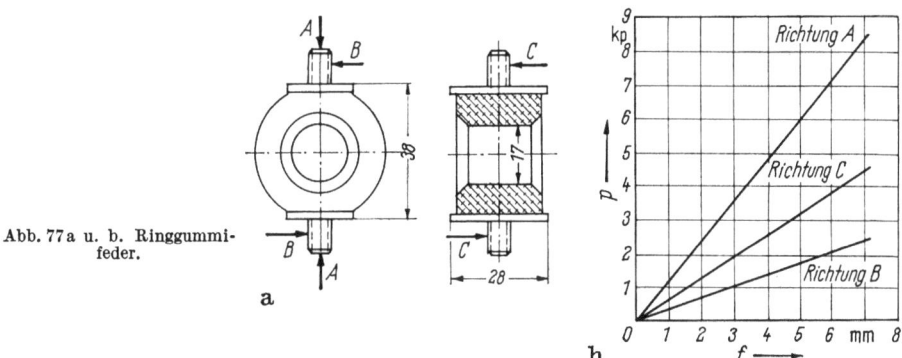

Abb. 77a u. b. Ringgummifeder.

3.1.14 Die Segmentgummifeder

Eine in der Fertigungstechnik bewährte Konstruktionsform der Segmentgummifedern ist die in Abb. 78 gezeigte gummielastische Spannzange. Sie besteht aus Stahllamellen *1*, die zwischen Segmenten *2* aus synthetischem Gummi einvulkanisiert sind. Die Spannkraft in der Spannzange wird mit Hilfe einer Überwurfmutter *3* erzeugt.

Gummielastische Spannzangen werden im Jacobs-Spannfutter verwendet. Dieses Futter wird nicht nur in Drehmaschinen und in Schleifmaschinen, sondern auch an Fräs- oder Bohrmaschinen benutzt. Es ist in der Lage, die zu bearbeitenden Werkstücke sehr genau zu spannen, weil sie von der elastischen Spannzange konzentrisch

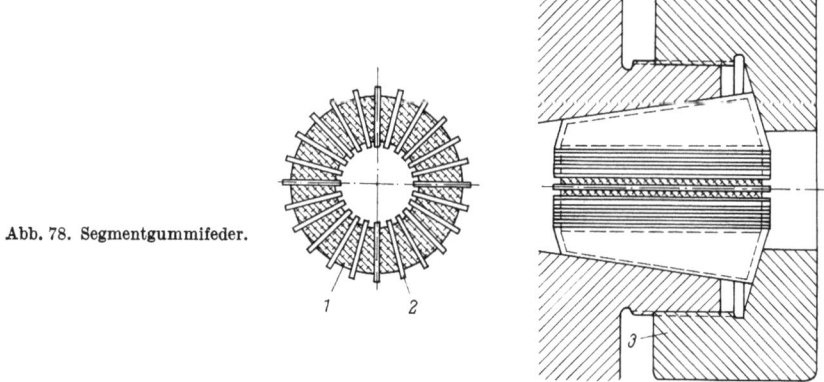

Abb. 78. Segmentgummifeder.

und auf der ganzen Spannfläche gleichmäßig umfaßt werden. Durchmesserunterschiede bis zu 3,2 mm werden ohne Nachlassen der Spannkraft oder der Spanngenauigkeit durch die Gummielastizität ausgeglichen. Die Spannkraft ist 3- bis 4mal so groß wie die von unelastischen Spannzangen. Ein Satz von 11 gummielastischen Spannzangen genügt für einen Spannbereich von 1,6 bis 35 mm Durchmesser gegenüber einem Vielfachen an unelastischen Spannzangen, die für den

84   3. Konstruktionsgrundlagen

gleichen Bereich erforderlich wären. Die Spannzangen nützen sich nur in geringem Maße ab. Mit Ausnahme des Leichtmetallspannrades sind alle Teile des Jacobs-Spannfutters aus Stahl hergestellt und gehärtet und geschliffen. Der Gummi ist beständig gegen Öl, Säure und Wärme.

Auch das Alison-Schnellspannfutter ist mit gummielastischen Spannzangen ausgerüstet. Es besitzt ein Gehäuse mit Handhebel, das sich nicht dreht. Das Futter kann bei laufender Arbeitsspindel geöffnet und geschlossen werden. Die Spannzangen lassen sich ebenfalls bei laufender Spindel auswechseln.

3.1.15 Die Kegelgummifeder

Die in Abb. 79 dargestellte Gummifeder ist eine Sonderform, die zur Verpackung empfindlicher Geräte entwickelt wurde. Sie wird Metalastik-Stoßlager genannt. Die

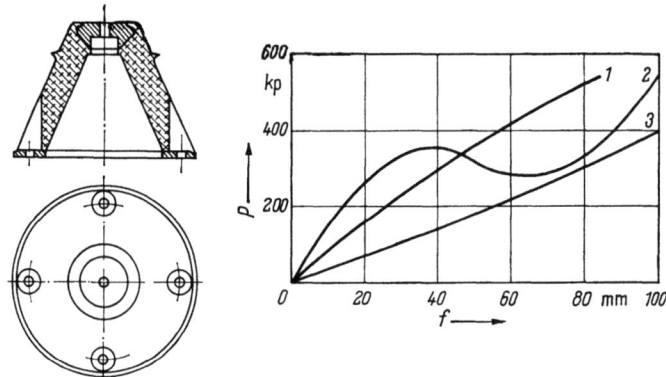

Abb. 79. Kegelgummifeder und ihre Kennlinien für Zug *1*, Druck *2* und Schub *3*.

Feder läßt 80 mm Verformung zu, das sind etwa 60% der Gummifederhöhe. Interessant ist der Verlauf der Federkennlinie bei Druckbeanspruchung. Er besagt, daß nahezu die Hälfte des gesamten Federwegs ohne Belastungszunahme erreicht wird.

Zum elastischen Auffangen von Stößen, Schlägen oder Riemenzügen werden auch andere Gummifederformen benutzt. Es handelt sich meistens um einfache Konstruktionsformen, mit einseitig gebundenen Metallbauteilen, die zur Befestigung dienen. Aber auch parabelförmige und balgförmige Gummifedern werden für diesen Zweck verwendet.

Für Webstühle gibt es eine Sonderkonstruktion, die unter der Bezeichnung Schlaglattenpuffer bekannt ist. Die Hohlgummifeder besteht aus hochelastischem Naturgummi. Sie hat die Aufgabe, den Schlagstock elastisch aufzufangen und dämpfend abzubremsen. Die schlagempfindliche Gummifeder wird von einer härteren Schlagkappe aus zähem, abriebfestem Kunststoff geschützt.

3.1.16 Die zylindrische Stabgummifeder

Ihre Konstruktionsform ist für Zugbeanspruchung eingerichtet. Zugfedern aus Gummi werden nicht so oft verwendet wie Druck- oder Schubfedern. Das rührt daher, daß an der zugbeanspruchten Gummioberfläche leicht kleine Anrisse entstehen, die wegen der sehr geringen Kerbzähigkeit des Gummis zur vorzeitigen Zerstörung der Feder führen können. Auf dem Gebiet der Wäscheschleudern wird sie jedoch verwendet. Abb. 80 zeigt im Ausschnitt die gummielastische Aufhängung einer Trommel mit waagerechter Achse. Die Stabgummifedern *1* sind an der Unterseite der Trommel so angeordnet, daß sich ihre Mittellinien in der Trommelachse schneiden. Die Gummifedern sind an ihren Enden verbreitert und mit Metallplatten *2* festhaftend verbunden. Die Metallplatten tragen Anschlußschrauben, mit denen sie an den Tragbügeln *3* und *4* befestigt sind.

3.2 Verformung und Formgebung

Über die Verformung einer druckbeanspruchten Gummiwalze gibt das Liniennetz auf der Stirnseite der Walze gemäß Abb. 81 Auskunft. Die Gummiwalze liegt zwischen zwei Platten. Im oberen Bild ist die Walze unbelastet, im unteren Bild ist der Durchmesser auf die Hälfte zusammengedrückt. Es ist deutlich zu erkennen, daß sich die Linien beträchtlich verändert haben. Die Veränderung zeigt die Verformung oder Dehnung des Gummis unter Last an. Man nennt die Linien deshalb Verformungs- oder Dehnungslinien.

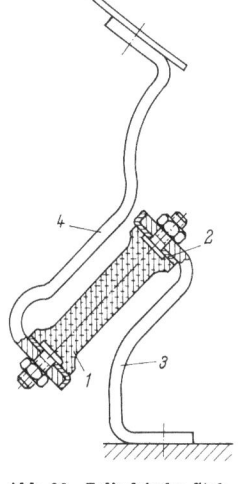

Abb. 80. Zylindrische Stabgummifeder.

Das Bild zeigt, daß die Randzone der Gummiwalze keine nennenswerten zusätzlichen Spannungen erfährt. Die Abstände am äußersten Umfangskreis von einem Radius zum andern sind im unbelasteten und im belasteten Zustand nahezu gleich groß. Dagegen hat sich der innere Kreis ganz besonders stark verformt. Er ist zu einer schmalen, langgezogenen Ellipse geworden, wodurch er eine hohe Spannung verrät. Die nach außen hin folgenden Kreise zeigen eine ähnliche Verformung. Die Spannung nimmt aber nach der Peripherie hin ab.

Die größte Verformung tritt in der Querachse auf, die kleinste an der Oberfläche der Walze. Diese Erscheinung ist von großer Bedeutung. Mit ihrer Hilfe läßt sich die außerordentlich große Haltbarkeit von Wälzgummifedern erklären. Der Grund liegt darin, daß die am höchsten beanspruchte Partie der Gummiwalze von vielen, nach außen hin immer weniger beanspruchten Schichten umschlossen und wie von Bandagen zusammengehalten wird. Die äußerste Schicht ist deshalb auch unempfindlich gegenüber eingedrungenem Schmutz, Sand oder Wasser. Wälzgummifedern brauchen deshalb stirnseitig nicht abgedichtet zu werden.

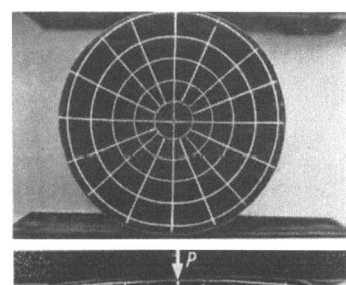
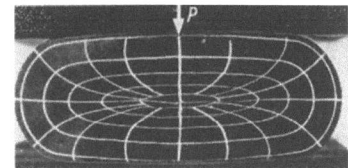

Abb. 81. Verformung einer druckbeanspruchten Gummiwalze.

Das Dehnungslinienbild der Gummiwalze in Abb. 81 ist ein anschauliches Beispiel dafür, wie wichtig es für den Konstrukteur ist, sich mit den Verformungs- und Spannungsverhältnissen im belasteten Gummi vertraut zu machen. Bei dem gegenwärtigen Stand der Entwicklung der Gummifeder ist es möglich, ihm mit brauchbaren Berechnungsunterlagen für viele Fälle hilfreich zu sein. Für andere Fälle ist in der Zukunft mit neuen mathematischen Ergebnissen zu rechnen. Wenn es sich um die Bestimmung von Federkennlinien oder der normalen Spannungsvermittlungen handelt, so stehen ihm die modernsten Prüfgeräte und Maschinen zur Verfügung, ebenso für die Bestimmung der Dauerfestigkeit. Auch die Methoden der Spannungsoptik können helfen, die für dauerbeanspruchte Gummifedern so

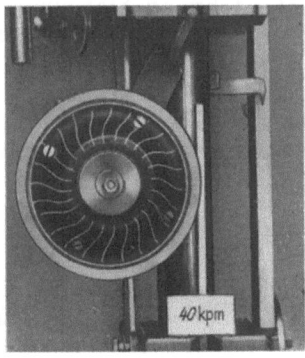

Abb. 82. Verformung einer drehbeanspruchten Hülsengummifeder.

gefährlichen Spannungsspitzen zu finden und zu beseitigen. In hohem Maße befriedigend und für die Konstruktion sehr ökonomisch ist es, wenn der Konstrukteur sich bemüht, anhand von Dehnungslinienbildern die Beanspruchungsverhältnisse im Gummi zu studieren. Es fördert seine gestaltende Kraft.

Abb. 82 zeigt die Verformung des Gummis bei Drehbeanspruchung anhand einer Schar von radialen Strahlen auf der Stirnseite einer Hülsengummifeder.

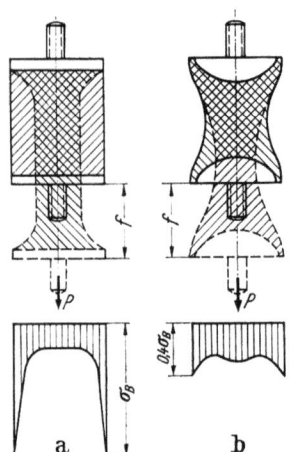

Durch entsprechende Formgebung lassen sich auch Spannungsspitzen abbauen. Abb. 83a zeigt deutlich, daß glatte zylindrische zugbeanspruchte Gummifedern eine hohe Randspannung besitzen. Sie kann durch Änderung der Form um 60% verringert werden (Abb. 83b).

Abb. 83. Spannungsabbau durch Formgebung bei Gummifedern. a) Spannungsspitze am Rand bei der üblichen Ausführung; b) Abbau der Spannungsspitze durch Einkerbung.

3.3 Konstruktionsrichtlinien

Bei der Gestaltung von Gummifedern ist grundsätzlich zu beachten, daß bei gleicher Kraftwirkung das Maß der Verformung je nach der Beanspruchungsart verschieden ist. Der Konstrukteur hat es in der Hand, durch Auswahl der Kraftrichtung den Gummi auf Druck, Zug, Schub oder Biegung beanspruchen zu lassen. Schubbeanspruchungen ergeben die größten Verformungen, Druckbeanspruchungen die kleinsten.

Eine federnde Wirkung ist beim Gummi nur zu erreichen, wenn er unter dem Einfluß einer Kraft seine Form ändern kann. Ein allseitig eingeschlossener Gummikörper (Abb. 84a) federt nicht. Man muß deshalb dem Gummi Gelegenheit geben, frei ausweichen zu können (Abb. 84b). In Abb. 84c ist eine in federungstechnischer

Hinsicht unwirksame und daher falsche Konstruktion dargestellt. Der Gummi steht, wenn die Schraube angezogen wird, unter so starker Druckvorspannung, daß er kaum arbeiten kann und wie eine Unterlegscheibe wirkt. Auch besteht über die Durchsteckschraube eine metallische Verbindung zwischen Maschine und Fundament. Heute weiß man, daß die federnde Gummischicht die beiden Teile wirklich isolieren muß und nicht durch eine metallische Verbindung überbrückt werden darf. Die Federung nach Abb. 84d ist daher richtig. Bei den Anordnungen nach Abb. 84c und d ist der Gummi nicht an die Bleche vulkanisiert (gefügte Gummifedern). Diese müssen infolgedessen schräg nach außen abgebogen werden, weil bei senkrechter Abbiegung längs der Außenwand der Gummifeder der Gummi beim Ausbauchen unter Last an den scharfen Kanten der Bleche zerstört wird. Durch Anziehen der

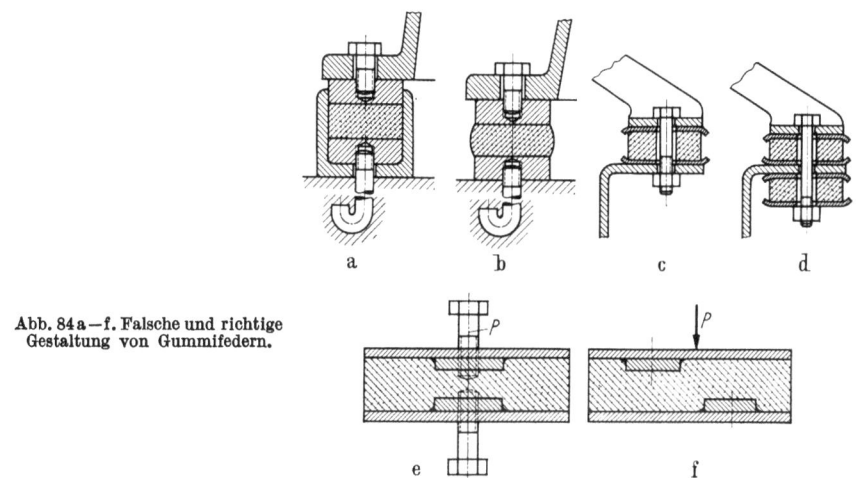

Abb. 84a—f. Falsche und richtige Gestaltung von Gummifedern.

Schraube in Abb. 84d läßt sich eine statische Vorspannung erzielen, ohne daß die zu isolierenden Teile metallische Berührung haben. Bei der Anordnung nach Abb. 84e und f ist der Gummi zwischen Metallplatten vulkanisiert. Jede Platte ist mit je einer Schraube am Metall befestigt, wodurch der Gummi zwischen den Platten frei arbeiten kann.

Zum Anbringen von Schrauben werden die Metallteile häufig mit Verstärkungen versehen. Die Gegenüberstellung von falscher und richtiger Anordnung in den Abb. 84e und f zeigt deutlich, daß nur bei versetzten Metallverstärkungen die federnde Wirkung des Gummis voll zur Geltung kommen kann.

In Abb. 85 sind einige Formen von Hülsenfedern zusammengestellt, die nicht gerade falsch, aber aus verschiedenen Gründen ungünstig sind. Die jeweils günstige Gestaltung ist mit angeführt.

Die Gummiindustrie ist heute in der Lage, geeignete Gummiqualitäten herzustellen, die den Forderungen nach ausreichender Elastizität, Dauerhaltbarkeit, Alterungsbeständigkeit und Dämpfung entsprechen. Zu vermeiden ist jedoch der allzu starke Einfluß von angreifenden Mitteln, durch die der Gummi quillt, und von Witterungseinflüssen, durch die er vorzeitig altert (s. Abschn. 1.5.13). Es empfiehlt sich in solchen Fällen, den Gummi durch abdeckende Bleche von 0,5 bis 1 mm Dicke zu schützen.

Wichtig ist auch die Lagerhaltung von Gummifedern. Der Lagerraum soll kühl, trocken, lichtgedämpft und staubfrei sein. Die Raumtemperatur darf +15 °C nicht überschreiten und keinen starken Schwankungen unterworfen sein. Der Feuchtigkeitsgehalt soll etwa 65% betragen. Nässe und Schwitzwasserbildung sind fernzuhalten. Lichteinfall ist durch roten Schutzanstrich (Leim-Eisenrost) der Fenster zu verhindern.

Die Herstellung von gebundenen Gummifedern erfolgt in beheizten Stahlformen von hoher Genauigkeit. Deshalb müssen auch die Metallteile maßgerecht und innerhalb der zulässigen Toleranzen angefertigt sein. Soweit die Metallteile nicht

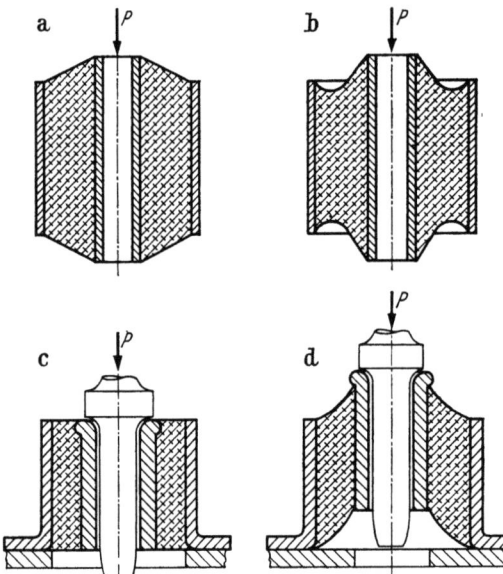

Abb. 85. Ungünstige und günstige Gestaltung von Gummifedern.
a) ungünstig. Spannungen im Gummi infolge Schrumpfung an der Stirnseite; b) günstig. Keine Schrumpfspannungen im Gummi; c) ungünstig. Beanspruchung nur auf Schub. Geringe zulässige Beanspruchung; d) günstig. Beanspruchung auf Schub und bei steigender Verformung zusätzlich zunehmend auf Druck. Höhere zulässige Beanspruchung.

vom Lieferwerk selbst beschafft werden, ist zu empfehlen, Rücksprache mit dem Lieferanten von Gummifedern zu nehmen. Dies ist auch zweckmäßig in bezug auf die Form von komplizierten Gummifedern. Nachträgliche Änderungen der Heizformen sollen vermieden werden, da sie erhebliche Kosten verursachen. In Tab. 7 sind diejenigen Stahlsorten zusammengestellt, die sich am besten bewährt haben. Außer Stahl sind Stahlguß, Temperguß und gewisse Kunststoffe geeignet. Leichtmetalle, Edelstähle, Messing und Grauguß sind nur unter bestimmten Voraussetzungen verwendbar, die man beim Hersteller erfragen muß.

Tabelle 7. *Zweckmäßige Stähle für gebundene Gummifedern*

	Qualität	Empfehlung
Schienen	blankgezogener Stahl	DIN 174
	Güte 37.12	DIN 1612
	Güte 34.12	DIN 1612
Rundmaterial	Güte 37.12	DIN 1612
	Güte 34.12	DIN 1612
Bleche ≦ 3 mm	St V 23 Ziehblech I (1× dekap.)	DIN 1623
	St VI 23 Ziehblech II (2× dekap.)	DIN 1623
	St VII 23 Ziehblech (2× dekap.)	DIN 1623
3—4,75 mm	St 34.22 P Preßblech, gebeizt	DIN 1622
	St 00.22 S Handelsblech, gebeizt	DIN 1622
≧ 5 mm	St 37.21 Baublech I, gebeizt	DIN 1621

Da die schwingungsisolierten Maschinen elastisch gelagert sind, müssen alle Zu- und Ableitungen wie elektrische Kabel, Wasser- oder Ölleitungen genügend flexibel sein. Elektrische Maschinen müssen besonders geerdet sein, weil die Maschinen durch die Gummifederung elektrisch isoliert sind. An oder nahe bei Gummifedern darf nicht geschweißt werden, weil die dabei entstehende Hitze die Bindung zwischen Gummi und Metall ungünstig beeinflußt.

Die Abmessungstoleranzen sind in DIN 7715 festgelegt.

Die Toleranzen der Federwerte bewegen sich innerhalb von $\pm 20\%$. In besonderen Fällen können sie unter 10% gehalten werden. Falls die genaue Angabe des Mittelwertes und der Toleranz einer Federzahl erforderlich ist, werden zweckmäßig mindestens 10% der Gesamtabnahmemenge über einen längeren Zeitraum beobachtet.

Mitunter muß man schubbeanspruchte Gummifedern für große Federwege konstruieren. Das beste Mittel ist, Zwischenlagen einzuschalten.

Bei hohen, druckbeanspruchten Gummifedern besteht die Gefahr des Ausknickens. Man unterteilt dann zweckmäßig die Feder durch zwischengelegte Metallscheiben.

Durch entsprechende Formgebung lassen sich Spannungsspitzen abbauen.

Gummifedern sind bei Schubbeanspruchung sehr viel weicher als bei Druckbeanspruchung. Das ist zu berücksichtigen z. B. beim Auftreten horizontaler Massenkräfte oder bei auftretenden Riemenzugkräften.

Für die Herstellung von Standardgummifedern stehen im Herstellerwerk die Formwerkzeuge und die Metallbauteile zur Verfügung. Sie sind deshalb in der Regel kurzfristig lieferbar. Sonderanfertigungen mit Abmessungen, die von den Standardwerten abweichen, erfordern die Herstellung neuer Formwerkzeuge und neuer Metallbauteile. Sonderanfertigungen sind nur dann wirtschaftlich, wenn es sich um ausreichend große Stückzahlen und um laufenden Bedarf handelt.

Gummifedern aus Naturgummi können auf Wunsch auch mit einem ölbeständigen Oberflächenschutz versehen werden.

Beim Einbau ist darauf zu achten, daß sich z. B. druckbeanspruchte Gummifedern seitlich ausdehnen können.

Grundsätzlich ist zu empfehlen, die erforderlichen Maßnahmen zur Schwingungsisolierung bereits bei der Aufstellung neuer Maschinen usw. durchzuführen. Nachträgliche Isolierungen sind zwar meistens möglich, aber im allgemeinen umständlicher und teurer. Für den Abnehmer ist es am sichersten, wenn die Zubehörteile für die schwingungsisolierte Aufstellung vom Maschinenlieferanten schon im Angebot aufgeführt werden. Zweckmäßig ist es häufig, die Frage der Schwingungsisolierung gemeinsam mit dem Architekten zu lösen.

4. Anwendungsbeispiele

Gummifedern werden in vielseitiger Weise verwendet. Zum Zwecke der Verminderung von Erschütterungen und Geräuschen haben sie sich gut bewährt bei Schiffsmaschinen, Druckereimaschinen, Materialprüfmaschinen, Kältemaschinen, Dampfmaschinen, Waschmaschinen, Buchungsmaschinen, Lochkartenmaschinen, Industrienähmaschinen, Holzbearbeitungsmaschinen, Spinnmaschinen, Dreschmaschinen, Schwingsiebmaschinen, Fernschreibern, Ventilatoren, Gebläsen, Pumpen, Kompressoren, Lufthämmern, Dampfhämmern, Exzenterpressen, Schlagscheren, Spindelpressen, Walzenbrechern, Backenbrechern, Mühlen, Getrieben, Webstühlen, Kühlschränken, stationären Motoren, Fahrzeugmotoren, Personenkraftwagen, Lastkraftwagen, Omnibussen, Eisenbahnwagen, Straßenbahnwagen, Meßgeräten und Apparaten.

In der Fertigungstechnik werden mehrere Eigenschaften des Gummis praktisch ausgenützt. Von der Eigenschaft der Stoffelastizität wird Gebrauch gemacht bei der Verwendung von Gummifedern zur Schwingungsisolierung von Werkzeugmaschinen, als Auswerferfedern in Schnitt- und Stanzwerkzeugen und in Spannwerkzeugen. Auch werden gummielastische Kupplungen vorteilhaft bei Werkzeugmaschinen eingesetzt. Sowohl bei Gummifedern als auch bei gummielastischen Kupplungen spielt die Dämpfung eine Rolle, d. h. die Fähigkeit der gummielastischen Werkstoffe, mechanische und akustische Schwingungen zu absorbieren. Bei der Fertigung von Formteilen aus Kunststoffen und bei Hydrospeichern in ölhydraulischen Steuerungsanlagen von Werkzeugmaschinen ist es die Elastizität von Säcken, Tüchern oder Blasen aus gummielastischen Werkstoffen, die nützlich verwendet wird. Gummielastische Werkstoffe sind praktisch inkompressibel. Wenn sie daran gehindert werden, sich bei Belastungen zu verformen, so sind sie − genau wie Flüssigkeiten − in der Lage, große Kräfte weiterzuleiten. Man kann so mit ihrer Hilfe dünne Bleche schneiden und umformen.

4.1 Allgemeiner Maschinenbau

4.1.1 Kompressoren

Einzylinderkompressoren sind Schwingungssysteme mit einem Freiheitsgrad. Sie laufen mit niedrigen Drehzahlen. Abb. 86 zeigt das Beispiel eines schwingungsisolierten Einzylinder-Luftkompressors. Zur Vermeidung von Drehbewegungen und damit zur Vermeidung unnötiger Belastung von Zu- und Ableitungen sind Zusatzgewichte verschiedener Art angeordnet worden, durch die die Schwerpunktachse in die Kolbenachse gelegt wurde. Dadurch ergeben sich größere Verformungen der Gummifedern als bei schnellaufenden Aggregaten.

Den Erfolg einer aktiven Schwingungsentstörung mit Hilfe von schubbeanspruchten Gummifedern zeigt das folgende Beispiel. In einem Fabrikgebäude waren mehrere Büros starken Belästigungen ausgesetzt, die von einer Kompressorenanlage ausgingen, welche in dem darunterliegenden Kellerraum untergebracht war. Die Belästigungen bestanden in Geräuschen, besonders aber in Schwingungen des Fußbodens. Im Kompressorenraum standen 2 alte, unabgefederte FMA-Kompressoren vom Typ M/E-110 und M/E-313 mit einer Leistung von zusammen 17 PS unmittelbar auf dem Fußboden. Außerdem befand sich ein neues Fundament darin, das für einen neu aufzustellenden Kompressor, getrennt vom übrigen Fußboden, auf gewachsenem

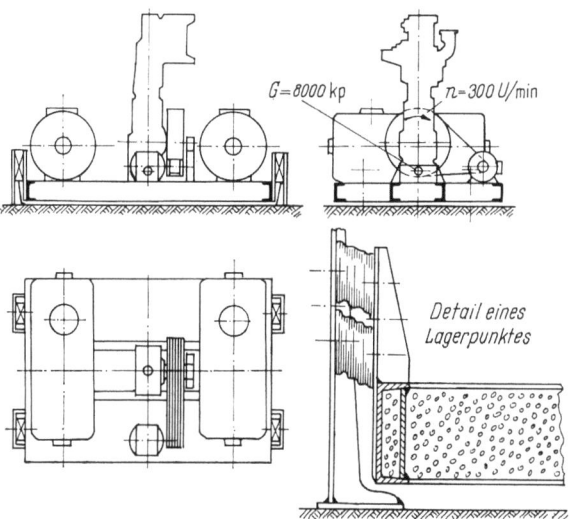

Abb. 86. Einzylinder-Luftkompressor.

Boden errichtet worden war. Die von den beiden Kompressoren erzeugten Schwingungen wurden an 2 Stellen gemessen: auf dem Boden in der Mitte des Kompressorenraums und auf dem neuen Fundament. Sie sind in den Schwingungsdiagrammen Abb. 87a wiedergegeben.

Daraufhin wurden die beiden alten Kompressoren entfernt, und der neue Kompressor vom Typ FMA S/D-316 mit einer Leistung von 34 PS wurde schwingungsisoliert aufgestellt. Er wurde zusammen mit dem Antriebsmotor auf einen Rahmen aus Profilstahl gesetzt und dieser an gebundenen, rein auf Schub beanspruchten Scheibengummifedern aufgehängt. Die Drehzahl

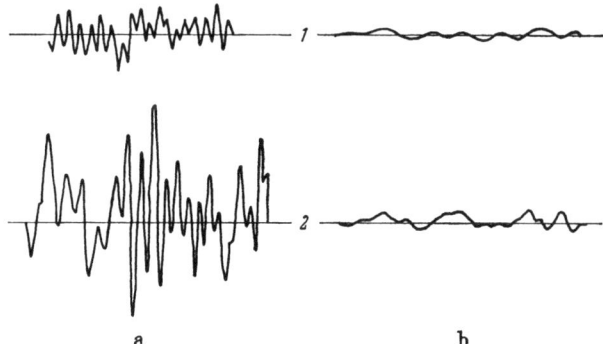

Abb. 87. Schwingungsdiagramme für neues Fundament 1 und Mitte Kompressorenraum 2.
a) alte, unabgefederte Kompressoren; b) neuer, gummigefederter Kompressor.

des Kompressors betrug $n = 950$ min^{-1}, die Eigenschwingungszahl $n_e = 250$ min^{-1}. Die an denselben Stellen wie vorher durchgeführten Schwingungsmessungen ergaben, daß beim Betrieb des neuen, gummigefederten Kompressors die Schwingungsausschläge weit geringer waren als zuvor, und zwar sowohl auf dem neuen Fundament als auch in der Mitte des Kompressorenraums (Abb. 87b). Die Belästigungen durch Fußbodenschwingungen und durch Lärm waren fast vollständig fortgefallen.

4. Anwendungsbeispiele

4.1.2 Schwingsiebmaschinen, Förderrinnen

Schwingsiebmaschinen und Förderrinnen gehören zur Gruppe der schwingungstechnischen Arbeitsmaschinen. Sie werden häufig im Gebiet der Resonanz betrieben. Man erzielt dadurch große Schwingungsausschläge bei kleiner Antriebsleistung. Es werden meistens auf Druck beanspruchte Gummifedern verwendet. Man bezeichnet sie als Energiespeicherfedern. Sie speichern in den Umkehrpunkten der Schwingbewe-

a

Abb 88a. Ultra-Resonanzförderrinne mit eingebauter Gummifederbatterie.

b

Abb. 88b Gummifederbatterie für Resonanzschwingsiebe.

gung die Energie der aufgeschaukelten Massen auf, um sie anschließend zur Beschleunigung der Massen wieder abzugeben. Bei diesen Gummifedern, die konstruktiv meistens zu Batterien zusammengefaßt sind, ist eine geringe Werkstoffdämpfung erwünscht, damit sich der Gummi infolge der großen Schwingungsausschläge nicht unzulässig hoch erwärmt.

Moderne Resonanzschwingsiebe werden heute für Siebleistungen bis zu 600 Mp/h gebaut. Man benutzt sie für die Vor- und Nachklassierung von Kohle und für die Klassierung von Koks, Braunkohle, Kalisalzen, Düngemitteln, Steinmaterial usw.

Abb. 88a zeigt die Gesamtansicht einer Ultra-Resonanz-Förderrinne zur Förderung großer Mengen mit eingebauter Gummifederbatterie. Eine Gummifeder-Batteriekonstruktion für Resonanzschwingsiebmaschinen ist in Abb. 88b dargestellt.

4.1.3 Spulmaschinen

In bestimmten Zweigen der Industrie treten besonders starke Geräusche auf. Die praktische Erfahrung und wissenschaftliche Untersuchungen haben gezeigt, daß sie in der blechverarbeitenden Industrie und in gewissen Textilbetrieben am stärksten sind und bei längerer Einwirkung zu Gehörschäden führen.

Eine wirkungsvolle Maßnahme bei der Bekämpfung des Industrielärms besteht darin, die Maschinen mit Hilfe von Gummifedern zu isolieren. Die Maßnahme ist dort am Platze, wo der in der Maschine erzeugte Körperschall sonst auf benachbarte Teile übertragen würde. Deutlich zeigte sich die außerordentlich günstige schalldämpfende Wirkung einer Gummifederisolierung am Beispiel einer Spulmaschine in einem Textilbetrieb. Dort waren die Geräusche in dem darunterliegenden Saal recht lästig. Nach der Aufstellung der Maschine auf Metallschienen mit Gummiwarzen (Abb. 75d) verringerte sich der Lärm ganz beträchtlich. Luftschallmessungen ergaben eine Verminderung um 15 phon. Die dazugehörigen, gleichzeitig gemessenen Deckenschwingungen verringerten sich ebenfalls erheblich.

4.1.4 Schiffsmaschinen

Antriebsmaschinen, Propeller, Wellen und Hilfsmaschinen werden mit Gummifedern isoliert. Bei Schiffsmaschinen wird, wenn irgend möglich, die Schräglagerung verwendet (Abb. 89). Man erhält dadurch die erforderliche tiefe Eigenschwingungszahl, die man bei reiner Druckbeanspruchung nicht erreichen würde. Die Schräg-

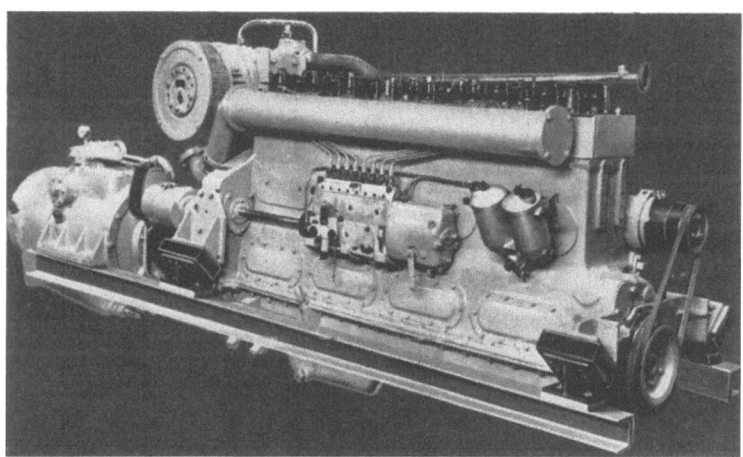

Abb. 89. Gummigefederter Schiffshauptmotor, 250 PS, 350 min^{-1}.

lagerung hat weiter den Vorteil, daß beim Schlingern des Schiffes die Verkantungen des gefederten Aggregates nicht zu groß werden, was im Hinblick auf die Rohrleitungen unbedingt wünschenswert ist.

4.1.5 Landmaschinen

Zur Schonung des Materials und zwecks Verminderung der Belästigung des Fahrpersonals werden auch in Landmaschinen Gummifedern verwendet. Der Dieselmotor in Schleppern wird gummigefedert eingebaut und für Gelenke aller Art werden Verbundgummifedern nach Abb. 70 verwendet, die ohne Schmierung und Wartung die normale Lebensdauer einer Maschine aushalten.

94 4. Anwendungsbeispiele

4.1.6 Pumpen

In Prüfmaschinen werden häufig Antriebsaggregate wie Motoren, Pumpen usw. eingebaut, welche die Prüfmaschinen zu unerwünschten Schwingungen anregen. Erschütterungen dieser Art lassen sich durch entsprechende Gummifedern verringern. Im vorliegenden Falle (Abb. 90a) handelt es sich um die Gummifederung einer Ölpumpe, die im Maschinenbett einer sehr empfindlichen Prüfmaschine sitzt.

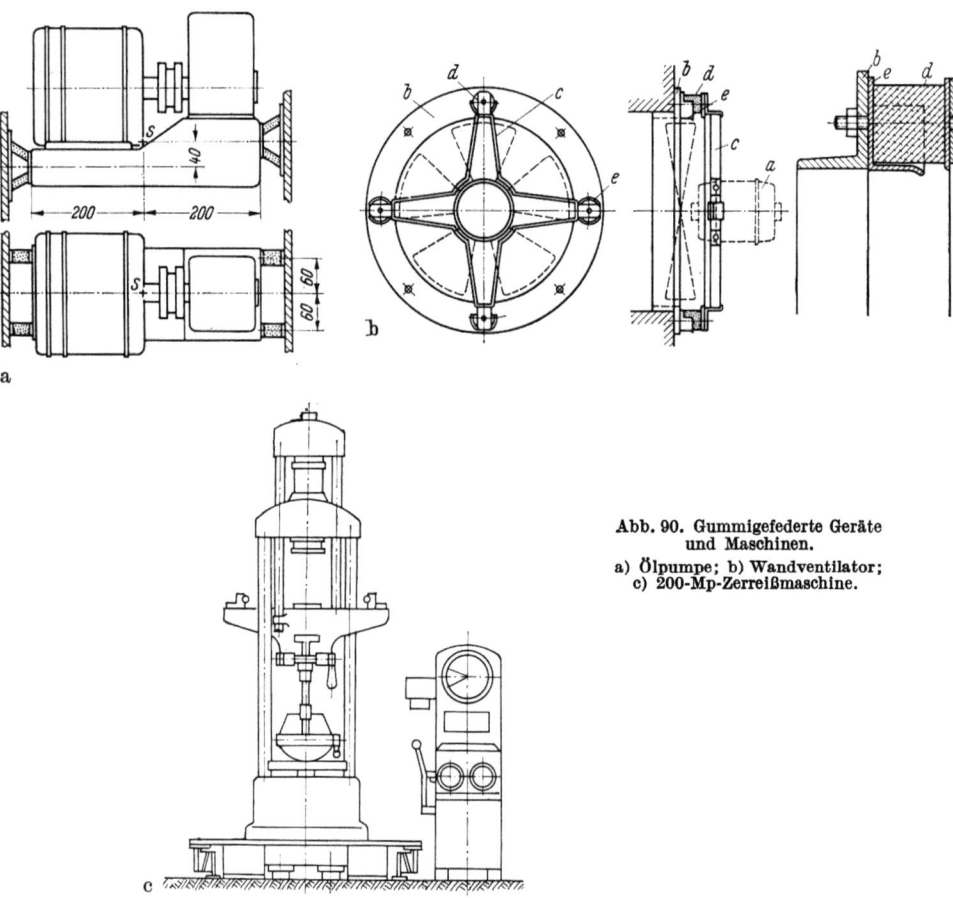

Abb. 90. Gummigefederte Geräte und Maschinen.
a) Ölpumpe; b) Wandventilator; c) 200-Mp-Zerreißmaschine.

Vier auf Schub beanspruchte Gummifedern, die so gestellt sind, daß sie große Federwege zulassen, tragen die Ölpumpe. Ihre Masse beträgt 80 kg, die Drehzahl ist $n = 940$ min^{-1}. Jede der 4 Gummifedern hat eine Härte von 57 sh, eine Druckfederkonstante von 50 kp/cm und eine Schubfederkonstante von 13 kp/cm. Durch den Einbau der Gummifedern werden nur noch 13% der Erregerkraft übertragen. Der Isolierwirkungsgrad beträgt 87%.

4.1.7 Ventilatoren

In Abb. 90b ist die Gummifederung für einen Wandventilator gezeigt. Es handelt sich um einen Ventilator, bei dem der Antriebsmotor *a* von einem an einem Wandring unter Zwischenschaltung von Scheibengummifedern befestigten Armstern getragen wird. Die Gummifeder *d* wird mit waagerechter Achse zusammen mit einer halbrunden Stützhülse *e*, die die Gummifeder auf einem Teil ihrer Länge abstützt, zwischen Wandring *b* und Tragarm *c* eingespannt. Die Stützhülse hat einen trichterförmig abgebogenen Rand. Die Länge der Stützhülse richtet sich nach der zulässigen Eigenschwingungszahl, welche nicht gleich, auch nicht gleich einem Vielfachen der Ventilatordrehzahl sein darf. Man kann so handelsübliche Gummifedern verwenden und die Federungsverhältnisse zwischen Einbauwand und den rotierenden Teilen nach Wunsch beeinflussen.

Die trichterförmige Aufbiegung des Randes bewirkt, daß der Hülsenrand nicht scharfkantig in den Gummi einschneidet und die Berührung zwischen Gummi und Hülse mit sanftem Übergang erfolgt.

4.1.8 Prüfmaschinen

Abb. 90c zeigt eine Zerreißmaschine, die infolge der beim Bruch eines Probestabs aus Gußeisen auftretenden Massenbeschleunigungen ohne elastisches Fundament nicht in Stockwerken aufgestellt werden könnte, weil dann Beschleunigungen von $20g$ (g = Erdbeschleunigung = $9{,}81$ m/s^2) aufgenommen werden müßten. Durch eine gummielastische Lagerung mit einem Federweg von 40 mm ist es möglich, die schwingende Last auf $\pm 1g$ zu vermindern. Es lassen sich mit Hilfe einer solchen Schwingungsisolierung auch Zerreißmaschinen noch größeren Ausmaßes als in Abb. 90c gezeigt in Stockwerken unterbringen.

4.1.9 Gummifedern in Stromabnehmern

Die Maschinenfabrik Stromag GmbH hat ein neues Stromabnehmergerät entwickelt, bei dem eine Gummifeder verwendet wird. Das Gerät wurde nach dem Baukastenprinzip konstruiert, d. h., es wurde ein einheitliches Grundgerät geschaffen,

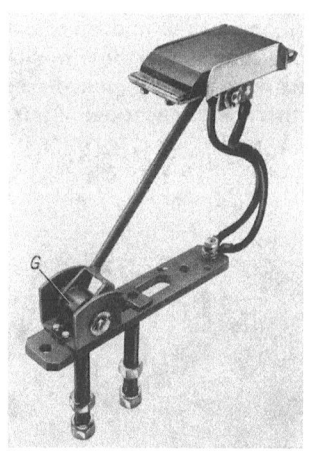
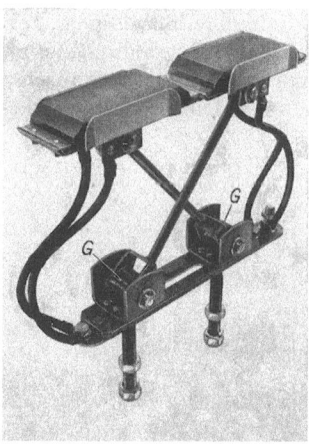
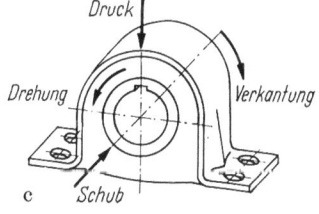

Abb. 91. Gummifedern in Stromabnehmern.
a) einarmig; b) zweiarmig; c) Form und Beanspruchung der Gummifedern *G*.

aus dem sich ein einarmiger oder ein doppelarmiger Stromabnehmer herstellen läßt (Abb. 91a u. b). Die Gummifeder, die jeweils im Punkt *G* ihren Platz hat, besitzt die in Abb. 91c gezeigte Form. Es handelt sich um ein von der Continental Gummiwerke AG gefertigtes Schwingmetallelement als Bügelgummifeder, bei dem der zwischen Hülse und Bügel anvulkanisierte Gummi elastische Verformungen auf Drehung, Druck, Schub und Verkantung zuläßt.

96 4. Anwendungsbeispiele

Bei Stromabnehmern muß die Schleifkohle an die Stromschiene gepreßt werden. Die dazu erforderliche Anpreßkraft wird aus der Drehelastizität der Gummifeder gewonnen. Sie kann maximal um 35° gedreht werden. Normal verlegte Stromschienen machen es notwendig, daß der Stromabnehmer auch eine gewisse Druckelastizität besitzt. Dadurch werden z. B. seitlicher Versatz der Laufkrane, Spiel im Spurkranz, Spiel in der Laufradnabe und ungenauer Verlauf der Stromschienen zu der Kranbahn elastisch ausgeglichen.

Die meisten Stromabnehmer werden waagerecht eingebaut. Sie müssen deshalb seitensteif sein. Zu diesem Zweck ist ein Lagerbock vorgesehen, der die Verkantungskräfte unelastisch aufnimmt. Bei senkrecht eingebauten Stromabnehmern, also bei nach oben oder nach unten drückenden Stromabnehmern, läßt man jedoch eine gewisse elastische Verkantung zu. Sie beträgt maximal 5°. Dies ist dadurch möglich, daß der Bolzen im Lagerschild abgesetzt wird.

4.2 Werkzeugmaschinenbau

Im modernen Werkzeugmaschinenbau ist man bestrebt, Verformungen und Schwingungen der Maschinen zu beseitigen oder zu vermindern. Begründet wurden diese Bestrebungen vor allem durch die Erkenntnis, daß die mit Hartmetallwerkzeugen erzielbaren hohen Schnittgeschwindigkeiten nur dann voll ausgenutzt werden können, wenn die Werkzeugmaschinen entsprechend leistungsfähig sind. Das bedeutet, daß sie ausreichend steif sind, also möglichst frei von inneren Verformungen, und daß außerdem die vielen schwingungserregenden Kräfte unterbunden oder wenigstens gemildert werden. Denn nur dadurch ist es möglich, große Schnittleistungen, große Standzeiten und hohe Oberflächengütegrade zu erhalten.

4.2.1 Feinbearbeitungsmaschinen

Bei Schleifmaschinen, Gewindeschleifmaschinen, Lehrenbohrwerken und Spezialdrehbänken geht es darum, Schwingungserregungen zu vermeiden, damit diese nicht auf das Maschinenbett und auf das Werkstück übertragen werden, weil sich diese sonst dort als Ungenauigkeit oder Unsauberkeit (Rattermarken) auswirken. Man

Abb. 92. Schwingungsisolierte Schnellhobelmaschine.

isoliert deshalb die im Maschinenbett eingebauten, schwingungserregenden Aggregate mit Hilfe von Gummifedern. Bei den Feinbearbeitungsmaschinen kommt hinzu, daß sie üblicherweise in den Maschinenhallen zusammen mit anderen Werkzeugmaschinen aufgestellt werden, die ihrerseits häufig störende Erregungen verursachen und so die Arbeitsgüte der Feinbearbeitungsmaschinen vermindern. In diesem Fall wird am besten die ganze Maschine auf Gummifedern gesetzt. Die Verminderung der Erschütterungen läßt sich bei richtiger schwingungstechnischer Abstimmung so weit treiben, daß die Erschütterungen fast völlig verschwinden.

4.2.2 Hobelmaschinen

Der Wunsch nach möglichst großer Vibrationsfreiheit ist auch dort vorhanden, wo Werkzeugmaschinen in höheren Stockwerken aufgestellt werden. Schon ein einfacher Schnellhobler wirkt, wenn er in der üblichen Art einbetoniert wird, als starker Schwingungserreger. Versieht man ihn mit einer Gummifederung (Abb. 92), dann tritt eine ausreichend große Verminderung der Erschütterung ein.

4.2.3 Pressen, Stanzen, Scheren und Hämmer

Oft ist es notwendig, die schweren Stöße und Schläge, die von Hämmern, Pressen, Stanzen und Scheren ausgehen, an ihrer Weiterleitung zu verhindern. Bei diesen Maschinen werden kurzzeitig große Kräfte ausgelöst, die sich bei fester Aufstellung in den Untergrund weiterleiten und Fußboden, Decken und Wände zum Schwingen bringen. Die Gebäudeteile strahlen dann auch hörbare Luftschwingungen ab, so daß neben den Erschütterungen auch starke Geräuschbelästigungen auftreten. Diesem Übel kann man durch geeignete Gummifederungen wirksam entgegentreten. So isoliert man z. B. Schlagscheren durch acht druckbeanspruchte, runde Scheibengummifedern, von denen je vier über eine Eisenplatte zur Erzielung einer ausreichend großen Standfestigkeit zusammengefaßt sind.

Abb. 93 zeigt eine gummigefederte schwere Exzenterpresse. Sie sitzt auf acht Maschinenfüßen gemäß Abb. 71. Der Maschinenfuß nimmt die Schlagkräfte in senkrechter Richtung weich auf und ist dabei in waagerechter Richtung genügend steif, um ein Schwimmen der Presse zu vermeiden. Gummifedern dieser Art werden mit gutem Erfolg auch bei Holzbearbeitungsmaschinen verwendet. Drehbänke und Schleifmaschinen werden ebenfalls mit Vorteil durch Gummifedern gegen Vibrationen geschützt.

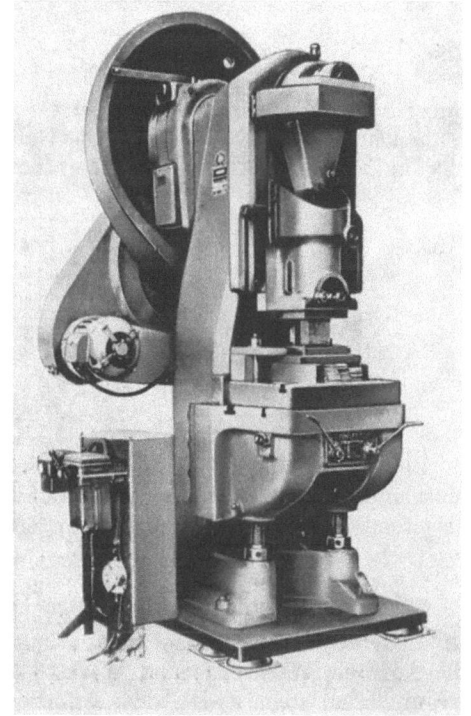

Abb. 93. Schwingungsisolierte schwere Exzenterpresse.

4.2.4 Drehmaschinen

Abb. 94a zeigt einen Automatensaal, in dem alle Drehautomaten schwingungsisoliert aufgestellt sind. Zur Isolierung dienen hier Barrymount-Gummifedern gemäß Abb. 94b. Jede Feder ist mit einer Nivelliereinrichtung versehen. Die Abbildung zeigt links die Gummifeder beim Einbau, rechts nach dem Ausnivellieren.

Abb. 94a. Schwingungsisolierte Revolverdrehautomaten in einem Automatensaal.

Die Barrymount-Gummifeder erlaubt es, Werkzeugmaschinen verankerungsfrei aufzustellen. Zur Verminderung der Geräusche im Automatensaal dient eine schallschluckende Deckenverkleidung. Das Gebiet der Drehmaschinen umfaßt die kleinsten Mechanikerdrehbänke bis zu den großen Walzenbänken.

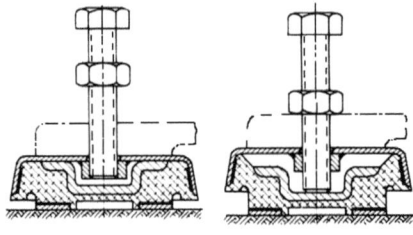

Abb. 94b. Gummifeder als Maschinenfuß mit Nivelliereinrichtung. *Links:* Eingebaute Gummifeder; *rechts:* nach dem Nivellieren.

Beim Arbeiten an schwingungsisolierten Werkzeugmaschinen müssen sich die Maschinenarbeiter damit vertraut machen, daß bei starkem Andruck der zu bearbeitenden Werkstücke oder bei sonstigen, von außen kommenden Kräften geringe elastische Bewegungen der Maschinen auftreten können.

4.2.5 Gummielastische Druckspeicher in Werkzeugmaschinen

Moderne Werkzeugmaschinen enthalten häufig hydraulische Anlagen. Sie haben die Aufgabe, Werkzeuge und Werkstücke zu spannen, zu bewegen und diese Bewegungen zu steuern. Die dazu erforderlichen Kräfte werden durch Öl mit Hilfe von Pumpen übertragen. In Zusammenhang mit solchen Hydraulikanlagen haben

Hydrospeicher eine besondere Bedeutung erlangt. Mit ihnen können Leistungsspitzen elastisch abgefangen werden. Das geschieht dadurch, daß während eines Arbeitsgangs, der nicht die volle Leistung der Antriebseinheit erfordert, Kräfte gespeichert werden, die dann für einen anderen Arbeitsgang zu verwenden sind, der einen über der Nennleistung liegenden Arbeitsaufwand verlangt. Die gespeicherte Kraft kann aber auch dazu benutzt werden, Druckverluste auszugleichen, die bei länger anhaltenden Spannvorgängen durch Lecköl entstehen. Auf diese Weise wird z. B. sichergestellt, daß sich ein ölhydraulisch gespanntes Werkstück während seiner Bearbeitung nicht lockern kann.

Der von der Robert Bosch GmbH entwickelte Hydrospeicher besteht gemäß Abb. 95 aus einer gummielastischen Speicherblase, die über ein einvulkanisiertes Gasventil *1* in der oberen Behälteröffnung befestigt ist. Die Blase *2* wird mit Hilfe

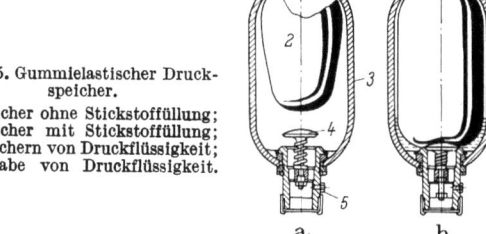
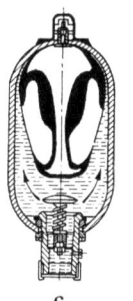
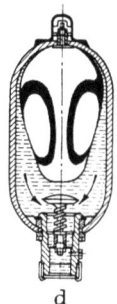

Abb. 95. Gummielastischer Druckspeicher.
a) Speicher ohne Stickstoffüllung;
b) Speicher mit Stickstoffüllung;
c) Speichern von Druckflüssigkeit;
d) Abgabe von Druckflüssigkeit.

a   b   c   d

einer Gasfülleinrichtung mit Stickstoff beschickt. Sie legt sich beim Füllen an die Gehäusewand *3* an, wobei sie das Tellerventil *4* schließt. Wird nun von der Hydraulikpumpe durch das vom Öldruck geöffnete Tellerventil Öl in den Speicherraum gefördert, dann wird das Gas in der Speicherblase unter gleichzeitigem Druckanstieg zusammengedrückt, und in dem frei werdenden Raum wird Öl gespeichert. *5* ist eine Entlüftungsschraube. Die Speicherblase besteht aus hochwertigem Gummi auf SK-Basis. Der maximale Arbeitsdruck beträgt 200 kp/cm^2, die mittlere zulässige Speichertemperatur liegt zwischen -15 und $+65$ °C. Die Hydrospeicher unterliegen der Unfallverhütungsvorschrift „Druckbehälter" des Hauptverbandes der gewerblichen Berufsgenossenschaften und müssen durch den TÜV abgenommen werden.

Die Gummiblase gehört zur Gruppe der Gummimembranen, die ganz allgemein elastische Trennwände zwischen zwei Räumen bilden. Sie übertragen Kräfte oder leiten Schaltvorgänge, Regelvorgänge usw. ein, wobei sie einseitig oder wechselseitig druckbeaufschlagt werden. Man verwendet sie bei Pumpen und bei vielen anderen pneumatischen und hydraulischen Geräten (s. Literatur Werkzeugmaschinen).

4.3 Fahrzeuge

Die Konstruktion von Gummifedern für Fahrzeuge erfordert eine genaue Kenntnis der Spannungs- und Elastizitätsverhältnisse im Gummi, weil gerade in diesem hochelastischen Werkstoff bei falscher Formgebung oder bei unrichtiger Beanspruchungsrichtung hohe Spannungsspitzen auftreten, die zu baldiger Zerstörung führen. Fahrzeuggummifedern müssen daher nicht nur schwingungstechnisch und beanspruchungsmäßig sorgfältig berechnet und konstruiert werden, sondern sie bedürfen auch einer ausreichenden Dauererprobung in der Praxis. Außerdem dürfen nur die besten Gummisorten dazu verwendet werden.

100 4. Anwendungsbeispiele

Moderne Fahrzeuggummifedern werden im allgemeinen aus NK-Mischungen gefertigt. Sie sollen nach JÖRN etwa die in Tab. 8 angegebenen mechanischen Eigenschaften besitzen.

Tabelle 8. *Mechanische Eigenschaften von Fahrzeuggummifedern*

Härte	50 sh
Schubmodul	7,2 kp/cm²
Wechselfestigkeit	3,5 kp/cm²
Fließen (Endwert) in Prozent der elastischen Verformung unter statischer Belastung bei 20°	6—8%
Formänderungsrest in Prozent der elastischen Verformung unter statischer Belastung bei 20°	4%
Setzung (Endwert) in Prozent der elastischen Verformung unter dynamischer Dauerbelastung	5—6%
Dämpfung bei Wechselbelastung mit einer Frequenz von 16²/₃ Hz und einer Schiebewinkelamplitude von $\gamma = \pm 0{,}15$	15%
Dynamische Verhärtung bei Wechselbelastung wie vorher	10%
Kältebeständigkeit	
Federkonstante unverändert bei	—15 °C
Federkonstante um 50% härter bei	—25 °C
Einfrierpunkt	—55 °C

4.3.1 Straßenfahrzeuge

4.3.1.1 Fahrzeugmotor. Abb. 96 zeigt einen schwingungstechnisch richtig abgefederten Fahrzeugmotor. Die Schräglagerung dient dazu, die elastische Ebene höher zu legen, wodurch eine größere Stabilität und auch eine Entkoppelung der verschiedenen Eigenschwingungszahlen erzielt wird. Die Gummifederung wird

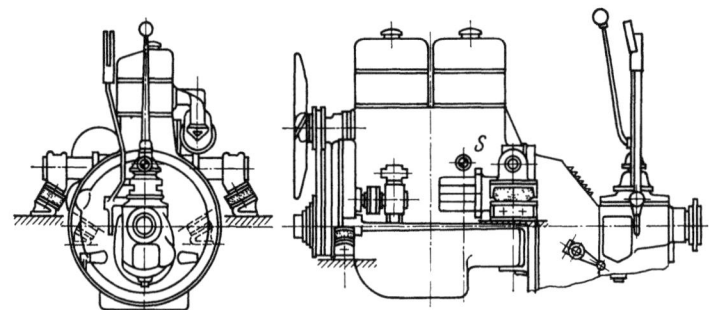

Abb. 96. Schwingungsisolierter Fahrzeugmotor.

von Fall zu Fall unter Beachtung der gegebenen räumlichen Verhältnisse und der technischen Daten des Motors ausgelegt. Dabei wird versucht, die Eigenschwingungszahl möglichst weit unterhalb der erregenden Frequenzen zu legen. Je größer das Verhältnis der erregenden Frequenz zur Eigenfrequenz ist, um so höher ist auch der Isolierwirkungsgrad. Beim Fahrzeugmotor ist zusätzlich noch die Stabilität beim Anfahren, Bremsen und Kurvenfahren zu berücksichtigen. Auch darf der Motor durch das maximale Drehmoment beim Rückwärtsgang wie auch beim 1. Gang keine zu großen Verkantungen um die Längsachse aufweisen. Die Gummifedern werden so berechnet, daß die Beanspruchungen aus Motorgewicht und den dynamischen Kräften im allgemeinen unter 5 kp/cm² liegen, und nur in Sonderfällen geht man darüber hinaus. Diese niedrigen Beanspruchungen machen es erklärlich, daß es bei Motorgummifedern praktisch keine Ermüdungsbrüche gibt.

Für elastische Lagerungen von Fahrzeugmotoren werden heute allgemein gebundene Gummifedern verwendet. Hierbei ist man von der früher üblichen Belastung auf reinen Druck abgekommen zugunsten der Druck-Schub-Belastung. Wenn man unterschiedliche Grade von Steifigkeit braucht, werden Zwischenringe einvulkanisiert. Zu demselben Zweck wird der Gummi ausgespart.

Eine sehr sorgfältig ausgearbeitete Motorlagerkonstruktion für Personenkraftwagen ist die keilförmige Kastengummifeder, die in Abschn. 3.1.4 beschrieben und in Abb. 65 gezeigt ist. Zur Schwingungsisolierung von Motoren für Lastkraftwagen dient die analog aufgebaute Gummifeder nach Abb. 97. Einbaubeispiele von zwei anderen Konstruktionen mit Gummielementen zwischen Motor 1 und Rahmen 2 zeigt Abb. 98a und b.

Abb. 97. Motorgummifeder für Lastkraftwagen.

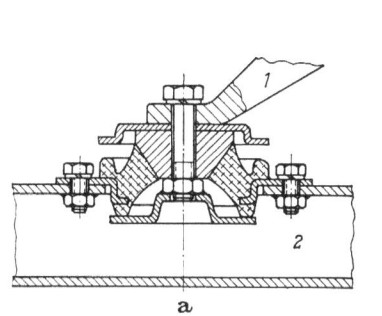 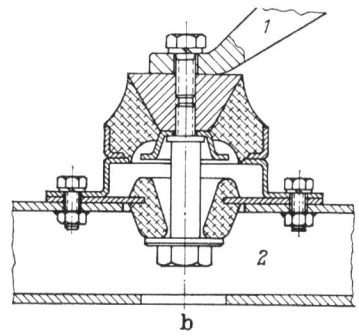

Abb. 98a u. b. Einbaubeispiele von Motorgummifedern.

4.3.1.2 Personenkraftwagen. Im modernen Fahrzeugbau werden alle vom Triebwerk, vom Laufwerk und von der Karosserie ausgehenden Schwingungen, Erschütterungen und Geräusche vom Fahrgastraum ferngehalten, so daß ein angenehmes Fahren gewährleistet ist. Zu diesem Zweck wird Gummi in einer Vielzahl von Konstruktionsformen verwendet. So waren beispielsweise in dem Personenkraftwagen Mercedes-Benz Typ 180 insgesamt 498 Gummiteile, zum Teil als Gummifedern, eingebaut. Rechnet man das Gewicht des Profilgummis hinzu, der für Abdichtzwecke verwendet wurde, und die verschiedenen Gummischläuche, dann betrug das Gewicht der Gummiteile etwa 85 kp, also etwa 8% des Trockengewichts des Wagens.

Die Abb. 99a, b und c zeigen die Anwendung von Gummifedern in der neuen Personenwagen-Baureihe Mercedes-Benz, Typ 200 bis 250.

In Abb. 99a ist die Vorderachse dargestellt. Die Räder sind an Doppelquerlenkern unabhängig voneinander am Vorderachsträger in wartungsfreien Gummifedern aufgehängt, die wirkungsvoll die Geräuschübertragung von der Fahrbahn auf die Karosserie dämpfen. Als Bremsnickabstützung wirken die gegeneinander verschränkten Drehachsen der Querlenker. Die Achsschenkel sind je über zwei wartungsfreie Kugelgelenke an den Querlenkern montiert. Der Vorderachsträger ist an vier Punkten über weiche Gummifedern mit der Rahmenbodenanlage verbunden.

Abb. 99b zeigt die Hinterachse. Radführungs- und Radantriebsteile sind voneinander getrennt an einem Hinterachsträger montiert, der an drei Punkten über weiche Gummifedern mit der Rahmenbodenanlage verbunden ist. Die Räder werden einzeln von Lenkern geführt, die in Gummibuchsen am Hinterachsträger gelagert sind. Die Lage der Lenkerdrehachsen, schräg zur Fahrtrichtung (diagonal), ist so gewählt, daß die Pendellänge der Hinterräder fast so groß ist wie die Spurweite. Beim Ein- und Ausfedern und beim Kurvenfahren ergeben sich dadurch nur sehr geringe Änderungen von Sturz und Spur. Die beim Bremsen auftretenden Momente werden über die Lenker abgestützt. Die Lenkerabmessungen und die Federanordnung verhindern weit-

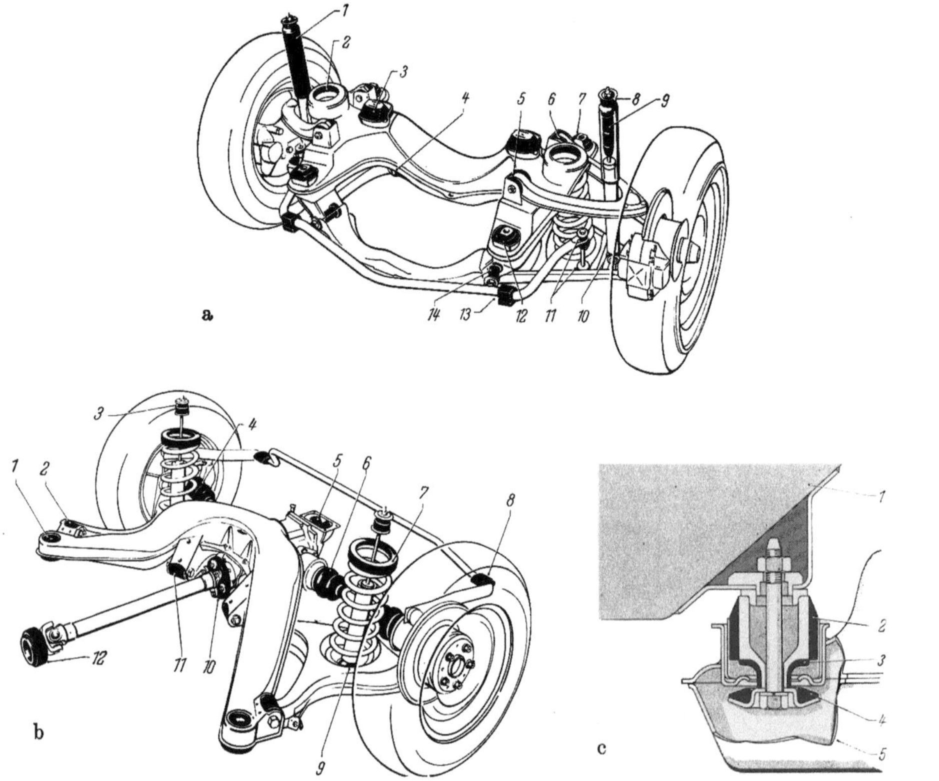

Abb. 99. Gummiteile an Achsen von Mercedes-Benz-Personenkraftwagen.

a) Vorderachse. *1* Schutzhülse, *2* Gummiring, *3* Motorlager, *4* Lager unterer Querlenker, *5* u. *6* Lager oberer Querlenker, *7* Lager Vorderachsträger, *8* Stoßdämpfer Gummiringe, *9* Anschlagpuffer, *10* Stoßdämpfer Lager, *11* Gummipuffer, *12* Lager Vorderachsträger, *13* Lager Drehstab, *14* Lager unterer Querlenker.

b) Hinterachse. *1* Lager Hinterachsträger, *2* Lager Schräglenker, *3* Stoßdämpfer Gummipuffer, *4* Manschette an Achswelle, *5* Lager Hinterachsmittelstück, *6* Manschette an Achswelle, *7* Lager Schraubenfeder, *8* Lager Drehstab *9* Lager Stoßdämpfer, *10* Gelenkscheibe, *11* Lager Schräglenker, *12* Lager Gelenkwelle.

c) Vorderachsträger. *1* Karosserie, *2* Gummilager, *3* Anschlagteller, *4* Anschlagpuffer, *5* Vorderachsträger.

gehend ein Anheben des Wagenhecks beim Bremsen. Der Drehstabstabilisator hält die Seitenneigung beim Kurvenfahren in engen Grenzen.

Abb. 99c ist eine Schnittzeichnung des Vorderachsträger-Gummilagers aus Abb. 99a, Position *7* und *12*.

Abb. 100. Gummifederpakete an einem Lastkraftwagen.

4.3 Fahrzeuge

4.3.1.3 Lastkraftwagen. Abb. 100 zeigt eine Gummifederung für Lastkraftwagen. Es handelt sich dabei um ein Gummifedersystem, bei welchem schub- und druckbeanspruchte Federpakete verwendet werden. Zwei solcher Gummifederpakete sind symmetrisch zur Achse angeordnet, und zwar so, daß sie einerseits an einem keilförmigen Befestigungsbock mit der Achse und andererseits an einem ebenfalls keilförmigen Befestigungsbock mit dem Fahrgestellrahmen verbunden sind. Beim Schwingen der Achse wird der Gummi auf Schub und Druck beansprucht, wodurch eine besonders günstige Werkstoffausnützung, größte Dauerfestigkeit und eine gleichmäßige Spannungverteilung über den ganzen Querschnitt des Gummis erzielt wird. Die einvulkanisierten Zwischenbleche dienen dazu, die Feder in Fahrtrichtung hart zu machen, damit eine gute Achsführung ermöglicht wird. Auch kann dadurch das Bremsmoment von der Feder aufgenommen werden. Die besondere Anordnung der Gummifederpakete hat den Vorteil, daß sie bei zunächst großen Federwegen weich ansprechen, dann aber zunehmend härter werden, so daß bei Leer- und Lastfahrt gleich gute Federungseigenschaften gegeben sind.

Abb. 101 zeigt die Befestigung des Führerhauses mit der Rahmenkonstruktion eines Lastkraftwagens.

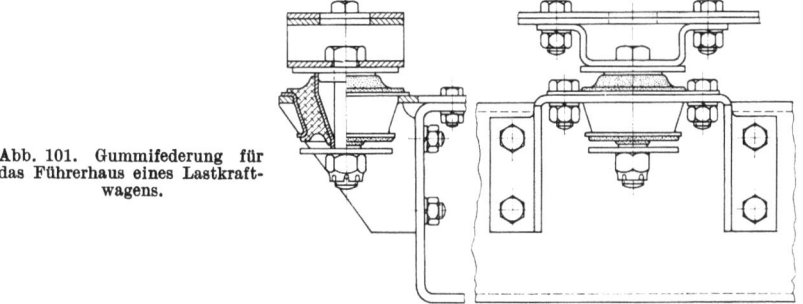

Abb. 101. Gummifederung für das Führerhaus eines Lastkraftwagens.

Bei der kurz als Luftfeder bezeichneten Gummiluftfeder handelt es sich um eine Konstruktionsform, bei der Luft in einem gewebearmierten Gummibalg komprimiert ist. Sie ist für solche Fälle geeignet, bei denen die abzufedernde Masse eines Schwingungssystems variabel ist. Das ist vor allem bei Kraftfahrzeugen der Fall. Mit Hilfe einer Druckluftanlage und geeigneter Steuerventile erreicht man, daß sich die Luftfeder den wechselnden Belastungsverhältnissen automatisch anpaßt. Wird die Belastung größer, dann steigt der Luftdruck, wird sie kleiner, dann sinkt er. Dadurch erhält man einen konstanten, von der jeweiligen Belastung unabhängigen Federweg und damit gemäß Abschn. 2.3.1.4 eine konstante Eigenfrequenz. Die Luftfeder kann zusätzlich dadurch weicher gemacht werden, daß man das Luftvolumen des Gummibalgs durch Hinzuschalten von festen Luftbehältern vergrößert.

Die Gummiluftfeder wird fast ausschließlich in Lastkraftwagen verwendet.

4.3.1.4 Fahrzeugsitze. Fahrzeugsitze werden meistens mit Schaumgummi gepolstert. Die

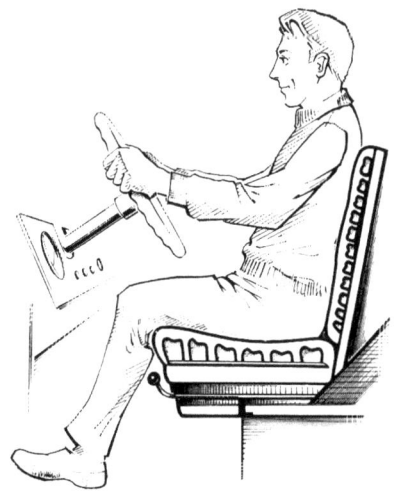

Abb. 102. Fahrzeugsitz aus Schaumgummi.

104   4. Anwendungsbeispiele

besonderen Federeigenschaften werden durch die im Schaumgummi eingeschlossene Luft wesentlich mitbestimmt, die in vielen kleinen Zellen verteilt ist. Schaumgummi ist weich, aber formbeständig, hochelastisch, geruchlos und leicht. Er paßt sich als Sitz der Körperform genau an, wodurch ein sehr bequemes Sitzen möglich ist, was besonders bei langen Fahrten angenehm empfunden wird (Abb. 102).

Eine Neuentwicklung der Gesellschaft für technischen Fortschritt mbH ist die gummielastische Rückenlehne gemäß Abb. 103a und b. Es ist zu erkennen, daß die Rückenlehne mit Hilfe von 4 Gummifedern mit dem feststehenden Sitz elastisch

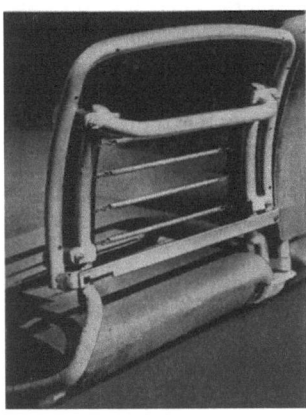
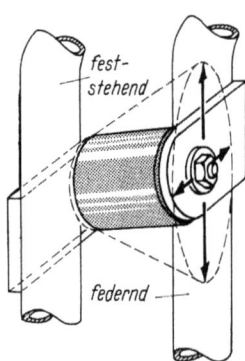

Abb. 103a. Gummielastische Rückenlehne.   Abb. 103b. Gummifeder zur elastischen Rückenlehne.

verbunden ist. Abb. 103b zeigt, daß die federnde Rückenlehne nicht nur vertikale, sondern auch horizontale Schwingungen ausführen kann. Das hat zur Folge, daß man beim Kurvenfahren nicht mehr, wie beim gewöhnlichen Sitz, vom Rückenpolster wegrutscht. Dadurch fällt das bisher übliche Festhalten mit Händen und Beinen weg, ebenso auch das Zerknittern oder Herausrutschen der Kleidung. Den größten Vorteil bietet diese Rückenlehne jedoch in gesundheitlicher Hinsicht. Dadurch, daß die Lehne in Hochrichtung elastisch ist, braucht das Rückgrat des Fahrenden nur noch die Verformung der Gummifedern aufzunehmen und nicht mehr die gesamte Reibungskraft zwischen Rücken und Lehne. Für den Fahrer bedeutet das eine Verringerung der Ermüdung und damit eine größere Sicherheit.

4.3.2 Schienenfahrzeuge

Im Vergleich zu den luftbereiften Straßenfahrzeugen sind die unabgefederten Massen bei den Schienenfahrzeugen verhältnismäßig groß. Sie bestehen aus den Stahlradsätzen (Radscheibe, Radkranz und Achse) und aus den Gleit- oder Wälzlagern, auf denen sich die Federung befindet. Dazu kommen bei elektrischen Trieb- und Straßenbahnwagen meist noch der unmittelbar auf der Achse gelagerte Tatzlagermotor und das Getriebe.

Zur Abfederung dieser Massen stehen heute ausgereifte Gummifederkonstruktionen zur Verfügung. Durch ihre Anwendung wird das Fahren für die Reisenden erheblich angenehmer. Man kann außerdem leichter bauen, schneller fahren und das alles bei erhöhter Lebensdauer der Fahrzeuge und der Schienen.

4.3.2.1 Gummibereifte Schienenräder. Die Ursache für das lästige Fahrgeräusch bei Schienenfahrzeugen liegt in dem Abrollen der stählernen Räder auf den Stahlschienen. Infolge der Unebenheiten der Schienen schlagen die Räder ununterbrochen auf den Schienenstrang und erzeugen Lärm. Um dies zu vermeiden, baut die französische Reifenfabrik Michelin & Co. ein Schienen-Pneurad, dessen Konstruktion aus Abb. 104 zu ersehen ist. Dieser Schienenluftreifen besteht aus Decke und Schlauch, welche (wie beim Kraftfahrzeug) auf einer Felge bzw. auf einer Radscheibe aufsitzen, und außerdem aus einem stählernen Spurkranz, durch den der Reifen seine seitliche Führung erhält.

Die ersten Anfänge zur Herstellung solcher Räder reichen bis in das Jahr 1927 zurück. Heute laufen bereits mehrere D-Zugwagen in den Schnellzügen Paris—Straßburg, die mit gummibereiften Rädern ausgerüstet sind. Die Tragkraft eines

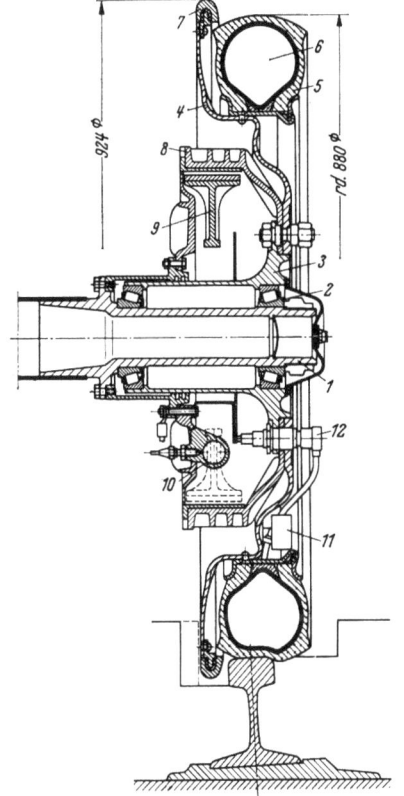

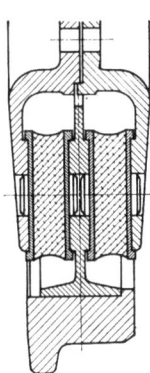

Abb. 105. Gummigefedertes Straßenbahnrad.

←

Abb. 104. Gummibereiftes Eisenbahnwagenrad.

1 Achse, *2* Kegelrollenlager, *3* Nabe, *4* Radscheibe, *5* Luftreifen, *6* Luftkammer, *7* Spurkranz, *8* Bremstrommel, *9* Bremsbacke, *10* Radbremszylinder, *11* Manometer, *12* Kontaktvorrichtung.

Rades beträgt 1300 kp. Da ein Wagen 26 Mp wiegt, braucht man 20 Räder, d. h. 2 fünfachsige Drehgestelle. Jedes Pneurad ist mit einem Manometer ausgestattet, welches Luftdruckverluste im Reifen sofort dem Zugführer signalisiert. Die Lebensdauer solcher Reifen beträgt zur Zeit 75000 km; der Reifendruck 9 kp/cm^2.

Wie die Französischen Staatsbahnen hat auch die Schweizerische Bundesbahn Eisenbahnzüge mit gummibereiften Wagenrädern nach dem System Michelin versuchsweise in Gebrauch genommen. Die neuen Wagen einer Pariser Untergrundbahn-Linie sind ebenfalls versuchsweise mit Gummireifen ausgerüstet worden, allerdings in einer etwas anderen Konstruktion.

4.3.2.2 Gummigefederte Schienenräder. Wenn zwischen Felge und Nabe eines normalen stählernen Schienenrades Gummi eingesetzt wird, dann verringert sich der sonst übliche Lärm beträchtlich. Diese Erkenntnis führte dazu, gummigefederte Schienenräder zu bauen. Es gibt sehr viele verschiedene Konstruktionsformen. Eine der ältesten ist in Abb. 105 dargestellt. Es handelt sich um ein Straßenbahnrad mit schubbeanspruchten Scheibenfedern aus Perbunan. Eine größere Anzahl solcher Räder ist in deutschen Straßenbahnbetrieben praktisch erprobt worden. Dabei ergab sich eine weiche Federung der Straßenbahnwagen bei gleichzeitiger

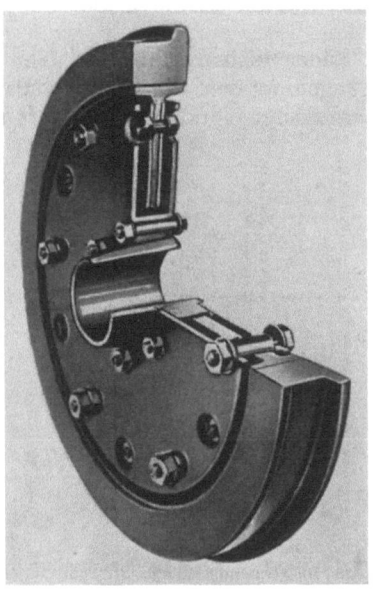 

Abb. 106. Schienenrad mit gebundenen Scheibengummifedern. Abb. 107. Schienenrad mit gefügten Scheibengummifedern.

hervorragender Körperschallisolierung des Wagenkastens gegen die beim Abrollen der Räder auf den Schienen entstehenden Geräusche.

Gute Erfahrungen wurden in der Schweiz mit gummigefederten Rädern ähnlich Abb. 105 gemacht. Dort laufen z. B. bei der Züricher Straßenbahn seit 1941 Wagen,

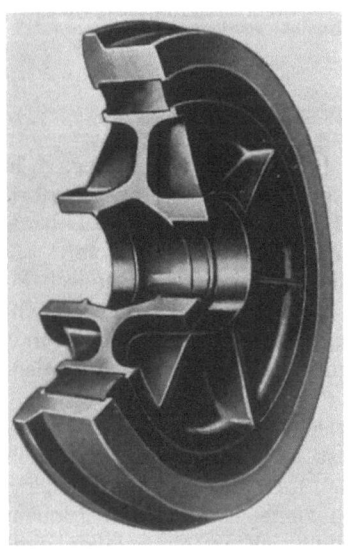

die mit solchen Rädern ausgerüstet sind. Außer der für die Fahrgäste sehr angenehm wirkenden Schwingungs- und Schalldämmung ergab sich noch der Vorteil, daß die Spurkränze, Weichen und Geleise erheblich geschont werden. Der Verschleiß an Radreifen und Schienen ist seit der Einführung von gummigefederten Radsätzen um 40% gesunken.

Heute gibt es in Deutschland zwei grundsätzlich verschiedene Ausführungsformen von gummigefederten Schienenrädern. Bei der einen Bauart werden auf Schub beanspruchte Scheibenfedern verwendet (Abb. 106 u. 107), bei der anderen auf Druck beanspruchte gebundene Gummiringe (Abb. 108). Bei den Scheibenfederkonstruktionen gibt es solche, bei denen der Gummi an die Radscheiben gebunden ist (Abb. 106). Dann

Abb. 108. Schienenrad mit gebundenem Druckgummiring.

gibt es solche, bei denen der Gummi in Vertiefungen durch Reibungsschluß gehalten wird. Bei einer dritten Bauart werden die Scheibenfedern einfach zwischen die Radscheiben gelegt und durch den Anpreßdruck der Schrauben gehalten (Abb. 107). Es hat sich gezeigt, daß die früheren Einfräsungen, in denen die Scheibenfedern eingelassen waren, nicht erforderlich sind und daß die Gummifedern allein durch die Adhäsion während des Fahrbetriebs gehalten werden können.

Gummigefederte Räder haben sich vor allem an Straßenbahnwagen bewährt. Die Lebensdauer beträgt dort etwa 1,5 Mill. Fahrkilometer, wie die Erfahrungen in Europa und in den USA gezeigt haben. Bei den Eisenbahnen können gummi-

Abb. 109. Gummifederpakete an einem Straßenbahndrehgestell.

gefederte Räder ebenfalls vorteilhaft eingesetzt werden, wie in Schweden, Italien und Frankreich nachgewiesen wurde. Ihr Einsatz ist besonders angezeigt bei Schlaf-, Speise- und Personenwagen.

Die wichtigsten Vorteile der gummigefederten Räder sind:
a) geräusch- und stoßgedämpftes Fahren,
b) Verringerung der ungefederten Massen,
c) besseres Abrollen über die Fahrbahnunebenheiten,
d) geringerer Verschleiß der eisernen Reifenspurkränze,
e) Herabsetzung der Riffelbildung der Schienen.

Für gummigefederte Schienenräder werden nur dämpfungsarme Gummimischungen verwendet, die auch nach längerem Fahren mit hoher Geschwindigkeit nur mäßige Erwärmung zeigen (geringe Walkarbeit). So hat z. B. ein Rad von 600 mm Durchmesser, das mit 3000 kp belastet ist und eine Geschwindigkeit von 60 km/h hat, bei 4 mm Federweg und 6% dynamischer Dämpfung des Gummis nur eine Verlustleistung von 0,15 PS.

Bei den Neuentwicklungen von gummigefederten Schienenrädern ist man bemüht, Konstruktionen zu schaffen, bei denen die Gummifedern kombiniert auf Schub und Druck beansprucht werden. Wegen des dadurch entstehenden V-förmigen Querschnitts der Gummifeder nennt man solche Räder V-Räder.

4.3.2.3 Gummigefederte Fahrgestelle. Beim Bau von Schienenfahrzeugen geht man heute zwecks Erzielung größerer Fahrgeschwindigkeiten immer mehr zum Leichtbau über. Daraus ergibt sich die Notwendigkeit, möglichst erschütterungsfrei und geräuscharm zu konstruieren, weil leicht gebaute Wagen besonders empfindlich sind gegenüber Vibrationen, Stößen und Geräuschen.

In Deutschland wurde in mehrjähriger Arbeit ein Gummifedersystem zur elastischen Lagerung von Straßenbahndrehgestellen entwickelt (Abb. 109). Die Achsfeder a besteht aus Paketen von Gummischeibenfedern, die in ganz bestimmten Richtungen angeordnet sind. Hierdurch übernehmen die Gummifedern die Federung in 3 Ebenen und gleichzeitig die Führung der Achse, ohne daß zusätzliche Gelenke oder Führungselemente verwendet werden müssen. Die anvulkanisierten Zwischenlagen aus Stahl bewirken eine gleichmäßige Verteilung der Schubspannungen über den ganzen Querschnitt. Durch die gleichzeitige Beanspruchung auf Schub und auf Druck wird die höchstmögliche Dauerhaltbarkeit erreicht. Die Federn werden statisch durch den Raddruck belastet, dem sich eine dynamische Beanspruchung überlagert. Die dynamische Spannung, bei welcher die Federn bei dieser kombinierten Beanspruchung unbegrenzt haltbar sind, beträgt ± 15 kp/cm² Druck und ± 2 kp/cm² Schub. Ähnliche Federpakete *b* werden auch zur Abfederung des Wiegebalkens bei Drehgestellen verwendet. Eine Zusammenstellung der Eigenschaften solcher Federpakete enthält Tab. 9.

Tabelle 9. *Eigenschaften von Gummifederpaketen für die Achsfederung von Schienenfahrzeugen*

Federgröße	Anstellwinkel der Federpakete gegen die Senkrechte [°]	Zulässige statische Belastung* P_{stat} [kp]	Federweg bei P_{stat} f [mm]	Federkonstante [kp/cm]**		
				für vertikale Kräfte	für seitliche Kräfte	für Kräfte in Fahrtrichtung
1	5—14	2500—4500	45	550—1500	5500—7500	12000—16000
2	5—14	2100—3800	45	480—1250	4400—6000	9000—12000
3	5—14	3000—5600	45	670—1850	6000—9000	14000—20000

* d. h. Belastung der Feder bei vollbesetztem Wagen.
** Je nach Anstellwinkel und Gummiqualität.

Um bei der Abfederung von Straßenbahnen gleich gute Federungseigenschaften bei leerem und besetztem Wagen zu erreichen, kommt man ohne Federungen mit progressiver Charakteristik nicht aus. Die Achsen werden deshalb gemäß Abb. 110

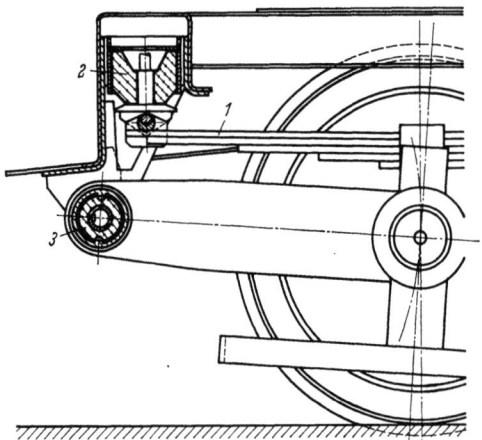
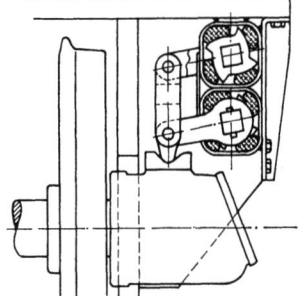

Abb. 110. Gummifedern an einem Straßenbahnwagen. Abb. 111. Walzengummifedern in einer Rangierlokomotive.

in Lenkern geführt, die durch eine drehbeanspruchte Hülsenfeder nachstellbar sind. Über den Achsbuchsen gelagerte Blattfedern *1* stützen sich mit ihren Enden auf besonders gestalteten Gummifedern *2* (Topfpuffer) ab und nehmen mit ihren beiden oberen durchgehenden Lagen auch die Seitenkräfte auf. Die vorgeschalteten Gummifedern *3* sind zylindrische Körper mit einer inneren Bohrung und konischen Endflächen. Durch die Wahl der Gummiqualität können die Federungseigenschaften dieser Gummifedern in weitgehenden Grenzen beeinflußt werden. Durch einfache Holzeinlagen lassen sich auch an bereits fertigen Wagen mit Leichtigkeit die Federungseigenschaften noch ändern.

Abb. 111 zeigt zwei Neidhart-Gummifedern, die in einer dieselelektrischen Rangierlokomotive eingebaut sind. Diese Lokomotiven werden besonders für Schiebedienste in Kohlengruben, in Minen, in der Schwerindustrie, Häfen, Petrolraffinerien und in Armeedepots verwendet. Es hat sich erwiesen, daß die Neidhart-Federn in all diesen Anwendungsfällen eine Reihe von Vorteilen besitzen. Sie vermindern die Ermüdung des Lokomotivführers, die Spurkranzabnutzung und die Entgleisungsgefahr. Schließlich setzen sie die Unterhaltungskosten herab, weil die Gummifederelemente keine Wartung benötigen.

Eine besonders konstruierte Gummifederung für Lokomotiven zeigt Abb. 112. Im allgemeinen müssen die Gummifedern im Schienenfahrzeugbau für hohe Belastungen ausgelegt werden, wobei für relativ kleine Laständerungen große Durchfederungsunterschiede verlangt werden. Dieser Forderung entspricht die Gummifederung nach Abb. 112 besonders gut.

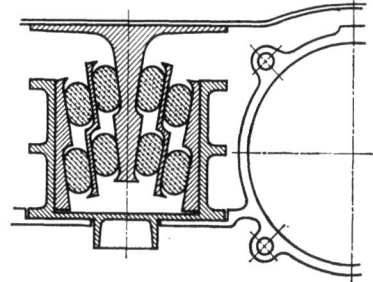

Abb. 112. Gummifederung für Schienenfahrzeuge.

Die Glockengummifeder nach Abb. 113a hat sich als Gummi-Achslagerfeder bei Schienenfahrzeugen im Braunkohlentagebau, also an Lokomotiven und Wagen, hervorragend bewährt. Reparaturen und Unterhaltungskosten an Federn sind weggefallen und der Radreifenverschleiß ist um 30% zurückgegangen, so daß die Laufzeiten der Fahrzeuge zwischen zwei Reparaturen fast auf das Doppelte angestiegen sind. Die Federkennlinien in Abb. 113b für Vertikalbeanspruchung ver-

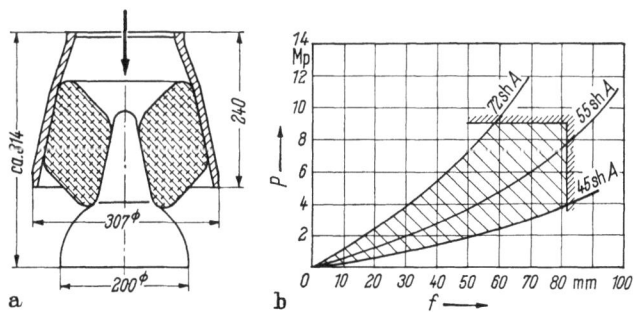

Abb. 113a u. b. Glockenfeder als Gummiachslagerfeder.

mitteln eine Vorstellung von den Kraft- und Wegverhältnissen bei der Glockengummifeder, vor allem im Vergleich zu der Ringgummifeder nach Abb. 77 aus dem Gebiet der Feinwerktechnik. Es wird bei diesem Vergleich deutlich, wie breit der Anwendungsbereich der Gummifedern auch hinsichtlich der Belastungsanforderungen heute bereits ist.

4.3.2.4 Auf Gummi gelagerte Schienen. Üblicherweise werden die Schienen auf Holzschwellen befestigt. Holz wurde bisher bevorzugt, weil es recht elastisch ist und dämpfend wirkt. Im modernen deutschen Gleisbau werden jedoch Schwellen aus Spannbeton verwendet, weil es dadurch möglich ist, mehrere Kilometer lange, lückenfrei geschweißte Schienen zu verlegen. Der Vorteil solcher Schienen liegt darin, daß die Schienenstöße wegfallen, wodurch sich ein angenehmeres Fahren ergibt. Außerdem sind die Unterhaltungskosten geringer.

Beton ist aber wenig elastisch. Deshalb werden zwischen die Schienen und die Spannbetonschwellen Gummiplatten von bestimmter Konstruktion und Qualität gelegt (Abb. 114). Es handelt sich um Gummiplatten, die auf der Ober- und Unterseite trapezförmige Rillen besitzen und hierdurch die erforderliche Druck- und Schubelastizität aufweisen. Wegen der großen Temperaturschwankungen, die in

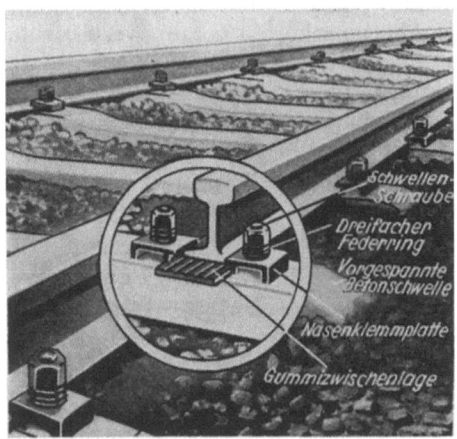

Abb. 114. Auf Gummiplatten gelagerte Eisenbahnschienen.

unserem Klima zwischen Sommer und Winter den Bereich von -30 bis $+60\,°C$ umfassen, wird synthetischer Gummi genommen. Die Abmessungen der Gummiplatten sind $166 \times 123 \times 4{,}5$ mm bzw. $141 \times 125 \times 4{,}5$ mm. Sie sind an den Enden mit Wülsten versehen, die ein Verschieben verhindern. Von der Deutschen Bundesbahn werden erfolgreich solche Gummiplatten auf geraden und gekrümmten Strecken eingebaut, die mit größten Geschwindigkeiten und schwersten Lasten befahren werden. Auch die Französischen Staatsbahnen und schwedischen Untergrundbahnen verwenden versuchsweise ähnliche Gummiplatten im Schienenbau.

4.4 Gummikupplungen

Im Zusammenhang mit der modernen Antriebstechnik hat sich das Gebiet der Gummikupplungen besonders kräftig entwickelt. Es gibt zur Zeit allein in der Bundesrepublik Deutschland 20 Firmen, die sich mit der Produktion von Gummikupplungen befassen. Man kann sie handelsüblich mit den in Tab. 10 genannten optimalen

Tabelle 10. *Daten moderner Gummikupplungen*

Größtes Nenndrehmoment M_0	60 000 kpm
dazugehörige Drehzahl n	700 U/min
Kleinstes Nenndrehmoment M_0	0,07 kpm
dazugehörige Drehzahl n	10 000 U/min
Größte Axialverformung x_{max}	30 mm
Größte Radialverformung y_{max}	20 mm
Größte Winkelverformung β_{max}	8°
Größte Drehverformung φ_{max} bei M_0	20°

Eigenschaften erhalten, wobei jedoch nicht alle Zahlenwerte gleichzeitig in einer Kupplungskonstruktion auftreten. Die Bezeichnung der einzelnen Größen bezieht sich auf Abb. 54.

4.4 Gummikupplungen

Gummikupplungen werden vorteilhaft bei folgenden Betriebsbedingungen verwendet:

a) Wenn durch Wärmeausdehnung der verbundenen Wellen Axialverschiebungen reibungsunabhängig erfolgen sollen, um die Lagerbelastung klein zu halten.

b) Wenn durch ungenaue Montage, Fundamentsenkungen, ungleichmäßige Abnutzung von Lagern usw. Fluchtungsfehler auftreten. Hier können u. a. auch die Kosten für die Maschinenausrichtung gespart werden. Weiterhin ergibt sich die Möglichkeit, die Gummikupplungen anstelle von Kardangelenken in Antriebe einzusetzen.

c) Wenn durch ruckweise Belastung, häufigen Anfahrbetrieb oder Bewegungsumkehr Drehstöße auftreten, die den Bruch der Wellen herbeiführen würden bzw. eine Überdimensionierung der Wellen erforderlich machen würden.

d) Wenn durch periodische Belastungen oder ungleichförmige Drehbewegungen, wie sie bei jedem Kolbenmotor vorliegen, Drehschwingungen entstehen. Diese Drehschwingungen sind nicht nur festigkeitsmäßig von Nachteil, sondern wirken sich beispielsweise bei spangebenden Werkzeugmaschinen in der Oberflächenqualität des Werkstücks, bei Verkehrsmitteln und Fahrzeugen in Lärm- und Schwingbelästigung aus. Die Kosten der Kupplung werden in vielen Fällen durch Einsparung oder wesentliche Verkleinerung des Schwungrades aufgefangen. Sehr häufig finden Gummikupplungen bei dieselmotorisch angetriebenen Generatoraggregaten, Mühlen, Schiffsantrieben und taktmäßig arbeitenden Werkzeugmaschinen Anwendung.

4.4.1 Boge-Kupplungen

In den *Boge-Kupplungen* werden als Federelemente ringförmige Gummipuffer (Abb. 115) verwendet, deren äußere Mantelflächen durch Gewebeeinlagen und deren innere Mantelflächen durch Stahlarmierungen verstärkt sind. Die Stirnflächen

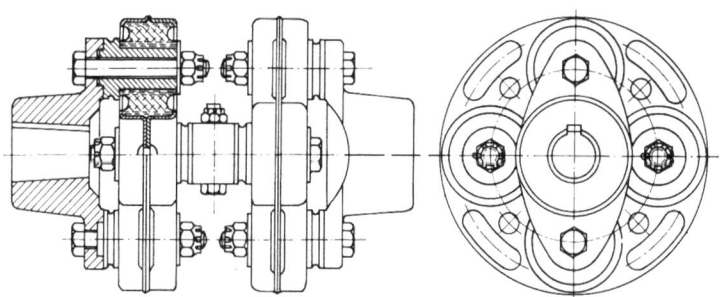

Abb. 115. Boge-Doppelkupplung.

der Gummipuffer sind zur Erzielung gleichmäßiger Verteilung der Belastung und zur Erhöhung der Dauerhaltbarkeit mit Aussparungen versehen. Die Gummipuffer werden mit Hilfe von besonderen Vorrichtungen mit Übermaß in die Gehäuseteile eingepreßt, während im Innendurchmesser ein Bolzen eingedrückt ist. Durch die damit verbundene Druckvorspannung werden Tragfähigkeit und Lebensdauer der Puffer günstig beeinflußt. Es wird ein spezieller gummielastischer Werkstoff verwendet. Die zulässige Betriebstemperatur beträgt 60 °C, ohne daß die elastischen Eigenschaften verlorengehen. Außerdem kann der Werkstoff Kälte bis zu −30 °C ertragen.

112 4. Anwendungsbeispiele

Die Boge-Kupplungen werden auch in Form von *Gelenkwellen* hergestellt, außerdem noch als *Gelenkscheiben*. Kupplungen, Gelenkwellen und Gelenkscheiben dienen zur Kupplung von Kraft- und Arbeitsmaschinen im allgemeinen Maschinenbau in vielfältiger Weise. Es werden außerdem noch besondere Konstruktionen für die Kupplung von Schweißgeneratoren und Stromerzeugern mit den VW-Industriemotoren Typ 122 und 124 bzw. mit den BMW-Industriemotoren Typ 403 und 404 verwendet. Es gibt ferner Sonderkonstruktionen für die Kupplung von Motor und Getriebe in Diesel- und Grubenlokomotiven und bei Bergbaumaschinen. Die in Abb. 115 gezeigte Doppelkupplung wird für die Schienenomnibusse der Deutschen Bundesbahn geliefert. Boge-Gelenkwellen werden auch in Autobussen (Lüfterwelle), im Kranbau (Fahrantrieb) und im Baggerbau (Motorgetriebe) verwendet.

Zulässige Verformungen von Silentbloc-Gelenkkupplungen sind in Tab. 11 enthalten.

Tabelle 11. *Zulässige Verformungen von Silentbloc-Gelenkkupplungen*

Serie	Größter zulässiger Schwingwinkel $\alpha/2$ [°]	Größter zulässiger kardanischer Winkel $\beta/2$ [°]
	je nach Größe des Silentbloc und Betriebsverhältnissen bis zu	
F	±20	±1
G	±20	±3
M	±30	±3
N	±30	±7
Z	±20	±1
V	±20	±2

4.4.2 Continental-Kupplungen

Sie werden auch Schwingmetallkupplungen genannt. Mit Schwingmetall werden Körper bezeichnet, bei denen ein gummielastischer Werkstoff durch Vulkanisation mit Metall fest verbunden ist.

Die *Drehschubfeder* gemäß Abb. 116 zeichnet sich durch universelle Verwendbarkeit und verhältnismäßig große Dreh- und Biegeweichheit aus. Durch verschiedene Variationsmöglichkeiten wie Parallel- oder Hintereinanderschaltung oder Ausbildung als Gelenkwelle können die doppelten Drehmomente übertragen oder

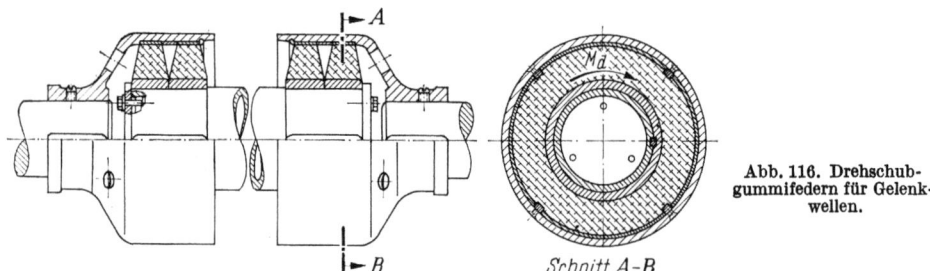

Abb. 116. Drehschubgummifedern für Gelenkwellen.

noch größere Dreh- und Biegeweichheiten erzielt werden. Zwecks Schonung der Kurbelwelle nebst Lager ist letzteres bei solchen Konstruktionen bedeutsam, bei denen der Verbrennungsmotor elastisch gelagert und nicht auf einer gemeinsamen Grundplatte mit dem Getriebe montiert ist. In diesem Fall wirken sich die von der Kupplung ausgehenden geringen Rückstellkräfte, die durch Ausschläge des elastisch gelagerten Motors hervorgerufen werden, günstig auf die Lager aus.

Da Drehschubfedern auf Grund ihrer verhältnismäßig großen Weichheit in axialer Richtung nicht geeignet sind, die durch den Propellerschub entstehenden axialen Kräfte aufzunehmen, muß beim Einbau in den Wellenstrang eines Schiffes darauf geachtet werden, daß Drehschubfedern nur zwischen Motor und Getriebe angeordnet werden, und das auch nur dann, wenn im Getriebe ein entsprechendes Drucklager eingebaut ist, welches die Propellerschubkräfte aufnimmt. Für diese Art Kupplungen kann eine spezifische Drehschubbeanspruchung von 5 bis 8 kp/cm^2 maximal zugelassen werden. In Ausnahmefällen sind auch 12 kp/cm^2 zulässig. Letzteres empfiehlt sich aber nur bei Anwendungsfällen mit einer verhältnismäßig ruhigen Arbeitsweise und dort, wo Stoßspitzen nur kurzzeitig während des An- und Abstellvorgangs des Motors auftreten.

Die *Scheibenkupplungen* sind nicht in der Lage, kardanische Auslenkungen oder radiale Wellenverlagerungen auszugleichen. Sie sind nur für solche Fälle verwendbar, bei denen der Antriebsmotor nicht elastisch gelagert ist oder bei denen Motor und Getriebe auf einer gemeinsamen Grundplatte starr befestigt sind, diese aber gegenüber dem Untergrund elastisch gelagert sein kann. Ähnlich wie bei den Drehschubfedern ist bei den Scheibenkupplungen der Gummiquerschnitt so gestaltet, daß eine gleichmäßige Spannungsverteilung auftritt. Scheibenkupplungen werden in der Regel nicht mit einer Vorspannung eingebaut. Es wird empfohlen, die spezifische Flächenbelastung von 5 kp/cm^2 nicht zu überschreiten.

Bei der *Gummidoppelzahnkupplung* handelt es sich um eine reine Gummikupplung, die schon bei verhältnismäßig kleinen Drehmomenten sehr weich und, ebenso wie die Schwingmetall-Drehschubfeder, in der Lage ist, geringe kardanische Auslenkungen aufzunehmen und Wellenmittenversätze auszugleichen. Die Hauptaufgabe der in Sonderausführung hergestellten Schwingmetallsternkupplung besteht darin, schallisolierend zu wirken.

4.4.3 Desch-Kupplungen

Hadeflex-Kupplungen bestehen aus einem Taschenteil für die treibende Welle und aus einem Klauenteil für die getriebene Welle. Im Taschenteil sitzen elastische Körper aus Vulkollan oder Naturgummi. Taschenteil und Klauenteil werden bei der Montage ineinander geschoben. Die elastischen Körper verzehren einen erheblichen Teil der von der Antriebsmaschine herrührenden Stoßkraft. Die Drehmomentkurve weist eine exponentielle Form auf. Bei der Übertragung eines normalen Drehmoments ist eine genügend große Elastizität vorhanden, so daß überlagerte Stöße und Schwingungen noch aufgefangen werden. Bei wachsendem Drehmoment tritt eine Versteifung ein.

Bei den *Doppelflex-Kupplungen* (Abb. 117) sind die beiden Kupplungshälften einander vollständig gleich. Alle aufzunehmenden Kräfte und Momente werden auf zwei Gummi-Gewebe-Ringe verteilt. Diese Kupplungen sind drehelastischer als Hadeflex-Kupplungen und unempfindlicher gegen Verlagerungen. Die Drehmomentkurve verläuft fast linear, wodurch auch

Abb. 117. Doppelflex-Kupplung.

bei ansteigendem Drehmoment die Elastizität erhalten bleibt. Die Gummiringe sind mit Ausnehmungen für die geschliffenen Bolzen versehen. Die Kupplung hat hervorragende Dämpfungseigenschaften.

4.4.4 Flender-Kupplungen

Die *Eupex-Kupplung* ist eine drehelastische Klauenkupplung. Sie hat — ähnlich wie andere drehelastische Kupplungen — eine progressive Federkennlinie. Sie eignet sich zur Aufnahme von Stößen und dämpft Schwingungen. Als elastische Elemente sind in der einen Hälfte (Abb. 118) Gummi- oder Lederpakete eingebaut. Die andere Hälfte ist mit Nocken versehen. Die Pakete können entweder in normaler oder in erhöhter Ausführung eingebaut werden. Pakete in normaler Ausführung ergeben in Umfangsrichtung ein gewisses Spiel, während bei Einbau von erhöhten Paketen die Kupplung drehspielfrei ist. Die Übertragung des eingeleiteten Drehmoments erfolgt vom Nockenkörper über dessen Nocken auf die elastischen Pakete und den Kupplungskörper.

Eine andere Bauart der elastischen Klauenkupplungen ist für radialen Ein- und Ausbau konstruiert. Sie besitzt einen lösbaren Nockenring. Dieser Nockenring wird vor dem Ein- und Ausbau von Wellenteilen von der Nabe gelöst und um die Nockenhöhe axial verschoben. Eine axiale Verschiebung der Wellenteile bei deren Ein- und Ausbau ist deshalb nicht erforderlich.

Abb. 118. Eupex-Kupplung.

Die *Rupex-Kupplung* ist eine drehelastische Kupplung mit progressiver Federkennlinie. Sie ist geeignet zur Dämpfung von Stößen und Schwingungen. Das Trennen von Maschinen und ein etwa erforderlicher Austausch der elastischen Hülsen erfolgt lediglich durch Lösen und Herausnehmen der Stahlbolzen. Eine axiale Versetzung der verbundenen Maschinen ist nicht erforderlich.

Alle elastischen Bolzenkupplungen werden auf Grund ihrer Notlaufeigenschaften im Bergbau, im Kranbau und im Aufzugbau den besonders gelagerten Antriebsfällen gerecht. Bei einem durch fortwährende Überlastung eingetretenen Verschleiß der federnden Bauelemente wird das Drehmoment durch die Stahlbolzen jederzeit noch zuverlässig übertragen. Für besonders hohe Drehzahlen ist es zweckmäßig, anstelle der Gußausführung eine Stahlausführung zu wählen.

4.4.5 Goetze-Giubo-Ortlinghaus-Kupplungen

Die *Goetze-Giubo-Kupplung* (Abb. 119) ist eine drehelastische und winkelbewegliche Wellenkupplung mit bemerkenswerten Verformungsmöglichkeiten. Sie besteht aus einem Gummiring mit ovalem Querschnitt und aus zwei gleichartigen Stahlnaben mit sternförmig angeordneten Flanschen. Der Gummiring hat die Form eines Polygons. Es gibt 4-, 6- und 8eckige Ringe. An den Eckpunkten des Polygons sind Spannhülsen aus Stahl zwischen die Gummikörper vulkanisiert. Flansche und Spannhülsen werden miteinander verschraubt. Der Gummiring wird mit einer Druckvorspannung eingebaut, wodurch eine ausreichende Dauerhaltbarkeit erzielt wird.

Die Kupplung besitzt vier elastische Verformungsmöglichkeiten. Sie ist drehelastisch, d. h., sie kann Anfahrstöße elastisch aufnehmen. Auch können kritische Drehzahlbereiche verschoben werden. Das gelingt durch Verwendung verschiedener

Härtegrade und Dämpfungswerte des Gummis. Weiterhin ist die Kupplung längsbeweglich. Dadurch gleichen sich axiale Abstandsänderungen von selbst aus. Die Kupplung ist außerdem winkelbeweglich. Dadurch werden Winkelabweichungen ausgeglichen und ein sonst erforderliches Kardangelenk kann wegfallen. Schließlich ist sie seitenbeweglich. Dadurch gleichen sich radiale Verschiebungen der beiden zu kuppelnden Wellen gegeneinander aus. Für die Kupplung wird Naturgummi oder Buna oder Butylkautschuk in den Härtegraden 50, 55, 60 und 56 sh verwendet. Giubo-Kupplungen fanden sich beispielsweise im Hinterachsenantrieb der Personenkraftwagen BMW Typ 700, wo sie den beträchtlichen Lageveränderungen zwischen dem Triebwerksblock und den einzeln an Dreieckslenkern aufgehängten und

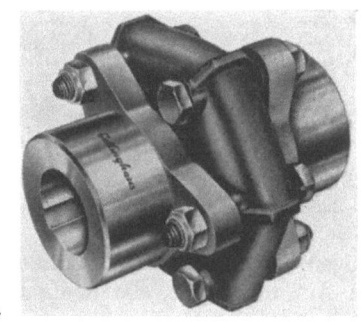
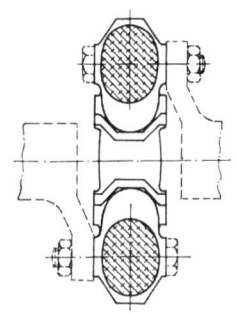

a   b

Abb. 119. Ortiflex-Kupplung.
a) Ansicht; b) Schnitt.

gegen den Wagenkörper abgefederten Hinterrädern und dementsprechend großen Winkelausschlägen ausgesetzt waren. Sie werden auch bei anderen Fahrzeugen angetroffen, wo sie in die kurze Wellenverbindung zwischen dem Motor und dem getrennt davon im Fahrgestell eingebauten Getriebe eingebaut sind.

Eine Abwandlung des Giubo-Prinzips, bei der die radiale Vorspannung entfällt, wurde für Lenkungen konstruiert.

GWB-Goetze-Elastik-Gelenkwellen sind Kraftübertragungselemente, bei denen schubbeanspruchte Gummikegel verwendet werden. Sie lassen sich überall dort vorteilhaft anwenden, wo bei schwingungserregenden Drehmomenten mit größeren Ungleichförmigkeitsgraden zu rechnen ist, also beispielsweise für Diesel- und Ottomotoren-Prüfstände sowie für Lüfter, Generatoren und Kompressoren, die mit solchen Motoren direkt oder indirekt gekoppelt sind.

Unter der Bezeichnung *Ortiflex-Kupplung* (Abb. 119) werden die Goetze-Giubo-Kupplungselemente für Anwendungen im allgemeinen Maschinenbau und im Lastwagenbau eingesetzt. Kupplungen dieser Art sind erhältlich in Flanschausführung mit einem Flansch oder mit zwei gleichen Flanschen.

4.4.6 Jörn-Kupplungen

Abb. 120a und b zeigen den Aufbau der drehelastischen Jörn-Kupplung. Sie besitzt als elastische Glieder 2 konische Ringgummifedern. Jede Ringgummifeder besteht aus dem konischen Nabenteil *1*, dem konischen Flanschring *2* und dem dazwischen gebundenen Gummiring *3*. Beim Zusammenbau werden die Flanschringe axial zusammengezogen. Dadurch erhält der Gummiring eine Druckvorspannung, die so bemessen ist, daß die Festigkeit des Gummis erhöht und die Bindung entlastet wird. Die Erhöhung der Festigkeit beruht darauf, daß Schrumpfspannungen im Gummi beseitigt und die Kettenmoleküle des Gummis in günstiger Weise ausgerichtet werden. Nabe und Flanschring bestehen aus Stahl, der Gummi ist hochelastischer Naturgummi. Das Wellendrehmoment wird von der Nabe über die

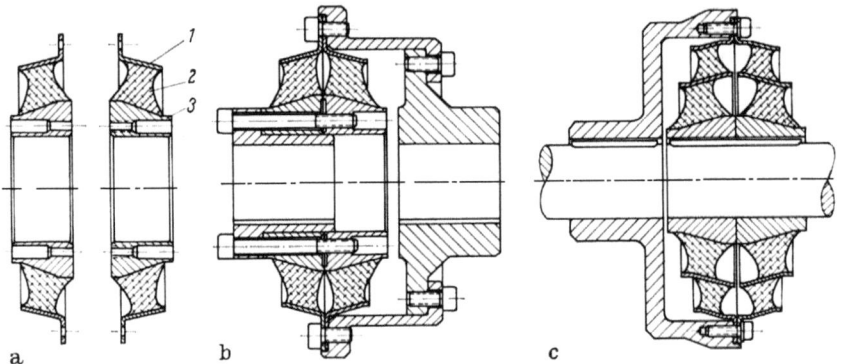

Abb. 120. Jörn-Kupplungen.
a) vor dem Zusammenbau; b) nach dem Zusammenbau; c) modernste Konstruktion.

Gummiringe auf die Flanschringe übertragen. Dabei wird der Gummi auf Drehschub beansprucht. Die Kupplung erfüllt alle Anforderungen, die heute an eine drehelastische Kupplung gestellt werden (s. Abschn. 2.4.1).

In Abb. 120b ist die zur Zeit modernste Konstruktion dieser Art wiedergegeben. Sie ist für große Drehverformungen entwickelt worden.

4.4.7 Kauermann-Kupplungen

Die *Fawick Airflex-Schaltkupplung* (Abb. 121) ist eine durch Druckluft betätigte Schaltkupplung. Ihr besonderes Konstruktionsmerkmal ist ein aufblähbarer elastischer Gummireifen, der annähernd elliptischen Querschnitt hat und durch mehrere Gewebeeinlagen verstärkt ist. Durch Füllen dieses Reifens mit Druckluft dehnt sich dieser aus und drückt mit den an seinem inneren Umfang angeordneten Reibschuhen gegen eine Reibscheibe. Hierdurch findet die Kraftübertragung an einer Zylinderoberfläche von großem Durchmesser statt, wodurch eine maximale Drehmomentübertragung und eine gute Wärmeableitung gegeben sind. Infolge der Elastizität des Reifenkörpers ist ein Nachstellen der Kupplung nicht erforderlich, da die Reibbeläge bis zur vollständigen Abnutzung stets gleichmäßig an die Reibtrommel gedrückt werden. Im ausgeschalteten Zustand besteht zwischen den Reibbelägen und der Reibscheibe stets ein Luftspalt, so daß ein Schleifen der Kupplung während längerer Leerlaufpausen ausgeschlossen ist.

Abb. 121. Fawick-Airflex-Schaltkupplung.

Die *Kado-Kupplung* trägt in der einen Kupplungsscheibe Gummipakete, ähnlich den bekannten Bauarten. Auf der Gegenscheibe besitzt die Kado-Kupplung jedoch geschliffene zylindrische Stahlbolzen. Dies ist vorteilhaft insofern, als die Elastizität der Gummipakete durch den in der Mitte derselben angreifenden Bolzen erhöht und weitgehend ausgenutzt wird. Da der Reibwert zwischen Gummipaket und geschliffenem zylindrischem Bolzen wesentlich geringer ist als zwischen Gummipaket und unbearbeiteter gußeiserner Fläche, ist auch der Verschleiß der Gummipakete geringer. Dies tritt insbesondere bei Antrieben mit hoher Drehzahl merkbar in Erscheinung. Der geringere Reibwert vermindert auch den Widerstand gegen seitliches Verschieben der Kupplung bei elektrischen Maschinen und bei Wärmeausdehnungen. Die Kado-Kupplung wird in mehreren Ausführungen hergestellt, z. B. mit einteiliger Bolzenscheibe, wenn ein seitliches Einschieben der Bolzen in die Lücken der Gummipakete möglich ist. In den Fällen, in denen der senkrechte Ein- und Ausbau notwendig ist, wird die Bolzenscheibe zweiteilig hergestellt. Erwähnenswert ist, daß die Kado-Kupplung auch in einer Hüttenausführung erhältlich ist. Sie ist geeignet, stärkste Reversierstöße betriebssicher aufzunehmen.

Bei der *Kegelflex-Kupplung* sind kegelförmige Gummikörper an die Kupplungshälften anvulkanisiert. Die Gummikörper werden auf Verdrehschub (Torsion) beansprucht. Sie sind in hohem Grade verformungsfähig. Es gibt einseitige und zweiseitige Kegelflex-Kupplungen. Auf Grund der hohen Verdrehwinkel und der hierdurch erreichten sehr großen Stoß- und Schwingungsdämpfung kann diese Kupplung selbst bei höchstempfindlichen Werkzeugmaschinen, z. B. Schleifmaschinen, Verwendung finden. Ein besonderer Vorzug ist hierbei die Spielfreiheit und die absolut gleichförmige Übertragung des Drehmoments. Die Kupplung kann auch dort verwendet werden, wo große Stöße absorbiert werden müssen, beispielsweise bei Hobelmaschinen.

4.4.8 Lohmann-und-Stolterfoht-Kupplungen

Die Gummikupplungen gemäß Abb. 122a sind unter der Bezeichnung *Hardy-Scheiben* bekannt. Sie werden gebaut für Leistungsquotienten N/n bis etwa 0,1. Jede Kupplungshälfte *1, 2* trägt eine Anzahl Kupplungsbolzen *3, 4*, die wechselweise

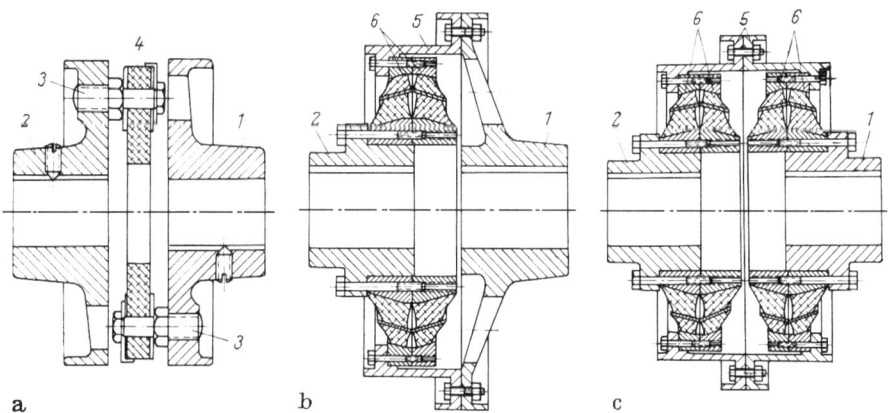

Abb. 122. Lohmann und Stolterfoht-Kupplungen.
a) Hardy-Scheibe; b) u. c) drehelastische Kupplungen. *1* Antriebsflansch, *2* Abtriebsflansch, *3* Kupplungsbolzen, *4* ringförmige Scheibe, *5* Verbindungsflansch, *6* Ringgummifeder.

und eventuell sie zugleich auch vorspannend in die volle oder ringförmige Scheibe *5* aus Gummi, Gummigewebe, Leder- oder Faserstoff eingreifen. Die Kupplungen besitzen eine gewisse Drehelastizität. Das Übertragen der Drehmomente geschieht spielfrei, auch bei Richtungswechsel. Zum Ausgleich von Wellenmittenverlagerungen, abgesehen von Montageungenauigkeiten, und zur Aufnahme von axialen Wellenverschiebungen sind diese Kupplungen weniger geeignet.

In Abb. 122b und c sind drehelastische Gummikupplungen dargestellt, bei denen drei konzentrische Metallringe und zwei dazwischenliegende konische Ringgummifedern durch Vulkanisation miteinander verbunden sind. Der Gummi wird durch axiales Verspannen zweier Elemente radial auf Druck vorgespannt. Dadurch erhöht sich die Dauerhaltbarkeit. Es sind maximal 15° Drehwinkel beim Nenndrehmoment möglich. Diese Kupplungen werden bei drehschwingungsgefährdeten Antrieben, z. B. bei Schiffsdieselmotoren verwendet. Abb. 122c zeigt zwei hintereinandergeschaltete Kupplungen.

4.4.9 Neidhart-Kupplungen

Sie sind unter dem Namen *Rosta-Kupplungen* bekannt (Abb. 123). Mit ihrer Hilfe werden Drehkräfte weich und elastisch übertragen. Auch lassen sich damit Drehmomentenstöße weich abfangen, wodurch Schäden an Getrieben und an den angetriebenen Maschinen verhütet werden. Vier voneinander unabhängige Gummielemente übertragen die Drehkräfte geräuschlos und spielfrei.

Abb. 123. Wälzfederkupplung.

Die Rosta-Kupplung ist gegen die Einwirkung von Wasser und Staub unempfindlich. Sie wird in 11 Typen hergestellt. Das dauernd übertragbare Drehmoment wird mit 0,4 bis 175 kpm angegeben, das maximale Drehmoment bei kurzzeitiger Überlastung mit 1,4 bis 570 kpm. Der Verdrehwinkel ist relativ groß. Zur Bestimmung der Kupplungsgröße verwendet die Rosta-Werk AG ein Nomogramm, in welchem Leistung, Drehmoment, Drehzahl und Verdrehwinkel gegenseitig in Beziehung gesetzt sind. Kleine Flucht- und Winkelfehler werden durch die Elastizität des Gummis ausgeglichen, ebenso auch radiale Verlagerungen.

4.4.10 Stromag-Kupplungen

Die als biegeelastisch bezeichnete *Periflex-Wellenkupplung* wird im allgemeinen zwischen Elektromotoren und Arbeitsmaschinen eingebaut. Bei ihr ist das elastische Glied ein bogenförmiger Reifen aus Naturgummi mit Gewebeeinlagen aus Baumwolle oder Kunstseide. Der Gummireifen wird in die Flanschen der Kupplungsnabe eingelegt und durch Druckringe mit Hilfe von Schrauben eingespannt. Damit die Kupplung leicht ein- und ausgebaut werden kann, ist der Gummireifen an einer Stelle senkrecht zur Umfangsrichtung aufgeschnitten (Abb. 124a).

Zum Anflanschen an Schwungräder bei Dieselmotoren dient die drehelastische *Periflex-Flanschkupplung*. Anstelle des Gummireifens wird hier eine Gummimanschette verwendet. Die Flanschkupplung kann auch mit Zahnrädern, Riemenscheiben oder Bremsscheiben verbunden werden. Sie zeichnet sich durch eine sehr kurze Baulänge aus.

Besonders vorteilhaft wird die Periflex-Flanschkupplung in Notstromaggregaten verwendet (Abb. 124b). Dieselmotor und Generator sind durch eine Gummikupplung miteinander verbunden. Sie hat den Zweck, das hohe Spitzendrehmoment, das beim Starten und beim Abstellen entsteht, elastisch abzufangen. Das Spitzendrehmoment kann bis zu 20mal so groß werden wie das normale Leistungsdrehmoment. Die Gummikupplung hat im Vergleich zu einer unelastischen Kupplung außerdem

4.4 Gummikupplungen

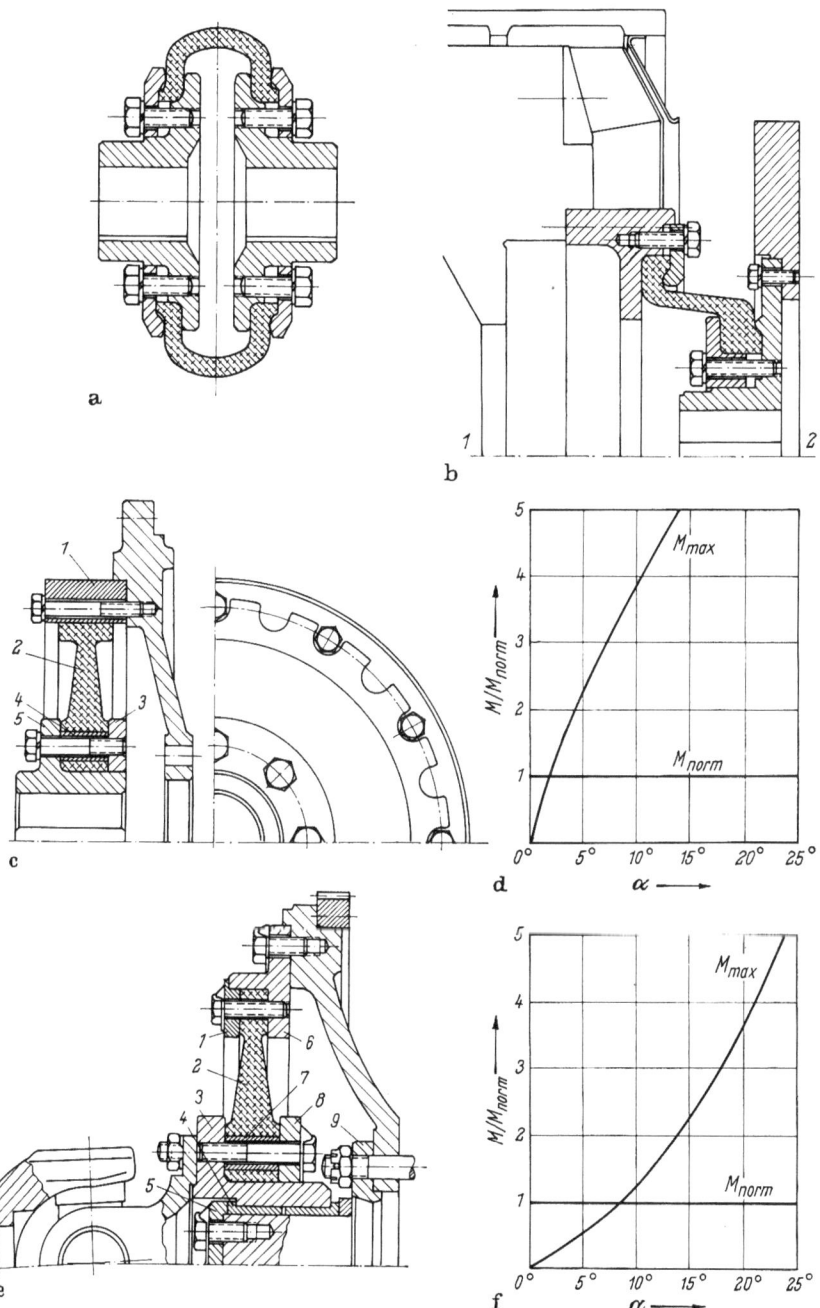

Abb. 124a—f. Stromag-Kupplungen.

den großen Vorteil, daß sie Montageungenauigkeiten selbst ausgleicht, indem sie sich elastisch verformt. Schließlich verhindert sie das sog. Lichtflimmern. Dadurch, daß der Ungleichförmigkeitsgrad von Ein- und Zweizylindermotoren recht groß ist, kommt es leicht zu Frequenzschwankungen, die das sehr empfindliche menschliche Auge sofort als unangenehmes Flimmern wahrnimmt. Durch die Verwendung von Gummikupplungen laufen die Dieselmotoren weniger ungleichförmig, so daß kein Lichtflimmern auftritt.

Die *Stromag-Guriflex-Kupplungen* wurden für den Einbau zwischen hochtourigen Elektromotoren und Arbeitsmaschinen mit gleichförmigem Drehmoment entwickelt. Sie werden als Wellenkupplungen und als Flanschkupplungen gebaut. Die Kupplungshälften in beiden Baureihen bestehen aus Grauguß GG 22; der Nockenring besteht aus Vulkollan. Durch die Formgebung der Kupplung wurde erreicht, daß eine Beeinflussung ihrer Eigenschaften durch Fliehkräfte nicht erfolgen kann. Die Kupplung besteht nur aus drei Teilen: zwei gleichartigen Kupplungshälften und dem Nockenring. Zwei gegenüberliegende Nocken des Nockenrings werden von je zwei Fingern der einen Kupplungshälfte erfaßt und geführt. In der gleichen Weise werden die beiden anderen Nocken durch die zweite Kupplungshälfte erfaßt. Beim Auftreten eines Drehmoments oder bei radialer Verschiebung der einen Kupplungshälfte gegenüber der anderen wird der Vulkollanring elastisch verformt. Rückstellkräfte bei axialer Verschiebung können nicht auftreten, weil die Teile der Kupplung nur durch eine einfache Steckverbindung miteinander verbunden sind.

Die Periflex-Scheibenkupplung gemäß Abb. 124c ist für Drehmomente bis 500 kpm entwickelt worden. Der zahnförmige Scheibenreifen *2* besteht aus einem homogenen Polyurethan (z. B. Vulkollan). Dieser Werkstoff hat gegenüber NK-Vulkanisaten eine wesentlich höhere Zugfestigkeit, so daß die Abmessungen des Reifens klein gehalten werden können. Der Reifen wird an seinem Innendurchmesser zwischen der festen Schulter der abtriebsseitigen Kupplungsnabe *5* und dem Druckring *3* kraftschlüssig eingespannt. Die Zusammendrückung ist begrenzt durch die Büchsen *4*. Am Außendurchmesser ist der Reifen verzahnt. Die Verzahnung greift in eine Gegenverzahnung des Flanschrings *1* ein, der mit dem Motorschwungrad verschraubt ist.

Die Drehmomentkennlinie (Abb. 124d) zeigt, daß das größte vom Reifen übertragbare Drehmoment gleich dem 5fachen Normalmoment ist. Dabei ist das Normalmoment gleich dem Motornennmoment. Daraus ergibt sich, daß auftretende Drehmomentspitzen sicher übertragen werden können. Die Kupplung eignet sich vor allem zum Einsatz bei rasch laufenden Dieselmotoren bis 3000 U/min.

Mit der Ausführung nach Abb. 124e können Drehmomente bis 5000 kpm übertragen werden. Abb. 124e gibt eine Periflex-Scheibenkupplung zum Anschluß einer Gelenkwelle wieder. Der Reifen *2* besteht bei dieser Ausführung aus Gummi mit einvulkanisierten Gewebeeinlagen. Das Drehmoment wird allein von den Gewebeeinlagen übertragen. Der Reifen ist zwischen der Kupplungsnabe *3* und dem inneren Druckring *8* in der gleichen Art wie der Vulkollanreifen eingespannt. Die Büchsen *7* begrenzen die Zusammendrückung. Am äußeren Umfang wird der Gummireifen zwischen dem Anschlußflansch *6* und dem äußeren Druckring *1* eingespannt. Ein Ansatz am Druckring begrenzt die Zusammendrückung. Der Anschlußflansch *6* wird am Motorschwungrad befestigt. Die Kupplungsnabe *3* ist mit Gleitbüchsen *4* auf einer Flanschwelle *9* drehbar gelagert, die fest mit dem Schwungrad bzw. der Kurbelwelle verbunden ist. Die Nabe ist mit dem Gelenkwellenflansch verschraubt. Die Kupplung wird in dieser Ausführung rein drehelastisch beansprucht. Verlagerungen gleichen die Gelenkwellen aus. Derartige Anordnungen sind als drehelastische Gelenkwellen für Diesellokomotiven geeignet.

Die Drehmomentkennlinie (Abb. 124f) verläuft progressiv. Auch diese Kupplung ist so angelegt, daß sie das 5fache Normaldrehmoment übertragen kann. Sie ist besonders für Antriebe von Mittelschnelläufern und Schnelläufern im Bereich von 600 bis 1500 U/min geeignet. Bei Fahrzeugantrieben lassen diese Kupplungen infolge ihrer progressiven Kennlinie große Drehzahlbereiche und niedrige Leerlaufdrehzahlen zu. Die Scheibenkupplungen können auch in Verbindung mit anderen Antriebsmaschinen eingesetzt werden, wobei sie besonders für Antriebe mit stoßartigen Beanspruchungen vorteilhaft sind.

4.4.11 Vulkan-Kupplungen

Bei der in vielen Größen erhältlichen *Vulkan-EZ-Kupplung* wird die Elastizität durch zwei parallel angeordnete Reifen aus Naturkautschuk mit Gewebeeinlagen erzielt. Die Kupplung besteht aus dem starren Kupplungsflansch, dem starren Kupplungsmantel, den beiden elastischen Reifen mit äußeren und inneren Deckringen und der Kupplungsnabe. Alle Bewegungen werden durch Walkarbeit in den Reifen elastisch aufgefangen. Der besondere Vorteil dieser Kupplung besteht darin, daß durch die senkrechte Anordnung der Befestigungspunkte der Gummireifen mit den starren Kupplungsteilen bei Leistungsübertragung und auch durch Fliehkräfte keinerlei axialer Schub erzeugt wird.

Die *Vulkan-Megiflex-Kupplung* ist ähnlich wie die Giubo-Kupplung (s. Abschn. 4.4.5) aufgebaut. Sie besteht aus zwei sternförmigen Naben, dem Megiflex-Gummiring und den Befestigungsbolzen. Der Gummiring ist je nach Größe vier-, sechs- oder achteckig. Er besitzt zylindrischen oder rechteckigen Querschnitt.

Abb. 125. Luftfederkupplung.

Die Kupplung wirkt geräuschdämmend und elektrisch isolierend.

Die Forderung der Hersteller von Dieselmotoren nach Kupplungen mit größerer Drehelastizität bei Übertragung von größten Drehmomenten, die in besonderen Fällen auch als hochelastische Schaltkupplungen ausgeführt werden können, führte zur Entwicklung der *Vulkan-Luftfederkupplung*. Bei ihr wird als elastisches Kupplungselement die mit Druckluft gefüllte Luftfeder (Abb. 125) zur Drehmomentenübertragung verwendet. Sie ist elastisch verdrehbar bis 30°. Diese Kupplung ist von allen Klassifikationsgesellschaften auf Grund ihrer einwandfreien Funktion und Lebensdauer für den Einbau in Schiffshauptanlagen zugelassen.

Neu entwickelt wurden die *Vulkan-Drewel-Gelenkwellen*. Sie bestehen aus den bekannten Gelenkwellen (Kardanwellen) und den zwischen den Gelenken angeordneten Drewel-Elementen. Bei diesen handelt es sich um Metallringe, die durch aufvulkanisierte Gummiringe miteinander verbunden sind. Die parallelgeschalteten Drewel-Elemente werden auf Schub beansprucht. Es ist eine maximale Verdrehung der Gelenkwellen von 30° möglich.

4.4.12 Wilke-Kupplungen

Die *Peiner-Duo-Kupplung* (Abb. 126) ist eine Steckkupplung, die auch als formschlüssige Ausgleichskupplung bezeichnet wird. Sie besteht aus nur 2 Teilen — Kupplungsmuffe und Kupplungsstern —, die axial ineinandergeschoben werden und dann durch eine kräftige Verzahnung formschlüssig miteinander verbunden sind. Eine Hartvulkollan-Auflage auf den Zahnflanken sichert eine elastische Kraftübertragung. Vulkollan hat sich in allen Anwendungsfällen bewährt, in denen große

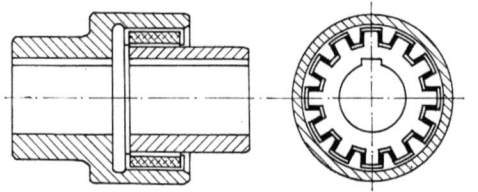

Abb. 126. Peiner-Duo-Kupplung.

Drehmomente bei rauhem Betrieb und bei stoßweiser Beanspruchung zu übertragen sind, in denen also die höchsten Anforderungen bezüglich Abnutzungswiderstand, Zerreißfestigkeit, Einreiß-, Schlag-, Stoß- und Ermüdungsfestigkeit an den elastischen Werkstoff gestellt werden.

Die Peiner-Duo-Kupplung mit verschiebbarer Muffe ist im Stillstand ausrückbar. Motor oder Getriebe können, wenn der Raum für den Ausbau in axialer Richtung nicht verfügbar ist, seitlich oder senkrecht nach oben herausgezogen werden.

Die Peiner-Duo-Kupplungen werden praktisch vorteilhaft da angewendet, wo eine Steckkupplung benötigt wird, z. B. für Walz- und Hüttenwerke, Laufkräne und besonders auch für langsam laufende Antriebe mit häufigem Richtungswechsel.

4.4.13 Wülfel-Kupplungen

Bei der *Elco-Kupplung* (Abb. 127a) wird das Drehmoment durch Bolzen mit Kompressionshülsen aus hochwertigen Spezialgummimischungen von der einen auf die andere Kupplungshälfte übertragen. Alle Bauarten der Elco-Kupplung bestehen im wesentlichen aus den beiden Kupplungshälften, den in den Bohrungen der einen Kupplungshälfte eingesetzten Übertragungsbolzen mit aufgesetzten Kom-

a

Abb. 127a u. b. Elco-Kupplung.

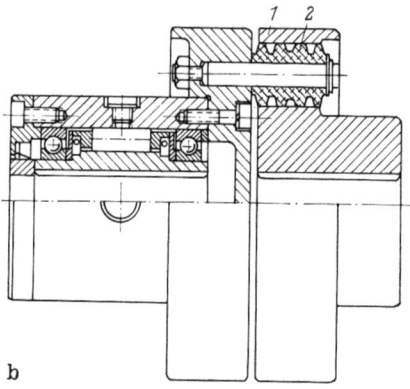

b

pressionshülsen, die in die gegenüberliegenden Bohrungen des Kupplungsteils eingreifen. Die axial vorgespannte Kompressionshülse wird einerseits durch die Scheibe mit dem Seegerring gehalten und andererseits durch die Elastic-Stop-Mutter gegen die Stirnfläche der Kupplungshälfte gepreßt. Hierbei erfolgt ein axiales Zusammendrücken (Kompression) der Hülse, die sich dadurch so verformt, daß sie die Bohrung ausfüllt und fest auf dem Bolzen sitzt.

Der große Verdrehwinkel der Elco-Kupplung gewährleistet eine entsprechend große Stoßabschwächung. Das Verhalten dieser Kupplung bei stoßartiger Beanspruchung ist dadurch gekennzeichnet, daß die angeregte Schwingung nach dem Stoß sehr schnell abklingt. Die Elco-Kupplung zeichnet sich durch eine nach oben gekrümmte Federkennlinie mit Dämpfungsschleife aus. Hierdurch werden die Schwingungsausschläge beim Eintreten der kritischen Drehzahl beschränkt, und es wird ein Teil der Schwingungsenergie innerhalb der Kupplung vernichtet. Die Praxis hat ergeben, daß Kupplungen mit gerader Federkennlinie sich bis auf den 100fachen Betrag der erregenden Eingangsmomente aufschaukeln können. Bei Kupplungen mit gekrümmter Federkennlinie liegt dieser Wert nur bei dem 10fachen Betrag.

Abb. 127b zeigt eine Anwendung der Elco-Kupplung in Verbindung mit einer Überholkupplung. Letztere gehört zu der Gruppe der Freilaufkupplungen, auch kurz Freiläufe genannt. Sie haben die Aufgabe, Drehmomente nur in einer Drehrichtung zu übertragen, während sie in der anderen Richtung ausrasten. Bekannt ist ihre Anwendung z. B. bei Fahrrädern, bei Werkzeugmaschinen und in Walzwerken.

Die Stieber-Rollkupplung AG hat die *Kombination von Überhol- und Gummikupplung* neu entwickelt. Die Überholkupplung besteht hauptsächlich aus einem sternförmigen Innenteil, einem Außenring und den in einem Käfig geführten Klemmrollen. Letztere werden über den Käfig, der durch Federn mit dem Innenteil verbunden ist, in Klemmstellung gedrückt. Damit das Drehmoment beim Anfahren nicht schlagartig am Freilauf wirkt, aber auch, um Fluchtungsfehler der beiden gegenüberliegenden Wellenstummel auszugleichen, ist die Elco-Kupplung eingebaut worden (Pos. *1* in Abb. 127b). Die Elastizität wird bei ihr durch die Kompressionshülsen *2* erzeugt, die auf Stahlbolzen sitzen und in Bohrungen der einen Kupplungshälfte eingreifen. Die Überholkupplung besitzt eine Öltauchschmierung. Zu diesem Zweck befinden sich am Freilaufaußenring je eine Öleinfüll- und -ablaßschraube. Der Ölraum ist nach außen durch den im stirnseitigen Deckel untergebrachten Radialdichtring abgedichtet, der auf einer verschleißfesten Buchse läuft.

Die genannte Kupplungskombination ist z. B. für einen Zweimaschinenantrieb geeignet. Ein Generator, der wahlweise auf der einen Seite von einer Turbine und auf der anderen von einem Elektromotor angetrieben werden soll, kann durch eine derartige Kupplung mit den Arbeitsmaschinen verbunden werden. Mit Hilfe der Freilaufkupplung ist man imstande, je nach Bedarf das eine oder andere Antriebsaggregat zu- bzw. abzuschalten. Die Kupplung soll möglichst so angeordnet werden, daß die elastische Kupplung auf dem Wellenstummel des anzutreibenden Aggregats aufgebracht wird. Beim Überholvorgang führt dann der mit der elastischen Kupplung verbundene Freilaufaußenring die Leerlaufdrehbewegung durch. Die Kupplungen werden in einer Reihe verschiedener Größen gefertigt. Der Bereich der übertragbaren Drehmomente liegt zwischen 6,8 und 915 kpm.

4.5 Feinwerktechnik

Gummifedern werden in der Feinwerktechnik vorwiegend zur Schwingungsisolierung verwendet. Anstelle des Begriffs Schwingungsisolierung findet man in der Praxis die Begriffe elastische Aufhängung, elastische Lagerung oder elastische Aufstellung. Im Zusammenhang mit der Schwingungsisolierung haben sich unter dem Oberbegriff Gummifeder die Bezeichnungen Gummielemente, Gummilager oder Gummiisolatoren herausgebildet. Häufig wird auch noch die Form der Gummifeder zur Kennzeichnung herangezogen oder die Beanspruchungsart oder die

124 4. Anwendungsbeispiele

erzielbare Eigenfrequenz, wodurch es z. B. Hutelemente, Torsionsbuchsen oder Niederfrequenzlager gibt. Sie sind alle Gummifedern. Die Schwingungsisolierung von feinwerktechnischen Geräten, Apparaten, Instrumenten und Präzisionsmaschinen ist praktisch recht bedeutsam geworden. Im Vordergrund steht naturgemäß die Passiventstörung (s. Abschn. 2.3.2.1). Die folgenden Beispiele praktisch bewährter Konstruktionen 4.5.1 bis 4.5.6 betreffen Passiventstörungen. Das Beispiel 4.5.7 zeigt eine Aktiventstörung.

4.5.1 Drehstromzähler

Drehstromzähler sind Erzeugnisse der Feinwerktechnik, die es in speziellen Ausführungen auch für besonders rauhe Bedingungen gibt. Die AEG-Telefunken AG hat dafür einen neuen stoßgeschützten Drehstromzähler in spritzwasserdichtem Gehäuse entwickelt (Abb. 128a), an dem u. a. die elastische Aufhängung interessant ist. Es werden gebundene Gummifedern benutzt. Oben (Pos. *1* in Abb. 128a) befindet sich eine Gummifeder gemäß Abb. 128b. Sie dämpft vor allem seitlich wirkende Rüttelbewegungen. Unten (Pos. *2* in Abb. 128a) sind zwei Gummifedern gemäß Abb. 128c angebracht. Sie fangen senkrechte Schwingungen weich ab. Diese Gummifederung ist geeignet, heftigere Stöße und Rüttelbewegungen weitgehend vom Zähler fernzuhalten. Auch Erschütterungen, die von Maschinen und Motoren auf den Zähler während seines betrieblichen Einsatzes übertragen würden, werden vom Gummi so weit gedämpft, daß die erforderliche Meßgenauigkeit sichergestellt ist.

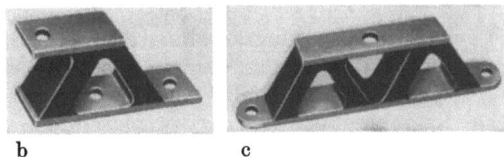

Abb. 128a—c. Gummifedern an einem Drehstromzähler.

4.5.2 Elektronische Zählgeräte

Das in Abb. 129 gezeigte elektronische Zählgerät ist mit Hilfe von 4 W-Elementen gegen seine Umgebung isoliert. Die W-Elemente können angeschraubt oder angeklebt

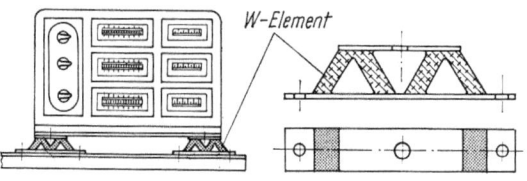

Abb. 129. Schwingungsisoliertes elektronisches Zählgerät.

werden. Das Gerät steht sicher auf den 4 Elementen, auch ist ein ausreichend hoher Isolierwirkungsgrad vorhanden. Anstelle von W-Elementen können auch U- oder V-Elemente verwendet werden.

4.5.3 Relaiskästen

Der Relaiskasten einer numerisch gesteuerten Werkzeugmaschine ist gemäß Abb. 130 an der Maschine selbst befestigt. Um die empfindlichen Relais vor Stößen und Schwingungen aus der Maschine zu schützen, wird der Kasten mit Hilfe von Gummifedern isoliert. Mit Rücksicht auf die auftretenden Beanspruchungen werden zwei verschiedenartige Elemente verwendet. Durch das Gewicht des Kastens ergibt sich ein Moment, das den oberen Lagerpunkt auf Zug beansprucht. Zugbeanspruchungen sind für Gummi ungünstig. Man wählt deshalb für den oberen Lagerpunkt das Glockenelement gemäß Abb. 130, in welchem der Gummi auf Druck beansprucht wird. Das W-Element wird durch das Moment ebenfalls auf Druck beansprucht. Die Schubbelastung wird von den beiden Elementen zu fast gleichen Teilen aufgenommen.

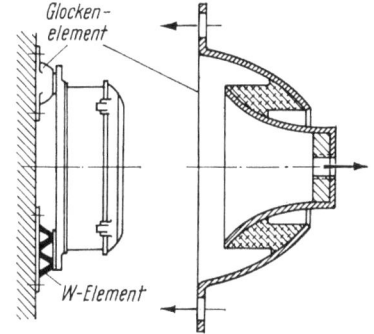

Abb. 130. Schwingungsisolierter Relaiskasten.

4.5.4 Bordinstrumente in Flugzeugen

Die in Abb. 131 dargestellte Schwingungsisolierung wird für Bordinstrumente in Düsenflugzeugen verwendet. Die gesamte Lagerung besteht aus 3 Blechteilen, 4 Hutelementen und 4 Schrauben. Die Blechteile sind ein Blechrahmen mit Löchern zum Anschrauben am Instrumentenbord, eine äußere Aufnahme und eine innere Aufnahme. An dem Blechrahmen sind 4 Lappen umgebogen, über die die äußere Aufnahme geschoben wird. Die beiden Teile werden verlötet. Der äußere und der innere Rahmen sind durch 4 Hutelemente miteinander verbunden. Auf dem inneren Rahmen, welcher zur Instrumentenaufnahme dient, sind die Hutelemente aufgeklebt, während sie mit dem äußeren verschraubt sind. Durch Versuche wurde festgestellt, daß die Resonanzfrequenz für radiale und axiale Beanspruchungen fast gleich ist. Bei einer Lagerung mit den Außenmaßen 80 × 80 × 30 mm liegt die Radialresonanzfrequenz bei 25 Hz und die Axialresonanzfrequenz bei 23 Hz. Da die Schwingungen in einem Flugzeug hinsichtlich ihrer Frequenz weit höher liegen, erzielt man mit dieser Schwingungsisolierung eine erstklassige Passiventstörung.

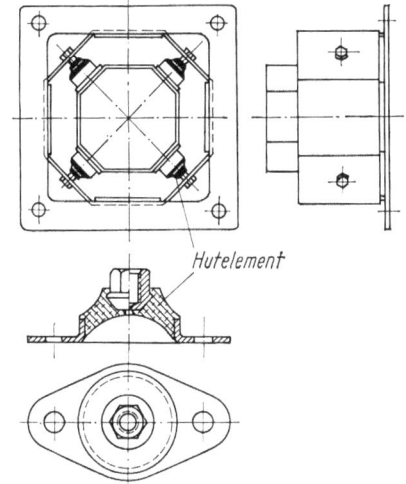

Abb. 131. Schwingungsisoliertes Bordinstrument in einem Düsenflugzeug.

4.5.5 Bordinstrumente in Kraftfahrzeugen

Geschwindigkeitsmesser (Tachometer) in Kraftfahrzeugen werden vorteilhaft nach Abb. 132 schwingungsisoliert. Während die bisher besprochenen Gummifederelemente Gummi-Metall-Verbindungen waren, ist das hier verwendete Element *1* ein reiner Gummiring. Dieser besonders geformte Gummiring, der als Profilring bezeichnet werden kann, ist als Schwingungsisolator zusammen mit dem Anzeigeinstrument *2* zu einem tieffrequenten Schwingungssystem abgestimmt, dessen schwingungsdämpfende Wirkung gegenüber dem Armaturenbrett *3* beträchtlich ist.

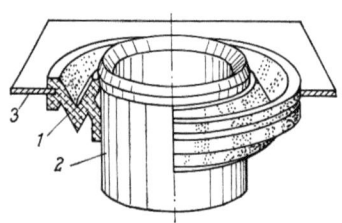 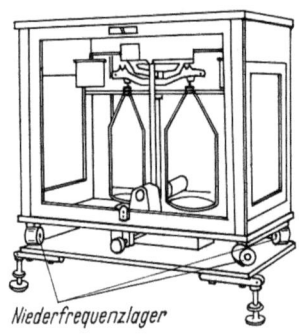

Abb. 132. Schwingungsisoliertes Bordinstrument in Kraftfahrzeugen.

Abb. 133. Schwingungsisolierte Analysenwaage.

4.5.6 Analysenwaagen

Analysenwaagen sind so empfindlich, daß die geringste äußere Erschütterung ihre Genauigkeit beeinträchtigt. Werden solche Waagen gemäß Abb. 133 mit Hilfe von Ringgummifedern gemäß Abb. 77 isoliert, so bleibt die Ablesegenauigkeit auch bei Vibrationen in ausreichendem Maße gewährleistet.

4.5.7 Nähmaschinen

Der Bewegungsmechanismus einer Nähmaschine ist recht kompliziert. Das Triebwerk für die Bewegungen der Nadelstange, des Gelenkfadenhebels, des Greifers und des Transporteurs enthält eine Anzahl von Bauteilen, die beim Laufen der Nähmaschine räumlich und zeitlich ganz unterschiedliche rotierende, oszillierende und hin- und hergehende freie Massenkräfte erzeugen, so daß die Maschine in allen Freiheitsgraden zu beträchtlichen Schwingungen angeregt wird. Sie sind unerwünscht, häufig sogar störend, und bei den raschlaufenden Industrienähmaschinen machen sie sich im Bereich der Resonanz oft so stark bemerkbar, daß ein Arbeiten dort unmöglich ist (s. Abb. 134c, Kurve „ohne Gummifedern" zwischen den Stichzahlen von etwa 2000 und 2750).

Eine Verbesserung der Laufruhe läßt sich durch Auswuchten erzielen. Das ist aber bei Maschinen, die sich in der Serienproduktion befinden, nur beschränkt möglich, weil konstruktive Änderungen mit erheblichen Schwierigkeiten verbunden sind. Man hilft sich deshalb durch Einbau von Gummifedern, die bei richtiger Abstimmung bedeutende Erfolge bringen, vor allem auch akustisch.

Man kann Gummifedern geeigneter Form zwischen Gestell und Fußboden legen. Am einfachsten, billigsten und wirkungsvollsten ist es jedoch, die Grundplatte gegenüber der Tischplatte durch Gummifedern zu isolieren (Abb. 134a u. b). Dabei muß darauf geachtet werden, daß keine unmittelbare Verbindung oder Berührung zwischen Grundplatte und Tischplatte besteht. Es müssen deshalb die üblichen

Steckscharniere entfernt und durch Kippscharniere ersetzt werden, so daß die Maschine im Betrieb völlig frei auf 4 Gummifedern liegt. Falls ein zu großer Riemenzug vorhanden sein sollte, dann genügt es, kleine Anschlagpuffer aus Gummi seitlich anzubringen.

Abb. 134 b zeigt als Beispiel eine der 4 Lagerstellen im Schnitt. Es sind in diesem Falle Hohlgummifedern gewählt worden, weil sich diese durch eine besonders gute dämpfende Wirkung auszeichnen. Außerdem sind sie billig. Die Resonanz-

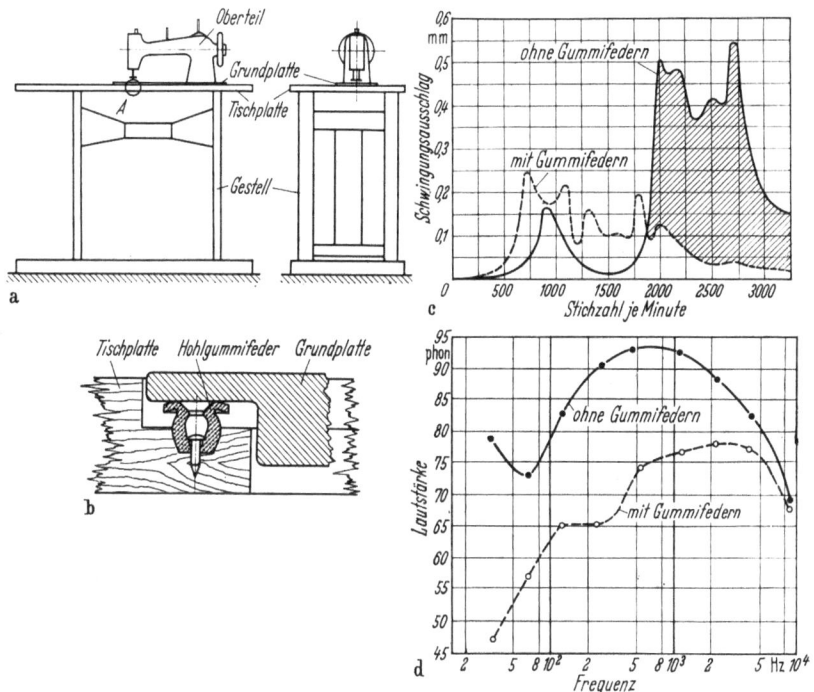

Abb. 134. Schwingungs- und Geräuschisolierung von Nähmaschinen.
a) Oberteil und Gestell; b) Schnitt durch Lagerstelle A; c) Resonanzkurven einer schnellaufenden Industrienähmaschine; d) Verminderung der Geräusche einer Industrienähmaschine durch Gummifedern.

kurven in Abb. 134c zeigen, daß die Laufruhe im kritischen Bereich durch die Hohlgummifedern beträchtlich verbessert worden ist (dunkle Fläche). Im Bereich der niedrigen Stichzahlen ist eine kleine Verschlechterung eingetreten, die aber noch innerhalb der zulässigen Grenze für Schwingungsausschläge bei Nähmaschinen liegt.

Die Verminderung der Geräusche ist ebenfalls beträchtlich. Die Verbesserung beträgt 18 DIN-phon. In Abb. 134d sind die Geräusche analysiert nach Frequenzen dargestellt. Man sieht, daß die Hohlgummifedern besonders die tiefen und mittleren Töne sehr stark verringern.

Mit Rücksicht darauf, daß die Berührung mit Öl nicht völlig zu vermeiden ist, werden die Hohlgummifedern aus einer ölfesten Qualität (Buna, Perbunan od. ä.) hergestellt.

4. Anwendungsbeispiele

4.6 Fertigungstechnik

4.6.1 Gummifedern in Spannwerkzeugen

Die in Abschn. 3.1.14 beschriebene Segmentgummifeder wird nützlich in Spannfuttern verwendet. Abb. 135 zeigt den Aufbau des Jacobs-Spannfutters.

Andere Formen von Gummifedern werden für elastische Aufspanndorne oder für elastische Klemmfutter benutzt. Aufspanndorne werden benötigt, wenn man ein Werkstück konzentrisch zu einer vorhandenen Bohrung außen bearbeiten will. Klemmfutter braucht man, wenn in einem Werkstück eine Bohrung konzentrisch zu einer Außenfläche hergestellt werden soll. Hierfür gibt es heute brauchbare Gummikonstruktionen, die gewisse Nachteile der bisherigen mechanisch aufweitbaren Dorne und klemmenden Futter vermeiden, insbesondere das Nachlassen der Genauigkeit.

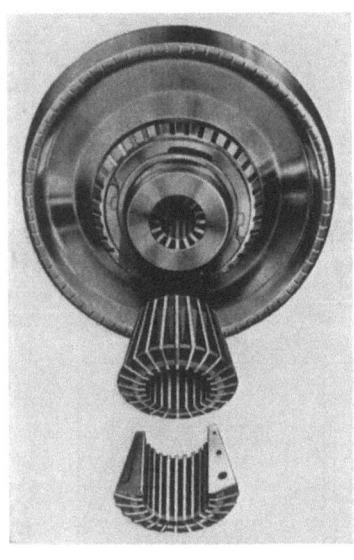

Abb. 135. Das Jacobs-Spannfutter.

Abb. 136 zeigt einen elastischen Aufspanndorn. Der Halter *1* hat als Verlängerung eine dehnbare Hülse, auf welcher das Werkstück *2* sitzt. Im Innern der Hülse befinden sich zwei ungebundene Rundgummifedern *3*, die mit Hilfe eines Zwischenstücks in ihrer Lage festgehalten werden. Wird der Keil *4* durch die Spannschraube *5* verschoben, dann werden die Gummifedern axial zusammengedrückt. Dabei dehnen sie sich radial aus und drücken die Hülse *1* an den beiden Enden gegen die Bohrwand des Werkstücks, wodurch eine gute konzentrische Klemmung erzielt wird.

In Abb. 137 ist ein elastisches Klemmfutter dargestellt. In ihm wirkt dasselbe Prinzip wie im elastischen Spanndorn. Es besteht aus einem Halter *3* mit Hülse

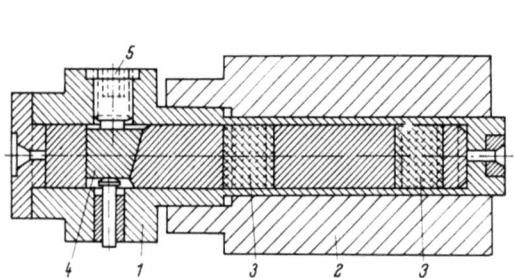

Abb. 136. Elastischer Aufspanndorn.

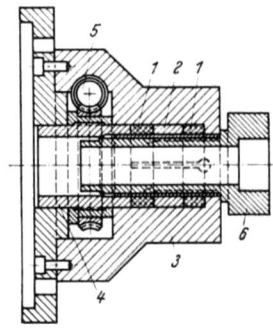

Abb. 137. Elastisches Klemmfutter.

und aus zwei durch ein Zwischenstück *2* getrennte Gummiringe *1*. Der Druck auf die Gummiringe wird bei dieser Konstruktion durch eine Klemmvorrichtung *4* mit Hilfe eines Schneckengetriebes *5* erzeugt. *6* ist das zu klemmende Werkstück.

4.6 Fertigungstechnik

4.6.2 Schneiden und Umformen von Blechen mit Hilfe von Gummikissen

Dünne Bleche und Bänder können mit Hilfe von Gummikissen geschnitten (getrennt) werden. Man kann sie einseitig oder mehrseitig beschneiden und außerdem Löcher in sie hineinschneiden. Auch lassen sie sich umformen, d. h. aus ebenen Zuschnitten oder aus vorgeformten Blechteilen heraus in gewünschte Formen pressen oder ziehen. Dabei ist der gummielastische Werkstoff das Mittel, das den erforderlichen Druck unmittelbar auf das Blech überträgt. Schneiden und Umformen können sowohl getrennt als auch in einem Arbeitsgang vollzogen werden.

Abb. 138 zeigt das gleichzeitige Schneiden und Umformen eines Blechzuschnitts. Das Gummikissen 1 besteht aus 20 bis 40 mm dicken, lose geschichteten oder verleimten Gummiplatten, die fest eingepreßt in einem kofferähnlichen Gehäuse 2

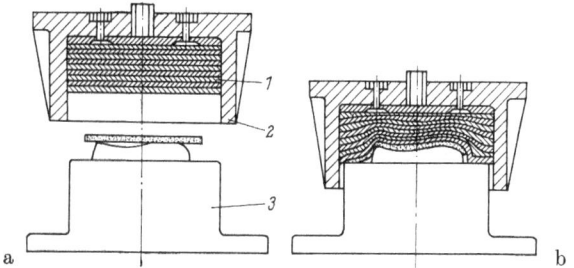

Abb. 138. Gummikissen zum Schneiden und Umformen von Blechen.
a) Ausgangsstellung; b) Endstellung.

sitzen. Das Gehäuse ist an dem Stößelschlitten einer hydraulischen Presse befestigt. Auf der Gegenplatte 3 befindet sich der Schnitt- und Formstempel 4. Nachdem der Blechzuschnitt auf den Stempel gelegt worden ist, bewegt sich der Pressenstößel nach unten, wodurch der freie Innenraum des Gehäuses von der Gegenplatte verschlossen wird. Die Unterseite des Gummikissens legt sich auf den Blechzuschnitt, und bei weiterem Niedergehen wird durch den hohen Preßdruck der Gummi gezwungen, den Hohlraum zwischen Gehäuse, Stempel und Gegenplatte voll und dicht auszufüllen. Dabei wird das Blech ebenfalls gezwungen, sich zu verformen. An der scharfen Kante des Stempels (links) wird es abgeschnitten, an der gerundeten Form des Stempels (rechts) nimmt das Blech dessen Form an. Dies geschieht um so genauer, je größer der ausgeübte Enddruck ist.

Die Werkzeugkosten sind bei diesem Verfahren gering, weil die sonst üblichen Matrizen durch Gummikissen ersetzt werden. Dadurch werden Mengenfertigungen mit geringen Stückzahlen schon rentabel. Bei der Blechumformung treten im allgemeinen Flächendrücke zwischen 0,7 bis 1 kp/mm², gelegentlich bis 2 kp/mm² auf. Die Haltbarkeitsgrenze des Gummis liegt bei 4 kp/mm². Gummisorten mit Härtegraden zwischen 50 und 80 sh werden verwendet.

Mit dem beschriebenen Verfahren können Leichtmetallbleche bis zu 2 mm Dicke verarbeitet werden. Rost- und säurebeständige austenitische Chrom-Nickel-Stähle können im weichgeglühten Zustand bis zu Dicken von 1,2 mm mit dem einfachen Gummikissen umgeformt werden. Bei Verwendung von Hilfseinrichtungen wie Abdeckplatten, Ziehringen usw. lassen sich ebenfalls 2 mm dicke Chrom-Nickel-Stahlbleche verarbeiten.

Wird der Ziehstempel mit einem hydraulisch zurückziehbaren Niederhalter umgeben (Abb. 139), so kann das Gummikissen auch zum Tiefziehen von Blechen verwendet werden. Das diesbezüglich bekannteste Verfahren ist das Marform-

130 4. Anwendungsbeispiele

Verfahren. Seine Wirkungsweise ist aus Abb. 139 zu ersehen. Der Vorteil gegenüber dem gewöhnlichen Tiefziehen liegt zunächst darin, daß eine individuell geformte Matrize erübrigt wird. Das ist besonders wichtig bei eckigen und unsymmetrischen Werkstücken und bei stark abgesetzten Böden. Ein weiterer Vorteil ist der, daß Unterschiede in der Blechdicke ohne Einfluß sind, so daß das Verfahren für Blechdicken von 0,25 bis 1,7 mm gleichermaßen geeignet ist. Dazu kommt die günstige Wirkung des Gummidrucks auf den Ziehstempel. Während beim üblichen Tiefziehverfahren die Bodenkante des Ziehteils allein die Ziehbeanspruchung aushalten muß, wird diese Beanspruchung durch den Querdruck auf den schon geformten Teilabschnitt des Werkstücks auf immer neue Querschnitte übertragen, die entweder die ursprüngliche Dicke des Bleches behalten oder gar eine Verdickung, mindestens aber eine Verfestigung erfahren haben. Das Marform-Verfahren ist deshalb geeignet, das erreichbare Ziehverhältnis gegenüber dem gewöhnlichen Verfahren zu erhöhen. Die Erhöhung wird mit 10% angegeben.

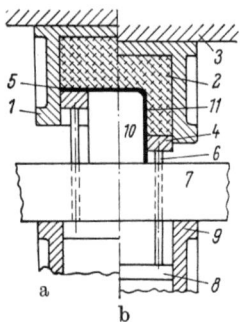

Abb. 139. Gummikissen zum Tiefziehen von Blechen.
a) Ausgangsstellung; b) Endstellung.
1 Gehäuse, *2* Gummikissen, *3* Pressenstößel, *4* Niederhalter, *5* Ronde, *6* Druckstangen, *7* Pressentisch, *8* Kolben des hydraulischen Kissens, *9* Gehäuse des hydraulischen Kissens, *10* Ziehstempel, *11* gezogener Topf.

Im Rahmen des amerikanischen Raumfahrtprogramms ist eine neue hydraulische Presse gebaut worden, die es erlaubt, große Blechteile aus hochfesten Werkstoffen umzuformen. Die Umformung erfolgt mit Hilfe eines Gummikissens und einer mit Flüssigkeit betätigten Gummimembrane. Den Kern der gesamten Anlage bildet die eigentliche Presse (Abb. 140). Der Pressenkörper besteht aus einem Stahlzylinder, in dem eine Gummimembrane *2* und das Gummikissen *3* angeordnet sind. Der Umformvorgang ist in Abb. 140 schematisch dargestellt. Er besteht — nach einem in Flugzeugwerken schon seit einigen Jahren angewendeten Prinzip — darin, daß durch Flüssigkeitsdruck das Gummikissen *1* auf das umzuformende

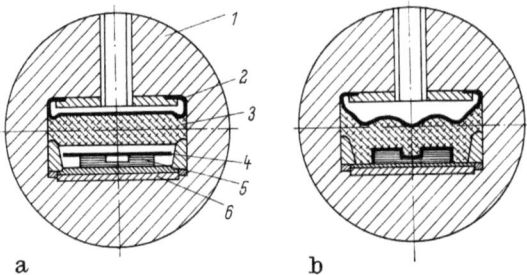

Abb. 140. Umformung von großen Blechen mit Hilfe von Gummikissen und Gummimembranen.
a) vor der Umformung; b) nach der Umformung.

Blech *4* (die Ronde) drückt und es zwingt, sich genau den Konturen des Formwerkzeugs *5* anzupassen. Neben der Presse angeordnete Pumpen sorgen für die Erzeugung der hohen Umformkraft, die maximal 64000 Mp beträgt. Sie kann von einem zentralen Steuerpult aus entsprechend dem Werkstoff, der Rondendicke und der Formteilschwierigkeit verändert werden. Vier Ladetische *6* beschicken die Presse von der Seite her mit Ronden, wobei sich immer ein Tisch in Arbeitsstellung befindet, während den anderen drei Tischen neue Ronden zugeführt oder ihnen die bereits umgeformten Blechteile entnommen werden. Zwei der vier Tische lassen sich heizen, so daß bestimmte Werkstoffe warm umgeformt werden können. Die Tische sind je 1270 mm breit und 4250 mm lang, eignen sich also für die Umformung sehr großer Blechteile. Diese Presse, die von der Hydraulic Press Mfg. Co. gebaut wurde, ist zur Zeit die größte ihrer Art.

4.6.3 Bauteilefertigung mit Hilfe eines Gummisacks

Das sog. Gummisackverfahren ist ein einfaches Fertigungsverfahren, das vielseitig angewendet wird. Abb. 141 zeigt es bei der Herstellung eines Bauteils aus glasfaserverstärktem Kunststoff. Hier ist eine zweiteilige Form *1* genommen worden, weil das Bauteil hinterschnitten ist. Am Formdeckel *2* ist ein Sack *3* aus Spezial-

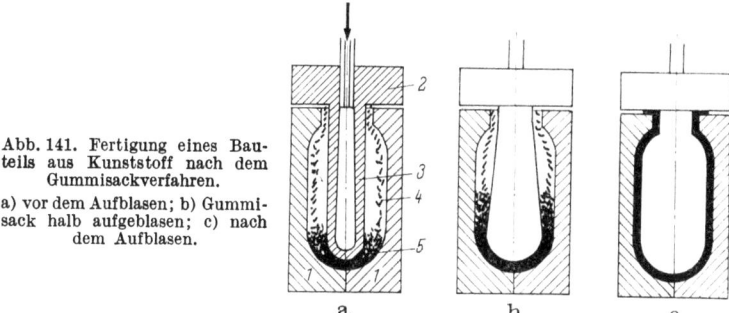

Abb. 141. Fertigung eines Bauteils aus Kunststoff nach dem Gummisackverfahren.
a) vor dem Aufblasen; b) Gummisack halb aufgeblasen; c) nach dem Aufblasen.

gummi angebracht. Die Glasmatten oder Glasgewebe *4* werden auf die Formwand gelegt. Im unteren Teil der Form befindet sich das flüssige Kunstharz *5*. Die Wanddicke des Gummisacks ist so bemessen, daß er sich von unten nach oben aufbläht. Das Harz wird dadurch von unten nach oben durch die Glasfasern gedrückt. Die Drücke, je nach Größe des Werkstücks zwischen 0,5 und 5 kp/cm², werden durch Preßluft erzeugt. Mitunter werden auch heißes Preßwasser oder Dampf verwendet. In diesen Fällen braucht die Form nicht beheizt zu werden. Sobald das Harz ausgehärtet ist, wird der Gummisack entleert und das geformte Bauteil der Form entnommen. Das Verfahren ist relativ billig. Es werden damit unter anderem in großem Umfang Flugzeugkanzeln gefertigt.

Zum Ziehen von kleinen Bauteilen aus Stahlblech bedient man sich ebenfalls des Gummisackverfahrens. Dabei muß darauf geachtet werden, daß sich der Gummisack nicht an scharfen Kanten reibt. Bauteile, zu deren Fertigstellung nach bisherigen Verfahren mehrere Ziehstufen erforderlich sind, können mit Hilfe des Gummisacks in einem Zug gefertigt werden. Beispiele dafür sind Reflektoren, Lampenfassungsteile, Flüssigkeitsbehälter, Essenträger, Sturzhelme und ähnliches. Der Gummisack besteht aus Buna; als Druckflüssigkeit wird Öl oder Glyzerin verwendet.

4.6.4 Gummifedern als Auswerferfedern

In Stanz-, Preß- und Ziehwerkzeugen werden zylindrische Hohlgummifedern oft vorteilhaft als Auswerferfedern verwendet. Ihre Wirkungsweise ist in Abschn. 3.1.8 in Verbindung mit Abb. 72 erläutert. Wegen der Berechnung solcher Federn s. Abschn. 2.2.2.3.

4. Anwendungsbeispiele

4.7 Bauwesen

4.7.1 Gummifedern als Brückenlager

Anstelle der herkömmlichen Gleit- oder Rollenlager aus Stahl werden für die Lagerung von Brücken vorteilhaft Gummifedern verwendet. Sie sind billiger als die üblichen mechanischen Lagervorrichtungen, und einfach im Aufbau, sie brauchen nicht geschmiert und gereinigt zu werden, und sie rosten nicht. Vorteilhaft auf die Haltbarkeit wirkt sich der Umstand aus, daß keine gleitenden Bewegungen zwischen Lagerplatte und Brückenträger auftreten. Die vom Lager aufzunehmenden Bewegungen, die man zur Vermeidung von gefährlichen Zwängungsspannungen absichtlich zuläßt, werden allein durch innere Verformungen im Gummi aufgenommen.

Zwängungskräfte treten bekanntlich auf durch Dehnungen unter dem Einfluß von Wärme und Kälte, durch das Vorhandensein von Rost, bei Beton durch das Schwinden (Verkürzung durch die Abgabe von nicht gebundenem Anmachwasser) und bei Spannbeton durch elastische und plastische Verformungen infolge der Vorspannkraft. Aus der Durchbiegung von Bauteilen heraus treten schließlich noch Auflagerverdrehungen auf.

Sehr vorteilhaft ist die Art der Kraftaufnahme und der Verformungen bei Gummifedern. Druckbelastungen werden bei nur kleinen Federwegen aufgenommen. Da durch horizontale Kräfte der Gummi auf Schub beansprucht wird, sind Gummifedern in horizontaler Richtung sehr viel nachgiebiger. Dies gilt für alle Kraftrichtungen in horizontaler Ebene und damit auch für Verdrehungen um die Hochachse.

Die einfache Wirkungsweise der Gummifedern bei Brückenlagern beruht darauf, daß man die Druckfestigkeit durch Verhinderung der Querdehnung sehr stark steigern kann, ohne die Schubfestigkeit zu beeinflussen. Dadurch ist es möglich, Gummifedern zu gestalten, deren Druckfestigkeit bis hundertmal größer ist als die Schubfestigkeit.

Eine praktisch bewährte Konstruktionsform ist die gebundene Scheibengummifeder mit einvulkanisierten Zwischenblechen gemäß Abb. 26. Maximale Abmessungen sind 400 × 500 mm bei einer Höhe von 80 mm.

Für einen günstigen Verlauf der Randspannungen ist es zweckmäßig, die Zwischen- und Außenbleche 10 mm über den Gummi herausragen zu lassen. Als bester Gummifederwerkstoff für Brückenlager hat sich Neoprene erwiesen. Bezüglich der Lebensdauer liegen noch keine ausreichenden Erfahrungen vor. Amerikanische Ingenieure schätzen die Lebensdauer von Neoprene-Lagern auf 35 bis 50 Jahre. Bei Lagern aus Naturkautschukmischungen mit guten Alterungsschutzmitteln rechnet man mit einer Lebensdauer von 20 bis 30 Jahren.

Über die Berechnung solcher Federn s. Abschn. 2.2.2.2.

Vom Bundesministerium für Verkehr sind seit 1963 für den Brückenbau bewehrte Gummilager zugelassen. Es handelt sich dabei um ungebundene Scheibengummifedern, die gemäß Abb. 142 mit Stahlblechen bewehrt sind. Entsprechende Zulassungsbedingungen sind für die Lieferfirmen Vorspann-Technik GmbH und Gumba GmbH festgelegt. Die Gummifedern werden aus dem Kunstgummi Neoprene hergestellt, das von der E. I. Du Pont de Nemours & Co. erzeugt wird. Die Härte beträgt 60 sh. Es handelt sich um ungebundene Scheibengummifedern mit rechteckigen Auflageflächen in den 3 Standardgrößen 150 × 200; 200 × 300 und

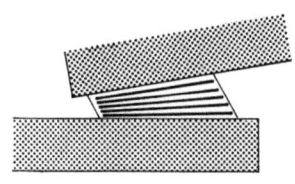

Abb. 142. Gummifeder als Brückenlager bei gleichzeitiger Schub- und Verdrehbeanspruchung.

300×400 mm für die zulässigen Lasten von 30, 60 und 120 Mp. Die Höhen schwanken zwischen 14 und 84 mm. Zwischen 5 mm dicke Gummischichten sind 2 mm dicke Stahlbleche eingebettet. Die zulässige mittlere Pressung beträgt 1 kp/mm². Zugelassen sind solche Gummifedern auch von der Deutschen Bundesbahn.

4.7.2 Gummiprofile zur Brückenabdeckung

Neuartige Abdeckungsprofile sind auf Straßenbrücken in Paris erfolgreich ausprobiert worden. Sie werden als Dilastic-Fugen bezeichnet und bestehen gemäß Abb. 143 aus zwei parallel angeordneten Stangen *1* aus ungleichschenkligem Winkelstahl. Auf dem langen Schenkel jeder Stange ist außen eine Stahlstange *2* mit quadratischem Querschnitt angeschweißt. Diese befinden sich in einer Ebene mit der

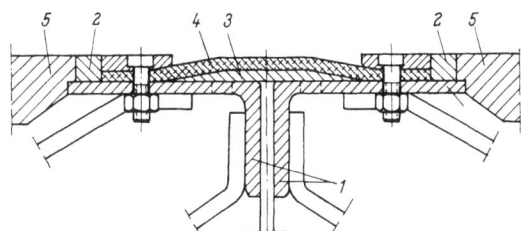

Abb. 143. Gummiprofil zur Brückenabdeckung.

Straßenoberfläche. Über dem langen Schenkel der beiden Winkelstahlstangen liegt eine elastische Packung *3* und auf dieser eine Neoprene-Platte *4*. Diese liegt genau in der Straßenebene. Dadurch ist ein stoßfreies Fahren zwischen den Asphaltenden *5* möglich. Die Kanten der Platte sind durch Gewebeeinlagen verstärkt. Sie werden mit Flachstahlstangen und Bolzen auf die Winkelstahlstangen gespannt. Die Fugenabdichtung ist bei einer Brückenlänge von 50 m insgesamt etwa 30 cm breit und 10 mm dick. Für längere Brücken werden breitere Fugen benötigt. Die elastische Packung wird dann mit Gewebe verstärkt.

Der Hauptvorteil der neuen Fugenabdichtung besteht darin, daß sie sich bei mechanischen Beanspruchungen elastisch verformt und auf diese Weise Bewegungen der Betonplatten zuläßt. Dadurch wird vermieden, daß sich in den Betonplatten Risse bilden. Bei den bisherigen Metallabdeckungen war das nicht der Fall, so daß häufige Reparaturarbeiten erhebliche Unkosten verursachten. Die Gummiabdeckungen sind wasserdicht und erfordern keine Wartung. Sie können deshalb auch an solchen Stellen der Brücke installiert werden, die bei den regelmäßigen Inspektionen nicht leicht zugänglich sind.

Wegen des guten Verhaltens der Dilastic-Fuge wird von den Französischen Staatsbahnen sowie von den Verkehrsbehörden der Stadt Paris und der französischen Straßen- und Brückenbaubehörde erwogen, sie in größerem Umfang anzuwenden.

4.7.3 Schallgedämmte Wasserrohrleitungen

In welchem Maße Gummi die Lautstärke vermindern kann, zeigt das Beispiel einer Körperschalldämmung von Wasserrohrleitungen und die dadurch verminderte Schallabstrahlung der Wände. Die Situation ist schematisch in Abb. 144 wieder-

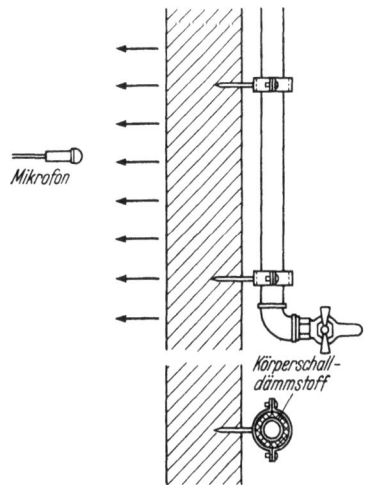

Abb. 144. Schallgedämmte Wasserrohrleitung.

gegeben. Ein Zapfhahn verursacht in geöffneter Stellung beim Wasserdurchfluß ein starkes Geräusch, das vornehmlich über die Rohrleitung und dann über Rohrschellen auf die Wand übertragen und von dieser in einen Nachbarraum abgestrahlt wird. Isoliert man das Rohr gegenüber der Schelle durch Gummistreifen, dann wird die Lautstärke beträchtlich verringert, wie Tab. 12 zeigt. Dabei kommt es auf die

Tabelle 12. *Verminderung der Lautstärke durch Gummi und Kork bei Wasserrohrleitungen*

Nr.	Körperschall-dämmstoff	Anpressung des Dämmstoffes	DIN-Lautstärke [phon]	Verbesserung durch Dämmstoff [phon]
1	ohne	—	55,5	0
2	Gummi	leicht	39	16,5
3	Gummi	mittel	39	16,5
4	Gummi	stark	42	13,5
5	Kork	leicht	42,5	13
6	Kork	mittel	46	9,5
7	Kork	stark	48,5	7

Stärke der Anpressung der Gummistreifen mit an. Die Meßwerte zeigen, daß Gummi günstiger ist als Kork. Leichtes bis mittelstarkes Anziehen der Schrauben an den Rohrschellen ergibt eine optimale Geräuschminderung.

4.7.4 Fender-Gummifedern

Schiffslandeanlagen werden heute erfolgreich mit Hilfe von Gummifedern gegen Schiffsstöße geschützt. Es handelt sich dabei um größere Systeme von Gummifedern, mit denen man die Fenderungen elastisch macht. Verwendet werden unterschiedliche Konstruktionsformen wie gebundene Ringgummifedern oder ungebundene

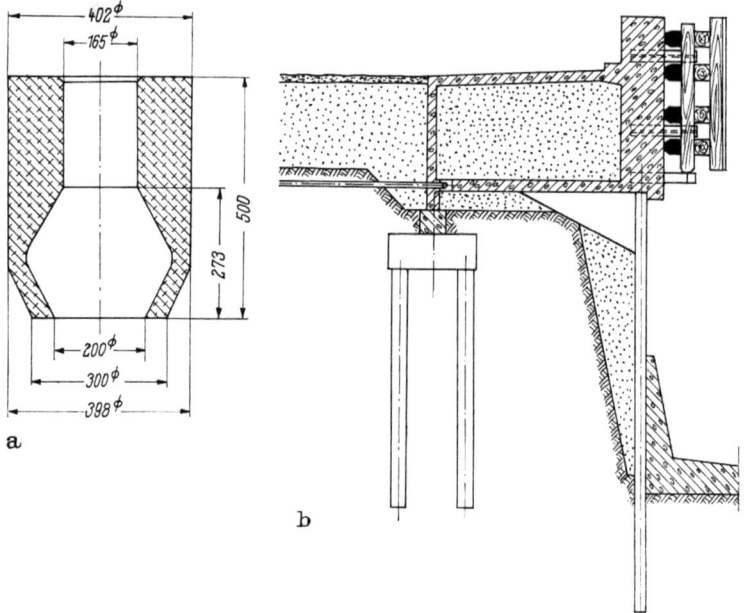

Abb. 145. Fender-Gummifeder.
a) Schnitt durch eine Fender-Gummifeder; b) Anordnung von Fender-Gummifedern in einer Fähranlage.

Hohlgummifedern oder Walzengummifedern. In jedem Fall ergeben sich außergewöhnlich große Abmessungen der Einzelfedern.

Bei den neuen Fähranlagen in Puttgarden am Fehmarnbelt wurde die in Abb. 145a gezeigte spezielle Form der ungebundenen Hohlgummifeder gewählt. Die Feder hat einen Außendurchmesser von 402 mm, eine Höhe von 500 mm, eine Härte von 70 ± 5 sh und eine progressiv ansteigende Federkennlinie. Sie läßt sich maximal um etwa 34 cm zusammendrücken mit einem Kraftaufwand von 70 Mp und einem Energieaufwand von etwa 5,5 Mpm. Die Gesamtanordnung der Fender-Gummifedern ist aus Abb. 145b ersichtlich.

4.7.5 Gummifedern in Vibro-Verdichtern

An die Gelenke von Vibro-Verdichtern werden besonders hohe Anforderungen gestellt. Sie müssen in allen Bewegungsrichtungen flexibel und den außergewöhnlich intensiven Scheuereinflüssen durch Steinschlag, Sand, Staub und Schmutz gewachsen sein. Hier haben sich die Neidhart-Gummifedern gemäß Abb. 146 bestens bewährt.

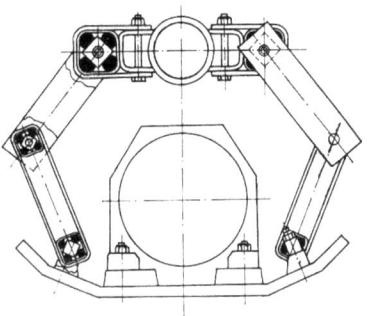

Abb. 146. Neidhart-Gummifedern als Gelenke in einem Vibro-Verdichter (Seitenansicht).

Ein Vibro-Verdichter mit 6 Grundplatten benötigt $6 \times 12 = 72$ Neidhart-Gummifedern. Das Innenvierkantstück der untersten Federn ist an den Grundplatten befestigt. Die Vibrationsfrequenz ist regulierbar bis 2800 Schwingungen je Minute. Jede Platte besitzt eine Schlagkraft von 400 kp.

4.8 Lärmbekämpfung

Die Maßnahmen zur Lärmbekämpfung beruhen auf schalltechnischen Erkenntnissen. Sie sind in Abschn. 1.5.5 auszugsweise beschrieben. Anstelle von Lärmbekämpfung spricht man auch von Schallschutzmaßnahmen, womit gemeint ist, daß der Mensch sich vor unerwünschten oder schädigenden Einwirkungen des Schalls schützen will. Hier handelt es sich hauptsächlich um die Körperschalldämmung und um die Trittschalldämmung.

Die *Körperschalldämmung* bezieht sich auf die Dämmung des Schalles, der in festen Körpern wie Erdreich, Gestein, Mauern, Balken, Wänden und Decken fortgeleitet wird. Man will verhindern, daß der Körperschall im Verlauf seiner Fortleitung von Decken oder Wänden als Luftschall abgestrahlt wird. Bei der Bekämpfung des Lärms in Industriebetrieben hat sich herausgestellt, daß durch bauliche Veränderungen oder durch schallisolierende Auskleidungen von Decken und Wänden oder durch schalldämmende Umhüllungen von lärmenden Maschinen oft nur beschränkte Wirkungen erzielt werden. Bessere Resultate erhält man durch fertigungstechnische und konstruktive lärmmindernde Maßnahmen an den Bauteilen der

Maschinen selbst. Dazu gehören z. B. das genaue Bearbeiten und das einwandfreie Einbauen von Zahnrädern, die Verwendung schrägverzahnter Räder, Zahnradpaarungen aus Kunststoff und gehärtetem Stahl und anderes. Handelt es sich um die Verminderung des Körperschalls, durch den andere Bauteile und Bauwerke zum Mitschwingen angeregt werden, dann werden die Maschinen zweckmäßig mit Hilfe von Gummifedern isoliert. Dadurch ergibt sich nicht nur eine Verminderung der Erschütterungen, sondern gleichzeitig auch eine Verminderung des Körperschalls. Ein praktisches Beispiel dazu ist in Abb. 134c gezeigt.

Die *Trittschalldämmung* ist im wesentlichen eine Körperschalldämmung, die sich jedoch im Ergebnis auf den Luftschall im unteren Raum bei bestimmter Körperschallanregung im Raum darüber bezieht. Trittschall entsteht unmittelbar

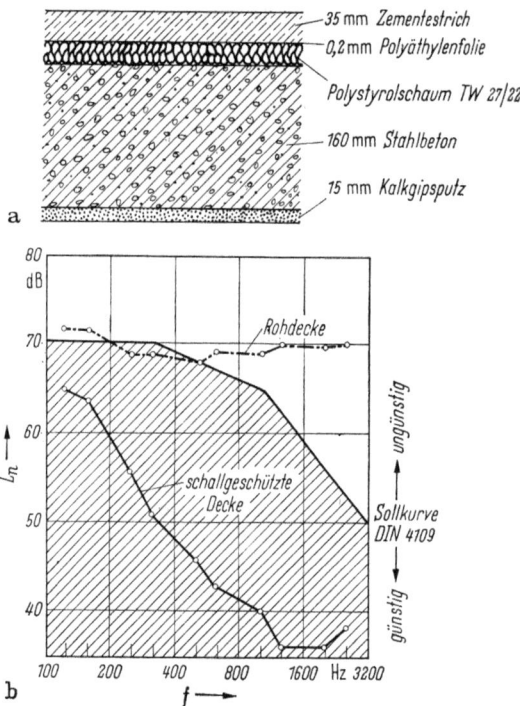

Abb. 147. Verwendung von Schaumgummi zum Schutz gegen Trittschall in Gebäuden nach DIN 52210.
a) Aufbau des Prüfgegenstandes; b) Schallpegeldiagramm.

auf einer Decke durch Stoßanregung, Hämmern, Klopfen, Begehen usw. Er wird in der Decke als Körperschall weitergeleitet und teilweise als Luftschall wieder abgestrahlt. Zur Überprüfung der Decken gibt es Vorschriften. Nach den Normvorschriften DIN 4110 wird die Decke mit einem Hammerwerk mit 600 Schlägen pro Minute angeregt. Die Hämmer aus Stahl oder Messing haben ein Gewicht von je 500 p und fallen aus 4 cm Höhe frei herab. Die durch diese Körperschallanregung im unteren Raum gemessene Lautstärke soll nicht mehr als 85 phon betragen. Rohdecken haben aber je nach System Normtrittlautstärken von 90 bis 100 phon. Sie erfordern demnach immer einen zusätzlichen Trittschallschutz. Hier haben sich Zwischenlagen aus Schaumgummi sehr gut bewährt.

Als Beispiel sei der Polystyrolschaum genannt. Auf Grund seiner Zellstruktur zeigt er elastische Eigenschaften, die sich zusammensetzen aus dem Federungs-

4.8 Lärmbekämpfung

vermögen der Zellwände und der Elastizität der in den Zellen eingeschlossenen Luft. Zum Zwecke der Trittschalldämmung wird in der Praxis unter dem Estrich eine Dämmschicht aus Polystyrolschaum (Poresta) vorgesehen (Abb. 147).

Im Zusammenhang mit der Lärmbekämpfung hat die Bundesregierung (BRD) eine Broschüre herausgegeben. Dort wird die VDI-Richtlinie 2058 zitiert, die Geräuschgrenzwerte für gewerblich genutzte Anlagen festlegt und die sich in der Verwaltungspraxis und in der Rechtsprechung durchgesetzt hat. Danach soll das auf die Nachbarschaft einwirkende Geräusch folgende Schallpegel nicht überschreiten: In reinen Wohngebieten 50 (35) DIN-phon, in überwiegend Wohnzwecken dienenden Gebieten 60 (45) DIN-phon. Die Zahlen in Klammern gelten für die Nacht.

Gummifedern haben sich als Helfer bei der Lärmbekämpfung bereits auf vielen Gebieten bewährt, so im Maschinenbau, bei Klima- und Lüftungsanlagen, im grafischen Gewerbe, im Motorenbau, bei Aufzugsanlagen, im Kraftfahrzeugwesen und im Bauwesen. Ausführliche Beschreibungen findet man in der Literatur, s. Schrifttum „Lärmbekämpfung".

Schrifttum

Es handelt sich vorwiegend um Zeitschriftenaufsätze. Die mit * gekennzeichneten Arbeiten sind Bücher oder größere Schriften.

Allgemeine Grundlagen

[1]* Boström, S.: Kautschuk-Handbuch, Bd. 1—5, Stuttgart: Berliner Union 1961.
[2] Ecker, R.: Dynamische Dämpfung und E.-Modul im kautschukelastischen Bereich. Kautschuk u. Gummi (1953) H. 7, S. WT 127—139.
[3]* Frank, K.: Prüfungsbuch für Kautschuk und Kunststoffe, Stuttgart: Berliner Union 1955.
[4]* Göbel, E. F.: Das Verhalten von Gummifedern bei zügiger und wechselnder Beanspruchung unter besonderer Berücksichtigung der Verhältnisse bei der federnden Flugmotorenlagerung. Diss. TH Berlin 1940.
[5] Göbel, E. F.: Untersuchungen an Gummifedern für die elastische Flugmotorenlagerung. Dtsch. Mot.-Z. (1941) H. 7, S. 261—266.
[6] Göbel, E. F.: Verhalten von Hülsengummifedern bei zügiger und wechselnder Beanspruchung. Z. VDI (1941) Nr. 29, S. 631—635.
[7] Jörn, R.: Festigkeit und physikalische Eigenschaften des Werkstoffes Gummi für die Abfederung von Schienenfahrzeugen im Hinblick auf Leichtbau und Laufruhe. Leichtbau der Verkehrsfahrzeuge 9 (1965) H. 2.
[8] Oppel, G.: Konstruktionsprüfung von Gummifederungen für Motorfahrzeuge mit dem Einfrierverfahren und mit Spannungsoptik. ATZ (1949) Nr. 4, S. 77—84.
[9] Roelig, H., u. G. Fromandi: Über die Bestimmung der Wechselfestigkeit schubbeanspruchter Weichgummi-Elemente und ihre Beziehung zur Energieaufnahme und Formgebung. Kautschuk u. Gummi (1952) Nr. 10.
[10] Römer, G.: Technische Gummiformteile. Technischer Handel 47 (1960) S. 339—343.
[11] Rogers, J. E., u. G. Kleiner: Das Spritzgießen von Siliconkautschuk. Kautschuk u. Gummi. Kunststoffe (1964) Nr. 4, S. 207—211.
[12] Schick, J.: Gummi als Bauelement zur Schwingungsbeeinflussung. VDI-Berichte 35 (1959).
[13] Schmidt, W.: Verfahrensgerechte Gestaltung von Gummi-Teilen und Form-Werkzeugen für das Schnecken-Spritzgießen. Kautschuk u. Gummi. Kunststoffe (1966) Nr. 5, S. 295 bis 299.
[14] Wiegand, H., u. E. F. Göbel: Temperatureinflüsse in schwingungsbeanspruchten Gummifedern. Dtsch. Mot.-Z. (1939) H. 9, S. 278—282.
[15] Le Bras, J.: Grundlagen der Wissenschaft und Technologie des Kautschuks, Stuttgart: Berliner Union 1956.
[16] Thum, A., u. K. Oeser: Gummifederungen für ortsfeste Maschinen. Mitt. dtsch. Mat.-Prüf.-Anst., TH Darmstadt, H. 6, Berlin: VDI-Verlag 1935.

Berechnungsgrundlagen

[1] Göbel, E. F.: Schwingungstechnische Berechnung einer gummigefederten Freischwinger-Siebmaschine. Konstruktion (1954) H. 7, S. 259—262.
[2] de Gruben, K.: Eigenfrequenzen federnd gelagerter Maschinen. Z. VDI (1942) Nr. 41/42, S. 633—637.
[3]* Klotter, K.: Technische Schwingungslehre, Bd. 1, Berlin/Göttingen/Heidelberg: Springer 1951.
[4]* Kosten, C. W., u. S. de Men: Die Berechnung von Federungselementen aus Gummi. (1954) Mitt. Nr. 268 der Rubber-Stichting in Delft (Niederlande).
[5] Lang, G.: Zur elastischen Lagerung von Maschinen durch Gummifederelemente. Motortechn. Z. (1963) H. 11.
[6] Lürenbaum, K.: Beitrag zur Dynamik der gefederten Maschinengründung. Z. VDI (1956) Nr. 18.

[7]* MAKHULT, M.: Gumirugók = Gummifedern (ungarisch), Budapest: Müszaki Könyvkiadó 1963.
[8] PACHT, H. O. F.: Gummi- und Stahlfedern als Elemente zur elastischen Lagerung von Maschinen. Maschinenmarkt (1963) Nr. 55, 73 u. 91.
[9] PLAMPER, R., u. F. MOESCHLER: Berechnungs- und Konstruktionsgrundlagen für Gummifedern. Plaste u. Kautschuk (1963) H. 5, S. 273—279.
[10] TÜRK, H.: Betrachtung eines dynamisch belasteten Gummielementes auf Schub und Bestimmung der auftretenden Temperatur. Maschinenmarkt (1965) Nr. 56, S. 26—28.
[11] WAAS, H.: Federnde Lagerung von Kolbenmaschinen. Z. VDI (1937) Nr. 26.

Konstruktionsgrundlagen

[1] GÖBEL, E. F.: Gummi und seine konstruktive Verwendung. Konstruktion (1953) H. 7, S. 207—215.
[2] HEIDEMANN, W.: Gummi als Konstruktionselement. Kautschuk-Handbuch IV.
[3] NEUMÜLLER, H. O.: Die Gummifeder. Gummi, Asbest, Kunststoffe (1964) Nr. 4, S. 391 bis 393; Nr. 6, S. 642—650; Nr. 9, S. 968—974; Nr. 11, S. 1224—1230 u. 1274.

Anwendungsbeispiele

Allgemeiner Maschinenbau

[1] GÖBEL, E. F.: Neue technische Anwendungen von gummielastischen Werkstoffen. Kautschuk u. Gummi. Kunststoffe (1964) H. 10 u. 12.
[2] MAYER, E.: Abwehr mechanischer Schwingungen durch elastische Aufstellung der Maschinen (Schwingungsisolierung). Werkstatt u. Betrieb (1961) H. 4, S. 203—212.

Werkzeugmaschinenbau

[1] BIERINGER, H.: Die schwingungstechnische Aufstellung von Werkzeugmaschinen. Schwz. Maschinenmarkt (1965) Nr. 3, 4 u. 6.
[2] BIERINGER, H.: Wesen und Formen der schwingungsisolierten Aufstellung von Werkzeugmaschinen. Wärme — Kälte — Schall (1964) H. 1.
[3] DIETER, W.: Hydraulikspeicher für den allgemeinen Maschinen-, Werkzeugmaschinen- und Fahrzeugbau. Konstruktion (1957) H. 8, S. 294—299.
[4] HOLLSTEIN, W.: Gummifederungen bei Werkzeugmaschinen. Werkstatt u. Betrieb (1947) H. 6, S. 133—136.
[5] LUETGEBRUNE, H.: Gummi im Werkzeugmaschinen- und Werkzeugbau. Industrie-Anzeiger (1962) Nr. 6.
[6] PETZOLD, H., u. R. MOHR: Verankerungsfreie Aufstellung von Werkzeugmaschinen. Die Maschine (1962) H. 12.
[7] PETZOLD, H.: Membranen für pneumatische Spannelemente. Oelhydraulik u. Pneumatik (1962) Nr. 6.
[8] PETZOLD, H.: Untersuchungen an Membranen zur Ermittlung der Eigenfunktion. Oelhydraulik u. Pneumatik (1962) Nr. 5.

Fahrzeugbau

[1] CHRIST, W., u. H. DUPIUS: Beanspruchung des Menschen durch Fahrzeugschwingungen. ATZ 64 (1962) Nr. 12, S. 364—366.
[2] HEIDEMANN, W.: Gummifedern für Schienenfahrzeuge. Techn. Mitt. August 1960.
[3] HENKER, E. (KDT), Karl-Marx-Stadt: Bewertungsgrößen für die Federungseigenschaften von Kraftfahrzeugen. Kraftfahrzeugtechnik 3 (1959).
[4] JÖRN, R.: Erfahrungen mit Metallgummi-Federn im Schienenfahrzeugbau. Eisenbahntechn. Rundschau (1958) H. 1.
[5] JÖRN, R.: Theorie und Praxis der Gummi-Metall-Federelemente im Schienen- und Straßenfahrzeugbau. Z. VDI 99 (1957) Nr. 5, S. 185—194.
[6] JÖRN, R.: Gummigefederte Räder für Schienenfahrzeuge. Z. VDI 99 (1957) Nr. 22, S. 1049 bis 1096.
[7] KAYSERLING, U.: Über die Abfederung der Drehgestelle von hochbelasteten Leichtbauwagen. Leichtbau der Verkehrsfahrzeuge 8 (1964) Nr. 1, S. 31—37.
[8] KAYSERLING, U.: Kritische Betrachtungen über Gummifederungen in Schienenfahrzeugen. Leichtbau der Verkehrsfahrzeuge 9 (1965) Nr. 2.
[9] MARQUARD, E.: Betrachtungen zur Beurteilung von Stoßdämpfern. ATZ 53 (1951) Nr. 2, S. 33—40.

[10] MEYER, F. W.: Gummielastische Radaufhängung bei Straßenfahrzeugen. Automobil-Industrie Nr. 3, Würzburg: Vogel-Verlag 1965.
[11] MÜLLER, M. A.: Progressive Federung durch anschlagfreie Kombination. ATZ 56 (1954) Nr. 10, S. 272—274.
[12] OESER, K.: Gummi-Metallbauteile im Automobilbau (= Übersicht, Entwicklung). ATZ 51 (1949) Nr. 3, S. 64—66.
[13] PLAMPER: Anwendung von Gummifedern im Schienenfahrzeugbau. Deutsche Eisenbahntechnik (Juli 1963).
[14] RIX, I.: Die Gummihohlfeder als Federelement im Fahrzeugbau. ATZ (1958) S. 285—288.
[15] TÖNNIES, H.: Die Gummihohlfeder und ihre Anwendung im Fahrzeugbau. Motorwelt-Revue (1961) H. 2.
[16] FLÖSSEL, W.: Die Gummifederung im Fahrzeugbau. Das Staatstechnikum Karlsruhe (1955) H. 5—8.
[17] HEGENBARTH, F.: Gummi im Eisenbahnwesen. VDI-Nachrichten (1954) Nr. 1.
[18] BITTEL, K.: Die Federkennlinie der Balg-Luftfeder. ATZ (1959) Nr. 7, S. 199.
[19] MITSCHKE, M.: Luftfederung, ihre schwingungstechnischen Vorteile und ihre Forderungen an die Dämpfung. ATZ (1958) Nr. 10.
[20] NIEHUS, G.: Über die Entwicklung von Luftfederbälgen kleiner Abmessungen und großer Weichheit. ATZ (1959) Nr. 9.
[21] WEBER, G., u. H. P. ZOEPPRITZ: Entwicklungsstand der Luftfederung unter besonderer Berücksichtigung der Rollbalg-Luftfederelemente und ihrer Anwendung. ATZ 60 (1958) Nr. 10.
[22] WELLER, H., u. W. NEUSCHAEFER: Die Daimler-Benz-Luftfederung im Typ 300 SE. ATZ 65 (1963) Nr. 2, S. 34—42.

Gummikupplungen

[1] BENZ, W.: Zur Berechnung drehelastischer Kupplungen. MTZ 3 (1941) H. 1, S. 3—11.
[2] BENZ, W.: Kenngrößen für das Verhalten drehnachgiebiger Kupplungen. VDI-Ber. (1963) Nr. 73.
[3] BIBER, W.: Drehnachgiebige Kupplungen und ihre zweckmäßige Anwendung im Schwingungssystem. VDI-Ber. (1963) Nr. 73.
[4] FAUST, W.: Die Dämpfung und die dynamische Drehsteifigkeit bei hochelastischen Kupplungen. VDI-Ber. (1963) Nr. 73.
[5]* KÖHLER-RÖGNITZ: Maschinenteile, Teil 1 u. 2, mit Arbeitsblättern, Stuttgart: B. G. Teubner 1960 u. 1961.
[6] PINNEKAMP, W., u. R. JÖRN: Neue Drehfederelemente aus Gummi für elastische Kupplungen. MTZ (1964) H. 4, S. 130—135.
[7] RUGGEN, W., u. K. STÜBNER: Entwicklungstendenzen im Kupplungsbau. Techn. Mitt. (1963) H. 7.
[8] SCHACH, W.: Berechnung einer biegeelastischen und einer drehelastischen Gummikupplung. Industrieanzeiger Nr. 8 v. 27. 1. 1959, Essen: W. Girardet.
[9] SCHACH, W.: Kenngrößen und Berechnungen allseitig nachgiebiger Kupplungen. VDI-Ber. (1963) Nr. 73.

Feinwerktechnik

[1] GÖBEL, E. F.: Gummi und seine Anwendung in der Feinwerktechnik. Feinwerktechnik (1962) H. 8, S. 291—301.
[2] KECK, A.: Bordinstrumente im Kraftfahrzeug. Feinwerktechnik (1964) H. 3, S. 77—87.
[3] SACHS: Schwingungs- und erschütterungsfrei gelagerte Nähmaschinen. Der Mechaniker (1951) Nr. 10,
[4] THIELE, E.: Rauhe Betriebsbedingungen erfordern unempfindliche Geräte. VDI-Nachr. (1962) Nr. 4.
[5]* GÖBEL, E. F.: Haushaltsgeräte und -maschinen. Taschenbuch der Feinwerktechnik Anwendungsgebiete 6, Prien: C. F. Wintersche Verlagshandlung 1964.

Fertigungstechnik

[1] Arbeitsgemeinschaft Deutscher Betriebsingenieure im VDI (ADB) und Ausschuß für wirtschaftliche Fertigung (AWF): Gummi-Zug-Schnitt-Verfahren. VDI-Arbeitsblatt 5-3142 (1955).
[2] GÖBEL, E. F.: Die Verwendung gummielastischer Werkstoffe in der Fertigungstechnik. Werkstatt u. Betrieb (1964) H. 5, S. 358—362.

[3]* HILBERT, H. L.: Stanzereitechnik, Bd. 1: Schneidende Werkzeuge 1954; Bd. 2: Umformende Werkzeuge 1956, München: Carl Hanser.
[4]* OEHLER/KAISER bearbeitet von G. OEHLER: Schnitt-, Stanz- und Ziehwerkzeuge, 5. Aufl., Berlin/Heidelberg/New York: Springer 1966.
[5] PETZOLD, K., R. BRUMME u. R. MOHR: Untersuchungen an Gummifedern für den Bau von Blechformgebungswerkzeugen. Blech Nr. 1 u. 2, Coburg/Bayern: Prost und Meiner 1964.
[6] SLIGTE, J. G., u. H. J. LOTT: Die Anwendung von Gummi in Werkzeugen für die Blechbearbeitung. Sonderdruck der Firma EFFBE-Membranenwerk. Fritz Brumme KG. Raunheim am Main.

Bauwesen

[1] JÖRN, R.: Gummi im Bauingenieurwesen. Elastische Lagerung einer Pumpenstation. Bauingenieur (1961) H. 4, S. 137/38.
[2] JÖRN, R., u. K. H. BAUER: Gummi im Bauingenieurwesen. Gummifenderung für Landeanlage Acajutla (El Salvador). Bauingenieur (1961) H. 5, S. 167/68.
[3] JÖRN, R.: Gummi im Bauingenieurwesen. Gummibrückenlager. Bauingenieur (1960) H. 4.
[4] TOPALOFF: Gummilager für Brücken. Berechnung und Anwendung. Bauingenieur (1964) H. 2.

Lärmbekämpfung

[1] BIERINGER, H.: Aus der Schallschutzpraxis bei Klima- und Lüftungsanlagen. Maschinenmarkt (1962) Nr. 61 u. 71.
[2] BIERINGER, H.: Geräuschdämmung bei Aufzugsanlagen. Wärme — Kälte — Schall (1962) H. 2.
[3] BIERINGER, H.: Isolierprobleme im grafischen Gewerbe. Der Druckspiegel (1964) H. 1—3.
[4]* BÜRCK, W.: Technische Akustik. Taschenbuch der Feinwerktechnik Ingenieurwissenschaftliche Grundlagen 4, Prien: C. F. Wintersche Verlagshandlung 1964.
[5] GERBER, O.: Praktische Gesichtspunkte zur körperschallisolierten Aufstellung von Maschinen. VDI-Ber. 8 (1956).
[6] GÖBEL, E. F.: Konstruktive Anwendung von Gummifedern bei der Bekämpfung des Betriebslärms. Lärmbekämpfung (1957) H. 3/4, S. 66—72.
[7]* KURTZE, G.: Physik und Technik der Lärmbekämpfung, Karlsruhe: G. Braun 1963.
[8] LANG, G.: Beispiele zur Schalldämmung durch Gummi-Bauteile. Lärmbekämpfung (1961) H. 2, S. 21—25.
[9] STOLTE, E.: Körperschalldämmung im Maschinenbau. Konstruktion (1956) H. 2, S. 60 bis 65.
[10]* ZELLER, W.: Technische Lärmabwehr, Stuttgart: Alfred Kröner 1950.
[11] REIHER, H., u. M. R. BRECHT: Industriegeräusche. Gesundheitsingenieur (1954) Nr. 17/18, S. 277—281.
[12] THIENHAUS, R., u. O. DISCHER: Geräuschbekämpfung bei Klima- und Kälteanlagen. Die Kälte (1955) H. 9, S. 331—335.
[13]* KURTZE, G.: Grundlagen des Schallschutzes. Herausgeber: Bundesfachabteilung für das Isoliergewerbe, Hauptverband der deutschen Bauindustrie.
[14] SCHMIDT, H.: Praxis der technischen Lärmabwehr. VDI-Bildungswerk.
[15] OSKEN, H.: Neue Erkenntnisse über Eigenschaften und physikalisches Verhalten von Polystyrolschaum. Der Plastverarbeiter (1957) H. 4.
[16] OSKEN, H.: Die Anwendung von Polystyrolschaum im Bauwesen. Die Bauwirtschaft (1959) H. 9 u. 10.
[17] OSKEN, H.: Mechanisch-akustisches Verhalten von Polystyrolschaum. Der Plastverarbeiter (1960) H. 8.

Sonstige Literatur

Berücksichtigt wurde die von den Firmen herausgegebene werkseigene Fachliteratur.

Anhang

Normblätter und Richtlinien

DIN-Normen (Auszug)[1]

DIN-Taschenbuch 18: Materialprüfnormen für Kautschuk und Gummi.

DIN-Blätter:

DIN 53503	Bestimmung der Weichheit von Weichgummi.
DIN 53504, Blatt 1	Bestimmung der Zugfestigkeit und Bruchdehnung von Weichgummi durch den Zugversuch.
DIN 53504, Blatt 2	Dehnungs-Spannungsverlauf beim Zugversuch mit Weichgummi und einzelne Spannungswerte.
DIN 53505	Bestimmung der Shore-Härte A.
DIN 53508	Künstliche Alterung von Weichgummi.
DIN 53510	Elastisches Verhalten von Weichgummi, Allgemein.
DIN 53511, Blatt 1	Elastisches Verhalten von Weichgummi, gemessen nach der Zugbeanspruchung mit bestimmter Größe der Dehnung.
Blatt 2	Elastisches Verhalten von Weichgummi, gemessen bei und nach Zugbeanspruchung mit bestimmter Größe der Belastung.
Blatt 3	Elastisches Verhalten von Weichgummi, gemessen nach Druckbeanspruchung mit bestimmter Größe der Zusammendrückung.
Blatt 4	Elastisches Verhalten von Weichgummi, gemessen bei und nach Druckbeanspruchung mit bestimmter Größe der Belastung.
DIN 53512	Bestimmung der Stoßelastizität oder Rückprallelastizität von Weichgummi.
DIN 53513	Bestimmung der Dämpfung von Weichgummi aus der Hysteresisschleife.
DIN 53516	Bestimmung des Abriebes.
DIN 53517	Bestimmung des Druckverformungsrests.
DIN 53521	Bestimmung des Quellverhaltens von Weichgummi.
DIN 53550	Bestimmung der Wichte von Weichgummi.
DIN 4025	Fundamente für Amboßhämmer (Schabotte-Hämmer), Hinweise für die Bemessung und Ausführung.
DIN 4150	Erschütterungsschutz im Bauwesen.

VDI-Richtlinien

Nr. 2005	Gestaltung und Anwendung von Gummiteilen.
Nr. 2255	Energiespeicherelemente Gummifedern.
Nr. 2056	Beurteilungsmaßstäbe für mechanische Schwingungen von Maschinen.
Nr. 2057	Beurteilung der Einwirkung mechanischer Schwingungen auf den Menschen.
Nr. 2058	Geräuschgrenzwerte.

VDI-Arbeitsblätter

5-3142	Gummi-Zug-Schnitt-Verfahren.

AWF-Blätter für zylindrische Hohlgummifedern

500.27.01/02	Gummifedern. Kraft-Weg-Kurven für Shore-Härte 68.
500.27.03	Gummifedern. Ausbauchungs- und Knickkurve.
500.27.04	Konstruktionsrichtlinien für Werkzeuge mit Gummifedern.
500.27.05	Führungsbolzen mit Gewindeansatz für Gummi-, Schrauben- und Tellerfedern.
500.27.06	Gummifedern (Abmessungen).
500.27.07	Anordnung von Gummifedern.

Werkstattblätter[2]

Nr. 74	Anwendung von Naturgummi und Bunagummi im Maschinenbau.
Nr. 354	Berechnung und Konstruktion von Gummifedern.

---

[1] Beuth-Vertrieb GmbH, Köln und Berlin.
[2] Carl Hanser-Verlag, München.

Anhang

Formelgrößen und Einheiten

Größe	Bedeutung	Einheit
a	Schwingungsamplitude	cm
A	Arbeitsaufnahme = Formänderungsarbeit	kpcm
A_{sp}	spezifische Arbeitsaufnahme	kpcm/kp
b	Breite der Dämpfungsschleife	cm
c	statische Federkonstante	kp/cm
c_{dyn}	dynamische Federkonstante	kp/cm
C_{dyn}	dynamische Drehsteifigkeit	kpcm/rad
c_M	Rückstellmoment = Drehsteifigkeit	kpcm/rad
C_{stat}	statische Drehsteifigkeit	kpcm/rad
d	prozentuale Dämpfung	%
d_0	bezogene Dämpfung	1/rad
D	Dämpfungsmaß = Lehrsche Dämpfung	—
E	Elastizitätsmodul	kp/cm²
E_r	rechnerischer Elastizitätsmodul	kp/cm²
f	Federweg bei statischer Belastung	cm
f	Frequenz	Hz
f_{dyn}	bezogene dynamische Drehsteifigkeit	1/rad
f_{stat}	bezogene statische Drehsteifigkeit	1/rad
f_0	statische Einfederung bei statischem P_0	cm
F	Schubfläche	cm²
F_b	druckbeanspruchte Gummifläche	cm²
F_f	freie Gummioberfläche	cm²
g	Erdbeschleunigung	cm/s²
G	Gewicht	kp
G	Schubmodul = Gleitmodul	kp/cm²
h	Federabmessung	cm
i	Isolierwirkungsgrad	%
k	Formfaktor bei Druckbeanspruchung	—
k_f	Formkennwert	—
k_1	Formfaktor für querbelastete Hülsengummifedern	—
k_d	Faktor zur Ermittlung der dynamischen Federkonstanten	—
l_n	Normtrittschallpegel	dB
m, M	Masse	kps²/cm
M_d	Drehmoment	kpcm
M_t	Verdrehmoment = Torsionsmoment	kpcm
m	Poissonsche Konstante	—
n	Erregerschwingungszahl = Erregerdrehzahl	1/min
n_e	Eigenschwingungszahl = kritische Drehzahl	1/min
N	Eigenfrequenz	1/s
N	Normalkraft	kp
N	Lastwechselzahl	—
P	Kraft	kp
P_0	maximale Erregerkraft	kp
P_F	Fundamentkraft	kp
P_σ	Federkraft	kp
P_D	Dämpfungskraft	kp
P_m	Massenkraft	kp
q	Veränderliche der Differentialgleichung	—
r	Federabmessung	cm
s	Gummischichtdicke	cm
S_1, S_2	Stoßfaktoren bei Gummikupplungen	—
sh	Shore-Härte	—
t	Temperatur	°C
w	Schwingweite	cm
x	Schwingweg allgemein	cm
z	Anzahl der Gummifedern	—
α	Winkel	Winkelgrad
β	Winkel	Winkelgrad

Größe	Bedeutung	Einheit
γ	Verschiebungswinkel	Winkelgrad oder Bogengrad
δ	mechanischer Verlustwinkel	Winkelgrad
ε	Dehnung	%
ψ	verhältnismäßige Dämpfung	%
ϱ	Dämpfungskonstante = Dämpfungsfaktor	kps/cm oder kpcm/rad/s
σ	mechanische Spannung bei Druck oder Zug	kp/cm^2
τ	mechanische Spannung bei Schub	kp/cm^2
ν	Eigenfrequenz	1/s
φ	Drehwinkel, Verdrehwinkel	Bogengrad
ϑ	Temperatur	°C
Θ	Drehmasse	kgcm s^2
λ	Frequenzverhältnis	—
ω	Erregerkreisfrequenz	1/s
ω_e	Eigenkreisfrequenz	1/s

Quellennachweis

AEG-Telefunken AG, Berlin, Abb. 128a.
Farbenfabriken Bayer AG, Leverkusen.
Boge & Sohn GmbH, Eitorf/Sieg, Abb. 69, 115, Tab. 9.
Robert Bosch GmbH, Stuttgart, Abb. 95.
Continental-Gummiwerke AG, Hannover, Abb. 62, 63, 66, 86, 92, 97b, c, 107b, 108, 110, 116, 129, 130, 131, 145.
Correcta-Werke GmbH, Bad Wildungen.
Heinrich Desch GmbH, Neheim-Hüsten, Abb. 117.
Daimler-Benz AG, Stuttgart-Untertürkheim, Abb. 98, 99, 100.
Deutsche Bundesbahn, Abb. 114.
Deutsche Dunlop Gummi Compagnie AG, Hanau/Main, Abb. 103.
Du Pont de Nemours International, Genf/Schweiz.
Effbe Membranenwerk Fritz Brumme KG, Raunheim/Main, Abb. 72.
Eisenwerk Wülfel, Hannover-Wülfel, Abb. 127.
W. Flämrich, Spezialfabrik für Siebmaschinen, Recklinghausen, Abb. 88a, b.
A. Friedrich Flender & Co., Bocholt, Abb. 118.
Carl Freudenberg, Weinheim/Bergstraße, Abb. 64, 77, 133.
Gerb Gesellschaft für Isolierung mbH & Co. KG, Wiesbaden.
Getefo Gesellschaft für technischen Fortschritt, Höhr-Grenzhausen, Abb. 70, 83, 86, 88, 90, 104.
Goetzewerke Friedrich Goetze AG, Burscheid, Abb. 119.
Grünzweig & Hartmann AG, Ludwigshafen/Rhein, Abb. 51, 75, 94.
Gumba Gummi im Bauwesen GmbH., München, Abb. 142.
Henkel & Cie. GmbH, Düsseldorf.
Hessenwerke Elektrotechnische und Maschinenfabrik GmbH, Darmstadt, Abb. 89.
The Jacobs Manufacturing Company, West Hartford 10, Connecticut, U.S.A., Abb. 135.
Jörn-Kupplungen und Gelenke GmbH, Fellbach bei Stuttgart, Abb. 120a, b.
Kauermann KG, Düsseldorf-Ge., Abb. 82, 121.
Ernst Leitz GmbH, Wetzlar.
Lohmann & Stolterfoht AG, Witten/Ruhr, Abb. 122a, b, c.
Maschinenfabrik Stromag GmbH, Unna/Westf., Abb. 91, 124.
Metallgesellschaft mbH, Frankfurt/Main.
Metalastic Ltd., Leicester/England, Abb. 64.
Metzeler AG, Lindau/Bodensee, Abb. 65, 67, 97a.
Michelin & Co., Paris, Abb. 105.
W. H. Müller & Co., KG Hannover, Abb. 73.
Neidhart SA, Genf/Schweiz, Abb. 74, 81, 111, 112, 123, 146.
Julius Ortlieb & Cie. Eßlingen/Neckar-Mettingen, Abb. 135.
Ortlinghaus-Werke GmbH, Wermelskirchen/Rhld., Abb. 119.
Pahlsche Gummi- und Asbest-Gesellschaft Paguag, Düsseldorf-Rath.
Phönix Gummiwerke AG, Hamburg-Harburg, Abb. 71, 76, 93, 101, 102, 107a, 109, 128b u. c.
Pfaff AG, Kaiserslautern, Abb. 134.
Dr. Reutlinger & Söhne, Institut für Schwingungstechnik, Darmstadt, Abb. 87.
Carl Schenck, Maschinenfabrik Darmstadt GmbH, Abb. 10.
Stromag GmbH, Maschinenfabrik, Unna, Abb. 91.
VDO-Tachometerwerke, Frankfurt/M., Abb. 132.
Vulkan Kupplungs- und Getriebebau Bernhard Hackforth, Wanne-Eickel, Abb. 125.
Wilke-Werke AG, Braunschweig, Abb. 126.

Sachverzeichnis

Absolute Dämpfung 12
Achsfeder 107
Aktive Schwingungsisolierung 57
Alterung 22
Alterungsschutzmittel 22
Amplitude 53
Anwendungsbeispiele 90
Arbeitsaufnahme 15
Arbeitsvermögen 24
Auswerferfedern 79

Barry-Schockmaschine 14
Beanspruchungsarten 24
Betriebsfestigkeit 17
Bewehrte Brücken-Gummilager 132
Butylkautschuk 3

Chemosil 7
Cis-Polyisopren 4

Dämmung 14
Dämpfung 12
Dämpfungsfaktor = Dämpfungskonstante 12, 144
Dämpfungsmaß = Lehrsche Dämpfung 12, 143
Dämpfungswerte 13
Dauerfestigkeit 16
Dauerhaltbarkeit 87
Dauerprüfmaschine 16
Degressive Federkennlinie 23
de Mattia-Prüfmaschine 17
Desmodur 7
DIN-phon 14, 127, 137
Drehmoment 28
Drehschub 28
Drehsteifigkeit 66
Dreistufige Hülsengummifeder 77
Druckfläche 34
Durometerhärte 11
DVM-Weichheitszahl 11
Dynamische Federkonstante 21

Eigenfrequenz 48
Eigenschwingungszahl 49
Einfrierverfahren 17
Einheitskraft 23
Elastische Kupplungen 65
Elastische Verformungsfähigkeit 9
Elastizität 9
Elastizitätsmodul 18
Elastomere 4
Erholungsfähigkeit 15
Extruder 5

Faktor zur Ermittlung der dynamischen Federkonstanten 21
Federcharakteristik 24
Federgleichungen 24
Federhärte 23
Federkennlinie 23
Federkonstante 23
Fenderfederung 134
Festigkeit 15
Flachgummifeder 74
Fließen 10
Formfaktor bei Druckbeanspruchung 20
Formfaktor für radialbeanspruchte Hülsengummifedern 43
Formgebungswerkzeuge 7
Formkennwert 20
Freie Gummioberfläche 20
Freiheitsgrade 48

Gebundene Gummifedern 6
Gefügte Gummifedern 8
Gleitmodul, s. Schubmodul 18
Gummi-auswerferfedern 79
— -bindung 6
— -brückenlager 132
— -dämpfung 12
— -elastische Druckspeicher 99
— -elastischer Aufspanndorn 128
— -elastisches Klemmfutter 128
— -elastisches Spannfutter 83, 128
— -feder als Maschinenfuß 78
— -federarten 1
— -federgelenke 82
— -feder mit Zwischenhülsen 76, 77
— -federpakete 35, 103, 107, 108
— -feder-Standardformen 73
— -federwerkstoffe 3
— -fenderfedern 134
— -härte, s. Shorehärte 11
— -kissen 129
— -kupplungen 65
— -luftfeder 103
— -Metall-Verbindung 6, 7
— -mischung 5
— -puffer 73
— -qualitäten 2
— -ring 126
— -sack 131
— -schichtdicke 25
— -schienen 74

Haftfestigkeit 6
Haftmittel 7

Sachverzeichnis

Hardy-Scheibe 117
Hartgummi 5
Hohlgummifeder 79
Hookesches Gesetz 25
Hülsengummifeder 76, 77

Inkompressibilität 90
Isocyanatbindung 6
Isolierung, s. Schwingungsisolierung 57, 58, 59, 60
Isolierwirkungsgrad 55, 57

Kalander 5
Kardanischer Winkel 112
Kastengummifeder 75
Kautschuk 4
Kautschukmischung, s. Gummimischung 5
Kegelgummifeder 84
Keilgummifeder 74
Körperschall 14
Kombinierte Schub/Druck-Beanspruchung 38, 39, 40, 41
Kompressionsverfahren 8
Konische Ringgummifeder 115
Konstante Eigenfrequenz 50, 51, 52
Konstruktionsbeispiele, s. Anwendungsbeispiele 90
Konstruktionsformen 73
Konstruktionsrichtlinien 86
Kriechen, s. Fließen 10
Künstlicher Gummi, s. Synthetischer Gummi 2
Kugelige Gummifeder 82
Kupplungen, s. Gummikupplungen 65

Lärm 14
Lagerhaltung von Gummifedern 87, 88
Lastwechselzahl 16
Latex 4
Lautstärke 14
Lautstärkemesser 14
Lehrsche Dämpfung 12
Linearitätsgrenze 41
Logarithmisches Dekrement 68
Luftfeder, s. Gummiluftfeder
Luftschall 14

Marform-Verfahren 129
Mechanischer Verlustwinkel 12
Messingbindung 6
Metallgummi 1
Metallschienen mit Gummiwarzen 81

Naturgummi 2
Naturkautschuk 2
Neidhart-Gummifeder 80, 81
Nennspannung 27
Nitrilkautschuk 3
Normung 9, 142

Parallelschub 25
Passive Schwingungsisolierung 57
Perbunan 3
phon, s. DIN-phon

phon-Werte 14
Poissonsche Konstante, s. Querdehnungszahl 18
Polychloroprene 3
Polyurethan 3
Preßform 7
Progressive Federkennlinie 23
Prozentuale Dämpfung 12

Quellung 22
Querdehnungsbehinderung 19
Querdehnungszahl 18

Rechnerischer Elastizitätsmodul 20
Resonanz 55
Resonanzkurven 127
Resonanzschwingungszahl, s. Eigenschwingungszahl
Richtige und falsche Konstruktionen 87
Ringgummifeder 83
Roelig-Dämpfungsprüfmaschine 14
Rubber (engl.) = Gummi 2
Rückstellmoment 29
Rundgummifeder 73

Schalldämmfähigkeit 14
Schaumgummi 4
Schaumstoffe 4, 8
Scheibengummifeder 25
Schrägbelastete Hülsengummifeder 46
Schräggestellte Scheibengummifedern 38
Schubbeanspruchung 25
Schubfläche 25
Schubmodul 18
Schubnennspannung 27, 30, 33
Schubwechselfestigkeit 16
Schwimmen 78
Schwingmetall 1
Schwingungsamplitude, s. Amplitude
Schwingungsdiagramme 91
Schwingungsgleichung 49, 52
Schwingungsisolierung 57
Schwingwinkel 112
Segmentgummifeder 83
Setzen 10
Shorehärte 11
Silentbloc-Gummifeder 2, 77
Siliconkautschuk 3
Sitzpolster aus Schaumgummi 2
Spannungsoptik 18
Spannungsspitzen 17
Spannungsuntersuchungen 17
Spezifische Arbeitsaufnahme 15
Spezifisches Gewicht 3
Statische Federkonstante, s. Federkonstante 23
Statische Festigkeit 15
Spritzgießen 6
Spritzpressen 6
Stoßbeanspruchung 13
Stoßfaktor 71
Stabgummifeder 85
Styrolkautschuk 3
Synthetischer Gummi 4

Sachverzeichnis

Thermische Beanspruchung 64
Topfpuffer 108
Torsion, s. Verdrehung 31

Überkritische Lagerung 58
Ungebundene Gummifedern 5
Unterkritische Lagerung 58

Vektordiagramm 53
Verbundgummifeder 78
Verdrehschub 31
Verdrehung 31
Verdrehwinkel 32
Verwendungstemperaturen 3
Vorspannung 26
Vulkanisation 5
Vulkollan 3

Wälzbeanspruchung 80
Walkarbeit 107
Walzengummifeder 81
Wechselfestigkeit 100
Weichgummi 2
Weichheit 11
Werkstoffdämpfung 12
Werkstoffe, s. Gummifederwerkstoffe 3
Werkstoffkennwerte 9
Wöhlerkurve 16

Yerzley-Methode 14

Zerreißfestigkeit 15
Zerreißprüfung 15
Zugbeanspruchung 41, 42
Zulässige Spannungen 17
Zulässige Temperaturen 3

If you have any concerns about our products,
you can contact us on
ProductSafety@springernature.com

In case Publisher is established outside the EU,
the EU authorized representative is:
**Springer Nature Customer Service Center GmbH
Europaplatz 3, 69115 Heidelberg, Germany**

Printed by Libri Plureos GmbH
in Hamburg, Germany